城镇有机废物高值生物转化调控方法与原理

陈银广 李 响 张 欣 著

U0252654

科学出版社

北京

内 容 简 介

本书围绕调控典型城镇有机废物的生物转化过程，以制备不同类型的高值化学品为目标，通过构建相应的功能微生物菌群，建立混合微生物的代谢调控方法，揭示有机废物高值生物转化的调控原理，为城镇有机废物高值生物转化提供理论与技术指导，助推我国"无废城市"建设及"碳中和"目标的实现。

本书可供有机固废处理处置与高值化利用、环境微生物代谢调控、循环经济及环境管理等领域的高等院校、研究院所、技术推广机构等单位的相关人员参考和使用。

图书在版编目（CIP）数据

城镇有机废物高值生物转化调控方法与原理/陈银广，李响，张欣著. —北京：科学出版社，2024.8
ISBN 978-7-03-076672-4

Ⅰ.①城… Ⅱ.①陈… ②李… ③张… Ⅲ.①城镇-有机污染物-微生物-转化-研究 Ⅳ.①X172

中国国家版本馆 CIP 数据核字（2023）第 197858 号

责任编辑：郭允允 李 洁 / 责任校对：郝甜甜
责任印制：徐晓晨 / 封面设计：无极书装

科学出版社 出版
北京东黄城根北街 16 号
邮政编码：100717
http://www.sciencep.com

北京富资园科技发展有限公司印刷
科学出版社发行 各地新华书店经销
*
2024 年 8 月第 一 版 开本：787×1092 1/16
2024 年 8 月第 一 次印刷 印张：19 1/2
字数：460 000
定价：198.00 元
（如有印装质量问题，我社负责调换）

前　言

我国是人口大国，城镇化水平持续提高。在"双碳"目标下，绿色可持续发展成为新时代城镇化进程中的重要特征和发展趋势。城镇化水平的提升势必产生大量有机废物。其中，居民生活过程中产生的餐厨垃圾和市政污水处理过程中产生的剩余污泥是典型的城镇有机废物，其年产量持续增加。城镇有机废物中含有大量可生物转化的有机质，具有污染及资源双重属性。倘若不经过合理的处理处置方法，这些有机质将成为碳排放的污染源头。然而，传统的处理处置方法（如焚烧、填埋），将其视为"污染"、"废物"和"碳排放"，具有典型的邻避效应。焚烧，将有机废物中的"碳"转化为二氧化碳，排放于大气之中；填埋，将有机废物中的"碳"暂时堆填于土地资源中，即便是封场后，"碳"物质也会从渗滤液或填埋气中缓慢释放。一方面会造成严重的二次污染，另一方面浪费了宝贵的有机资源。城镇有机废物高值资源化是绿色低碳循环利用的重要发展模式。基于环境微生物的特点，利用过程强化与代谢调控，可以将城镇有机废物进行定向转化，产生高价值的液态、固态和气态产物，是可持续发展的重要方向。

城镇有机废物厌氧消化产沼的产业化应用较为广泛，如何大幅提升产甲烷效能一直是国内外研究者努力的方向；进一步提升城镇有机废物的利用价值，将有机废物中的"碳"转化为附加值更高的产物，如乙酸（时价约 3700 元/t）、丙酸（时价约 5100 元/t）、乳酸（时价约 25300 元/t）等，是目前国内外研究的一个热点。国家发展和改革委员会及生态环境部印发的《关于进一步加强塑料污染治理的意见》（"禁塑令"），让可生物降解塑料的需求量剧增，其中聚羟基脂肪酸酯（PHA）及聚乳酸（PLA）等可生物降解塑料的研究尤其受到广泛关注；国家发展和改革委员会、国家能源局联合印发《氢能产业发展中长期规划（2021—2035 年）》鼓励加强可再生能源制氢等低碳前沿技术攻关，这对构建清洁低碳安全高效的能源体系、实现"双碳"目标具有重要意义。此外，国务院2022 年印发的《新污染物治理行动方案》，将"精准治污"提到了更重要的程度，在利用城镇有机废物生化转化的过程中，更不可忽视新污染物的影响。为了实现城镇有机废物绿色低碳循环利用和高值生物转化，有必要对这些问题加以研究和讨论。

本书得到国家重点研发计划（2019YFC1906300 和 2019YFC1906301）、国家"863计划"（2004AA649330 和 2011AA060903）、国家自然科学基金（50678125、51178324、51508084、51778454、51878137、52161135105）等项目或课题的支持。作者系统研究了针对不同高值资源化产物的生物代谢调控方法及原理，详细阐释了生物代谢过程中涉及的重要规律及方法原理。研究成果在实际工程中得到了应用，为我国"无废城市"建设及"碳中和"目标的实现提供了重要的技术与理论支撑。

本书分为 8 章。第 1 章简要介绍我国城镇有机废物处理处置面临的机遇与挑战以及研究生物转化的意义；第 2～7 章，从预处理、微生物活性增强、代谢过程强化等方面，系统阐述城镇有机废物生物转化为乙酸、丙酸、乳酸、聚羟基脂肪酸酯、氢气和甲烷等产物的调控方法及原理；第 8 章深入阐述几种代表性新污染物对城镇有机废物高值生物转化的影响及作用机理。本书的图、表编排和校对得到董磊博士的大力支持。

限于作者水平，书中不完善之处还恳请专家和读者批评指正。

作　者

2023 年 10 月

目　录

第1章 绪 论

我国城镇化水平的进一步提高,势必带来大量市政污水及城镇固体废物的排放。其中,污水处理过程伴随产生大量的污泥,其产生量已超过 6000 万 t/a(以含水率 80% 计),预计 2025 年我国污泥量将突破 9000 万 t/a。国家《水污染防治行动计划》(简称 "水十条")明确指出污水处理设施产生的污泥应进行稳定化、无害化和资源化处理处置,并禁止处理处置不达标的污泥进入耕地,以保障污水处理厂污泥的全量安全处置。然而,由于我国长期以来"重水轻泥",污泥处理处置没有与污水处理同步提升,污泥资源化形势不容乐观。

我国是人口大国,每年产生约 1.95 亿 t 餐厨垃圾。餐厨垃圾产生量持续增长及其对环境的污染是全世界面临的共同挑战,也成为全球发展议程中的优先事项,如联合国可持续发展目标(sustainable development goals, SDGs,其中 SDG12 为负责任消费和生产)、我国"十四五"生态环境保护规划、欧盟委员会《循环经济行动计划》等。上述议题指出,餐厨垃圾具有生物转化潜力,资源化可以缓解常规处置(填埋或焚烧)带来的环境和经济负担,对维持人类社会与生态环境的可持续发展具有重要意义。2019 年,上海率先启动垃圾分类制度,使得有机质含量较高的湿垃圾从生活垃圾中分离出来。城镇有机废物具有污染及资源双重属性,如果不能得到妥善处理,不仅给环境、社会和居民身心健康带来危害,而且其中的资源也没有得到充分的循环利用。因此,城镇有机废物的绿色低碳处理与循环利用是未来重要的发展方向。

"无废城市"建设是国务院组织实施并倡导的绿色发展模式,它对城镇有机废物处理处置提出了更高要求。面对我国城镇化发展的重要机遇以及城镇有机废物处理处置面临的挑战,研发典型城镇有机废物高效资源化利用的共性技术,促进餐厨垃圾、剩余污泥等城镇有机废物处理处置向高值化利用方向发展,对实现《中华人民共和国国民经济和社会发展第十四个五年规划和 2035 年远景目标纲要》中提出的"持续改善环境质量"和"加快发展方式绿色转型",以及为实现"碳中和"目标提出的"提高非化石能源消费比重""降低二氧化碳排放水平""循环经济助力降碳"等具有重要意义。

1.1 城镇有机废物的产量及环境风险

1.1.1 城镇有机废物的产量及类别

根据我国生态环境部《2020 年全国大、中城市固体废弃物污染环境防治年报》的统计数据,2020 年全国一般工业固体废物为 13.8 亿 t、工业危险废物为 4498.9 万 t、医疗废物为 84.3 万 t、城市生活垃圾为 23560.2 万 t,其中剩余污泥与餐厨垃圾是两类典型的城镇有机废物。

1. 剩余污泥

污泥成分十分复杂，不仅含有 30%~50%的有机物，以及氮、磷、钾等营养物质和微量元素等成分，同时含有大量有毒有害物质，如病原菌、寄生虫（卵）、难降解有机物、重金属、抗生素及抗性基因等。因此，不恰当的污泥处理处置对水体和土壤造成二次污染，给生态环境和人类健康带来严重威胁。2022 年 9 月，国家发展和改革委员会、住房和城乡建设部、生态环境部联合印发的《污泥无害化处理和资源化利用实施方案》中明确提出：到 2025 年，全国新增污泥（含水率 80%的湿污泥）无害化处置设施规模不少于 2 万 t/d，城市污泥无害化处置率达到 90%以上，地级及以上城市达到 95%以上，基本形成设施完备、运行安全、绿色低碳、监管有效的污泥无害化资源化处理体系。因此，以资源化、无害化、减量化为目标，规范剩余污泥处理处置方式势在必行。

2. 餐厨垃圾

我国是人口大国，城镇人口数量迅速增长，经济与生活水平不断提高，目前城市生活垃圾年增长率 4%~6%，其中餐厨垃圾是重要组成部分，每年约产生 1.95 亿 t，占比高达 40%~60%。根据其来源不同，餐厨垃圾可分为餐饮垃圾和厨余垃圾。餐饮垃圾来自饭店、食堂等餐饮业产生的残羹剩饭，具有产生量大、数量相对集中、分布广的特点；厨余垃圾主要指小区居民、菜场日常废弃的食物下脚料和剩饭剩菜，数量大，相对分散。餐厨垃圾的特征包括含水率高（达 70%~85%，上海将餐厨垃圾称为"湿垃圾"），有机质含量高[以粗蛋白（11%~28%）、粗脂肪（21%~33%）为主]，富含钾、钙、钠、镁、铁等微量元素，油脂含量丰富（2%~3%，提取餐厨油脂是现阶段附加值较高的资源化途径之一），盐分含量高（0.5%~1%）等。若处理不当或非法回收和利用，餐厨垃圾会腐烂发臭，滋生病菌，危害人体健康，同时可能出现"泔水油"上餐桌以及"垃圾猪"等安全风险事件。2019 年 7 月 1 日，《上海市生活垃圾管理条例》正式施行，生活垃圾"四分类"为可回收物、湿垃圾、干垃圾和有害垃圾，这样可以将有机质含量较高的湿垃圾从生活垃圾中分离出来。现阶段处理餐厨垃圾的主流方法是厌氧消化产沼气；垃圾分类实现了餐厨垃圾源头的分离与集中清运，提高了厌氧消化有机质的资源化效率。

1.1.2　城镇有机废物的环境风险

我国城镇有机废物产生量大、来源复杂、种类繁多，造成环境污染的途径和形式多样。有机废物产生的恶臭气体、渗滤液和浸出物等严重污染水、大气、土壤等生态环境，威胁当地居民的生命健康，其产生的环境危害和风险主要体现在以下几方面。

（1）侵占土地：有机废物产生后需占地堆积，堆积量越大、占地越多。据估算，每堆积 1 万 t 渣约需占地 1 亩①，目前城市堆存的生活垃圾占地面积已超过 5 亿 m²。

---

① 1 亩≈666.67m²。

（2）污染土壤：有机废物长期露天堆放，其有害成分在地表径流和雨水的淋溶、渗透作用下，通过孔隙向四周和纵深的土壤迁移。土壤的吸附能力和吸附容量较大，随着渗滤液迁移，有害成分在土壤呈现不同程度积累，导致土壤成分和结构改变，影响土壤微生物活性，破坏土壤生态系统。

（3）污染水体：有机废物直接排入江、河、湖、海等地表水，造成严重的水体污染。另外，露天堆积或简单填埋的有机废物，经雨水的淋溶作用或废物的生化降解，会产生大量含高浓度有机物的沥滤液，再经土壤渗透进入地下水或浅蓄水层，造成地下水污染。

（4）污染大气：有机废物被微生物分解，会释放有害气体，其在运输和处理过程中也会产生有害气体和粉尘。

（5）影响健康和环境卫生：有机废物含有大量有机质，易腐败；含有大量有毒有害和难以降解的有机物、重金属、病原菌及寄生虫卵等，这些有毒有害物质可以通过呼吸道、消化道或皮肤进入人体，对人体健康构成威胁。此外，如果城镇有机固废清运能力不高，将严重影响城市容貌和环境卫生。

1.2　城镇有机废物的处理处置相关政策及发展现状

1.2.1　城镇有机废物的相关政策法规

为推动固体废物源头减量、资源化利用和无害化处理，促进城市绿色发展转型，提高城市生态环境质量，我国近年来开始推行有机废物的分类处置与资源化利用，先后设置垃圾分类及"无废城市"试点工作。印发《"十四五"城镇生活垃圾分类和处理设施发展规划》《"无废城市"建设试点工作方案》《"十四五"时期"无废城市"建设工作方案》，分别提出 2025 年全国地级市及以上基本实现垃圾分类处理系统建设，且根据来源和成分对生活垃圾有机废物进行分类处置，实现固体废物综合利用水平显著提升，无害化处置能力有效保障，减污降碳协同增效作用充分发挥；《城镇生活污水处理设施补短板强弱项实施方案》《"十四五"城镇污水处理及资源化利用发展规划》，强调要加快破解污泥处置难点，推进污泥无害化处置和资源化利用，根据污泥产生量和泥质，结合本地经济社会发展水平，选择适宜的减量化、无害化、资源化技术路线。

1. 垃圾分类收运政策法规

《生活垃圾分类制度实施方案》强调到 2020 年底，基本建立垃圾分类相关法律法规和标准体系，形成可复制、可推广的生活垃圾分类模式。2019 年 6 月 5 日国务院通过《中华人民共和国固体废物污染环境防治法（修订草案）》（简称《固废法》）。6 月 25日，第十三届全国人民代表大会常务委员会第十一次会议审议了《固废法》。此次《固废法》强调国家层面推行垃圾分类制度，全国各级政府推行垃圾分类制度从法律层面有了支持，更有利于垃圾分类在全国范围内推广，保障垃圾分类执行效果。此次修订中，首次将"按照产生者付费原则，建立生活垃圾处理收费制度"写入《固废法》。《生活垃圾分类制度实施方案》强调以第一批 46 个生活垃圾分类示范城市为试点，逐步建立分类投放、分类收集、分类运输、分类处理的生活垃圾处理系统。《"十三五"环境领域科技创新专项规划》提出：开展固体废弃物源头减量、过程控制、共生利用、管理决策全链条系统研究，厘清固废来源、特性及分类，构建适应我国固废特征的源头减量与循环利用技术体系及管理决策支撑体系，加快建立垃圾分类处理系统，形成可复制、可推广、可考核的整体化解决方案。2019 年 6 月 11 日，住房和城乡建设部等 9 部委联合印发《关于在全国地级及以上城市全面开展生活垃圾分类工作的通知》，细化了垃圾分类推进的明确目标：2019 年，在全国地级及以上城市全面启动生活垃圾分类工作；到 2020 年，46 个重点城市基本建成垃圾分类处理系统；到 2025 年，全国地级及以上城市基本建成垃圾分类处理系统。2019 年 6 月 28 日，住房和城乡建设部与生态环境部召开例行新闻发布会，加速推进垃圾分类落地。并表示继续投入 213 亿元加快推进生活垃圾处理设施建设，满足生活垃圾分类处理需求。

2. 固废资源化政策法规

《"十三五"环境领域科技创新专项规划》指出，研发典型工业固废源头减量与清洁利用技术、城镇与农林生物质废物资源化与能源化利用技术、新兴城市矿产精细化高值利用技术和固废资源化管理决策支撑技术是"废物综合管控与绿色循环利用"板块的重要内容。生态环境部印发《"无废城市"建设试点实施方案编制指南》和《"无废城市"建设指标体系（试行）》，试点时间为 2019 年 1 月～2020 年 12 月。文件提出了试点的主要任务有：推动区域工业高质量发展与大宗工业固体废物储存处置总量趋零增长，推动践行绿色生活方式与生活垃圾源头减量和资源化利用，并提出了综合性城市在生活垃圾源头分类、建筑垃圾综合利用、污泥处理、再生资源回收与高质化利用方面的具体任务。《住房和城乡建设部关于推进建筑垃圾减量化的指导意见》指导督促各级住房和城乡建设主管部门建立健全建筑垃圾减量化工作机制，加强建筑垃圾源头管控，并明确指出，推进建筑垃圾减量化工作要以"统筹规划，源头减量""因地制宜，系统推进""创新驱动，精细管理"三大原则为指导，有效减少工程全寿命期的建筑垃圾排放，系统推进建筑垃圾减量化工作，推行精细化设计和施工，实现施工现场建筑垃圾分类管控和再利用。同时，住房和城乡建设部组织编制了《施工现场建筑垃圾减量化指导手册（试行）》，提出相应的技术和管理措施，为施工现场建筑垃圾减量化工作做出进一步的规范和指导。

1.2.2　城镇有机废物处理处置发展现状

1. 剩余污泥

剩余污泥的安全处理处置对环境保护至关重要。现阶段，污泥处理处置的主要方法包括卫生填埋、焚烧、热解、好氧堆肥及厌氧消化等。

1）卫生填埋

剩余污泥脱水处理后进行卫生填埋，是在传统填埋的基础上，从环境保护的角度出发，经过科学的选址和必要的场地防护处理后，将污泥运至垃圾填埋场进行无害化填埋。在我国，进入垃圾填埋场与生活垃圾混合填埋的污泥指标需满足《城镇污水处理厂污泥处置 混合填埋用泥质》（GB/T 23485—2009）要求；另外，污泥作为生活垃圾填埋场覆盖土的泥质标准还应满足《生活垃圾填埋场污染控制标准》（GB 16889—2008）。然而，污泥填埋存在两个主要问题：一是城镇污泥有机质含量高，易发臭，同时含有各种有毒有害物质，经雨水浸蚀后产生渗滤液，如果缺乏渗滤液收集装置或防渗漏层，会造成土壤和地下水污染；二是卫生填埋需要占用大量土地，有限的土地资源是卫生填埋一大限制因素，因此，国内外污泥卫生填埋处置占比逐渐减少。2022 年 9 月，国家发展和改革委员会、住房和城乡建设部以及生态环境部联合印发的《污泥无害化处理和资源化利用实施方案》，提出合理压减污泥填埋规模，在污泥满足含水率小于 60%的前提下，可采用卫生填埋处置；鼓励采用厌氧消化、好氧发酵、干化焚烧、土地利用、建材利用等多元化组合方式处理污泥。

2）焚烧

污泥焚烧技术是一种成熟的污泥处置技术，是指污泥在充足的供氧环境下，在高温反应炉中进行焚烧，污泥中有机质转化为氮氧化物、二氧化碳、灰渣等无机物质，焚烧后的炉渣体积大大减小，污泥减量化效果明显，且高温环境杀死致病菌，符合污泥稳定化、无害化处置原则。污泥焚烧工艺中，干化系统和焚烧系统是核心部分，其性能及运行状况对污泥处置过程影响较大。污泥焚烧设备投资大，能耗和运行成本较高。污泥焚烧过程会伴随二噁英等致癌物质生成，在大气污染控制方面存在一定技术难题。同时焚烧飞灰属于危险废弃物，处置须满足《生活垃圾焚烧污染控制标准》等相关政策。现阶段，污泥焚烧是污泥终端处置的主要途径。

3）热解

剩余污泥与大部分有机废物相同，含有大量的挥发性有机物质，热解是在无氧条件下对污泥进行高温加热，使有机物发生热裂解，形成利用价值较高的气相（热解气）、液相（油）、固相（固体燃料、化学品）产品的过程。污泥热解通常在常压、温度 < 500℃、无氧条件下进行，因而有效规避了二噁英等有害气体产生。目前国内热解技术迅猛发展，利用催化热解制备焦油，将焦油转化为可燃气是一种极具前景的资源化技术。但是，污泥热解技术存在问题包括：精细的送风与料层厚度要求较高，如果污泥含水率比较高，热解气化工艺较难实现；烟气达标排放，这对净化设施和温度要求高，同时还要注意焦油堵塞管道等问题。

4）好氧堆肥

好氧堆肥是一种常见的污泥无害化、资源化处置技术，是指污泥在好氧环境中利用微生物对污泥中有机物分解，产生二氧化碳和水的过程。堆肥过程温度高达 60～65℃，在高温过程中能杀死大部分致病菌、病原体，并能有效降低污泥中持久性有机污染物的含量。堆肥后产物中富含氮、磷等营养元素，可与废弃植物秸秆混合施入盐碱地中，有效改善盐碱地板结结构、提高土壤肥力。但是，污泥泥质不稳定、重金属含量高，导致污泥堆肥产品的安全争议较大，相关法规限制了其使用渠道。

5）厌氧消化

污泥厌氧消化是目前主流的污泥资源化及稳定化处理技术。它是利用微生物在厌氧条件下分解污泥中的有机质，同时回收沼气（CH_4、H_2）等能源物质的过程。我国的剩余污泥有机质含量偏低，使得厌氧消化的产气效率低，并且消化后的大量沼渣及高氨氮沼液需再次处理处置。目前，可采用与其他有机废物协同共消化，平衡厌氧发酵过程的物料参数，如 C/N 值、有机质含量、pH、营养物质等，改善污泥厌氧消化性能。

2. 餐厨垃圾

餐厨垃圾是生活垃圾的重要组成部分。垃圾分类以前，餐厨垃圾随生活垃圾一同处理处置，主要方式有卫生填埋及垃圾焚烧；实行垃圾分类后，餐厨垃圾可进行资源化处理，如厌氧消化产甲烷等。

1）卫生填埋

填埋是应用最早、最广泛的城市生活垃圾处理技术。然而，它占用大量的土地资源。此外，垃圾填埋气及渗滤液会对周围空气、地下水和土壤造成污染，影响居民身体健康，并且未能对其中有机资源进行有效利用。因此，填埋是一种粗放的、非可持续的处置方式。《城镇生活垃圾分类和处理设施补短板强弱项实施方案》提出：到 2023 年基本实现原生生活垃圾"零填埋"，即要求我国原生生活垃圾必须经过焚烧减量或资源化后，残渣再进行填埋。

2）垃圾焚烧

焚烧法是城市生活垃圾的主流处置方式，垃圾在高温下与氧气剧烈反应形成燃烧气体，同时产生固态残渣。焚烧法具有减量化效果好、处理速度快、能量利用率较高的优点，可实现垃圾无害化和稳定化。但是，与污泥焚烧类似，垃圾焚烧过程控制不当会产生含二噁英的有害气体，对环境造成污染，需配先进的气体净化装置。目前，垃圾分类后，干垃圾热值提高，含水量下降，但已建焚烧炉设计参数适合于分类前的生活垃圾。因此，调整焚烧炉工艺参数、调配焚烧物料及合理利用热量是垃圾焚烧的重要优化方向。

3）饲料化处理

饲料化处理主要分为高温脱水技术和微生物处置技术。高温脱水干化需要在 95～120℃下干燥 2h，含水率小于 15%，杂质含量低于 5%，它可有效杀死物料中的微生物、病原菌、寄生虫与虫卵。微生物处置是利用微生物发酵富集蛋白质制备饲料。但是，餐厨垃圾成分复杂，采用饲料化处理可能存在同源性污染、生物安全、有毒有害物质超标等安全隐患。当餐厨垃圾中的脂肪与盐分含量过高时，制备得到的饲料超过畜禽饲料标准，无法直接推广应用。

4）好氧堆肥

好氧堆肥是在一定温度、含水率、通风量、pH 等条件下，利用好氧微生物将餐厨垃圾中的有机质生物降解，最终形成稳定的好氧堆肥产品的过程。好氧堆肥工艺简单、无害化程度高，可以实现有机废物的无害化与资源化利用。但是，好氧堆肥存在能耗高、养分损失及碳排放严重，堆肥过程会产生氨等污染性气体等缺点。现阶段，餐厨垃圾的好氧堆肥主要制备土壤调理剂。

5）厌氧消化

餐厨垃圾的厌氧消化是指在厌氧条件下，利用厌氧菌以及兼性菌等分解代谢复杂大分子物质，形成沼气的过程。目前，餐厨垃圾资源化产品主要是沼气。随着垃圾分类制度的推广和落实，餐厨垃圾产量将逐步提高，研发餐厨垃圾制备更高价值产品（如短链脂肪酸、乳酸、氢气等）的新技术，是提高有机废物资源化水平的迫切需求。

第 2 章　城镇有机废物转化为乙酸的调控方法与原理

乙酸是一种有机一元酸，化学式为 CH_3COOH，是食醋主要成分，也称醋酸。纯的无水乙酸（冰醋酸）是无色的透明液体，密度为 $1.05\ g/cm^3$、熔点为 16.6℃、沸点为 117.9℃，能溶于水、乙醇、乙醚、甘油，不溶于二硫化碳。作为大宗化工产品，乙酸是最重要的有机酸之一，在有机化学工业中处于重要地位，广泛用于合成纤维、涂料、医药、农药、食品添加剂、染织等行业，是国民经济的重要组成部分。在环境领域，它可作为污水处理厂生物除磷脱氮的优质补充碳源，也可作为合成生物可降解材料（PHA）的原料等。

乙酸可以通过化学法和生物法两种方法合成，其中生物法（发酵法）因具有操作方便、条件温和、资源化利用有机废物作为原料等优点而得到广泛关注。发酵法又分为好氧发酵和厌氧发酵两种方法，前者是在氧气充足的情况下，微生物或酶将含有乙醇的底物发酵成乙酸，而后者是厌氧细菌或酶将糖类等物质转化为乙酸的过程。此外，一些微生物能够利用含碳化合物（如甲醇、一氧化碳或二氧化碳与氢气的混合物）合成乙酸，例如同型产乙酸微生物将二氧化碳与氢气转化为乙酸。

近年来，为了适应绿色可持续发展的需求，利用城市有机废物（如污水处理厂污泥、餐厨垃圾等）作为原料，在常压条件下通过厌氧发酵方法生产富含乙酸的发酵液成为国内外的一个研究热点。与文献报道的方法不同，作者根据多年的研究积累，创新地提出通过调控厌氧发酵过程，大幅度提高有机废物转化效率和发酵液中乙酸水平的系列方法。本章以污泥作为典型案例，对这些方法及其作用条件与原理进行介绍。

2.1　pH 调控城镇有机废物发酵产酸

2.1.1　pH 对城镇有机废物厌氧发酵产酸的影响

采用 9 个完全相同的有机玻璃反应器，有效容积均为 5.0 L。9 个反应器中 pH 分别控制为 4.0、5.0、6.0、7.0、8.0、9.0、10.0、11.0 以及不调 pH（空白对照实验）。pH 通过滴加 2 mol/L 的 NaOH 溶液和 HCl 溶液控制。发酵温度分别控制为中温[（35±2）℃]和高温[（55±2）℃]。实验中所用的剩余污泥首先在 4℃下浓缩沉降 24h，浓缩后的剩余污泥主要性质见表 2-1。

表 2-1　剩余污泥浓缩后的主要性质

项目	平均值	标准偏差
pH	6.64	0.15
TSS/（g/L）	15.77	0.11

续表

项目	平均值	标准偏差
VSS/（g/L）	11.90	0.07
TCOD/（g/L）	18.66	0.39
SCOD/（g/L）	0.08	0.01
蛋白质/（g COD/L）	9.94	0.01
碳水化合物/（g COD/L）	1.07	0.25
油脂/（g COD/L）	0.23	0.76

注：TSS 代表总悬浮固体；VSS 代表挥发性悬浮固体；TCOD 代表总 COD；SCOD 代表可溶解性 COD。

从图 2-1（a）可以看出，中温发酵条件下，碱性 pH 极大地促进了剩余污泥产酸；随着 pH 的升高，碱性条件下产生最大短链脂肪酸（SCFAs）所需的发酵时间延长；pH 为 8.0、9.0、10.0 和 11.0 时分别在第 5 天、5 天、11 天和 17 天 SCFAs 浓度最大（分别为 0.258 g COD/g VSS、0.298 g COD/g VSS、0.317 g COD/g VSS 和 0.314 g COD/g VSS）；虽然 pH 为 9.0 时 SCFAs 的最大浓度比 pH 为 10.0 和 11.0 时略低，但所需要的发酵时间最短，所以中温剩余污泥发酵产酸的最佳条件是 pH 9.0、发酵 5 天。同理，图 2-1（b）表明，剩余污泥高温发酵产酸的最佳条件是 pH 8.0、发酵 9 天。

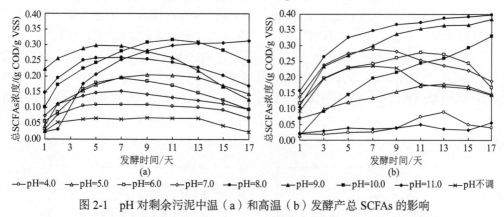

-o- pH=4.0　-△- pH=5.0　-●- pH=6.0　-□- pH=7.0　-◆- pH=8.0　-▲- pH=9.0　-■- pH=10.0　-◇- pH=11.0　-×- pH不调

图 2-1　pH 对剩余污泥中温（a）和高温（b）发酵产总 SCFAs 的影响

作者团队之前的研究表明，剩余污泥室温发酵产酸的最佳条件是 pH 10.0、发酵 8 天。而剩余污泥中温及高温发酵产酸的最佳 pH 分别为 9.0 和 8.0，说明发酵温度越高，达到最大 SCFAs 浓度所需 pH 越低。剩余污泥在室温、中温和高温最佳 pH 条件下发酵时产生的最大 SCFAs 浓度分别为 0.256 g COD/g VSS、0.298 g COD/g VSS 和 0.368 g COD/g VSS。与中温发酵相比，高温发酵产酸量大的主要原因可能是丙酸降解为乙酸的反应（丙酸——→乙酸+CO_2+H_2）是吸能反应，高温条件更有利于该反应进行。

图 2-2 给出了污泥中温及高温发酵第 7 天时 pH 对 SCFAs 组分的影响。无论是中温发酵还是高温发酵，乙酸是任何 pH 条件下 SCFAs 中含量最高的组分，其平均比例分别为 38%~58%（中温）和 45%~83%（高温）。作者团队之前在室温条件下的研究也表明，不同 pH 条件下乙酸是 SCFAs 中含量最多的酸。从图 2-2 中还可以看出，在 pH 不调的空白

对照实验中，中温发酵时丙酸是含量最多的酸，而高温发酵时乙酸是含量最高的酸。

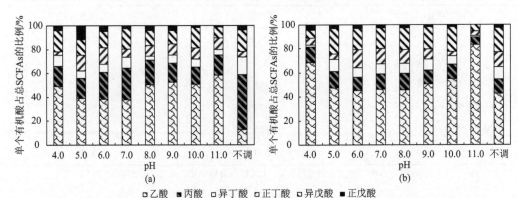

图 2-2　发酵第 7 天不同 pH 对中温发酵（a）和高温发酵（b）SCFAs 组分的影响

2.1.2　厌氧发酵系统的氨氮和正磷酸盐释放与碳平衡

剩余污泥厌氧发酵过程中会释放出大量的氨氮（NH_4^+-N）和正磷酸盐（PO_4^{3-}-P）。图 2-3 为中温及高温发酵时不同 pH 条件下污泥发酵液中 NH_4^+-N 的浓度随发酵时间的变化。污泥中温及高温发酵时 NH_4^+-N 的浓度先随发酵时间的增加而增加，然后随发酵时间的继续增加而下降。pH 为 6.0、7.0、8.0 或不调时释放的 NH_4^+-N 浓度较高，而强酸和强碱条件下 NH_4^+-N 浓度较低。其中 pH 为 11.0 时释放的 NH_4^+-N 浓度最低，这一点在高温发酵时尤为明显。这可能是部分 NH_4^+-N 在碱性和温度升高时挥发造成的。

一般认为较高的 NH_4^+-N 浓度（1.7~14 g/L）对厌氧发酵具有抑制作用，但浓度低于 200 mg/L 的 NH_4^+-N 作为营养物质对厌氧微生物反而有益。对于本研究，中温发酵时 NH_4^+-N 的浓度为 0.008~0.023g N/g VSS（102.5~297.0mg/L），高温发酵时 NH_4^+-N 的浓度为 0.002~0.044g N/g VSS（23.8~542.5mg/L），因此可以认为对厌氧微生物基本没有抑制作用。

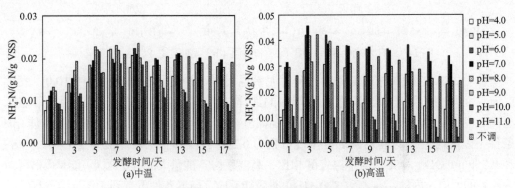

图 2-3　不同 pH 条件下释放的 NH_4^+-N 浓度随发酵时间的变化

图 2-4 为中温及高温发酵时不同 pH 条件下 PO_4^{3-}-P 的浓度随发酵时间的变化。无论是中温发酵还是高温发酵，PO_4^{3-}-P 浓度都随着发酵时间的增加而增加。pH 为酸性或强碱性时，PO_4^{3-}-P 浓度比 pH 中性 pH 弱碱性或不调 pH 时的浓度高。这可能是因为酸性

或碱性条件对污泥颗粒细胞具有不同程度的破坏性，致使其解体或自溶，从而使胞内外含有的磷酸盐物质水解释放出来，因而观察到的 PO_4^{3-}-P 浓度较高。碱性 pH 与酸性 pH 相比，碱性 pH 释放出的 PO_4^{3-}-P 浓度要低一些。这可能是因为在碱性 pH（8.0～11.0）条件下发酵液中的 PO_4^{3-}-P 与溶出的某些重金属（如 Mn、Cu、Ni、Zn、Cd、As 和 Pb 等）离子发生反应并生成磷酸盐沉淀。

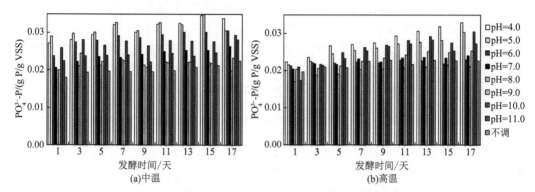

图 2-4　不同 pH 条件下释放的 PO_4^{3-}-P 浓度随发酵时间的变化

图 2-5 为 pH 对污泥中温及高温发酵第 8 天时各种产物在 VSS（以碳计）中所占比例的影响。无论是中温发酵还是高温发酵，碱性条件下减少的 VSS 主要转化为溶解性蛋白质、碳水化合物及 SCFAs，只有少量转化为甲烷。中性 pH 条件下转化为甲烷的量高于酸性和碱性条件，这主要是因为后者对产甲烷菌的生长不利。

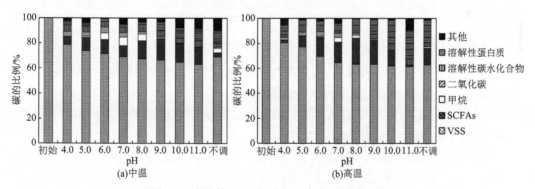

图 2-5　发酵第 8 天时不同 pH 条件下的碳平衡

2.1.3　碱性 pH 促进城镇有机废物厌氧发酵产酸动力学特征

剩余污泥的组分和厌氧处理的过程都非常复杂，包括多种微生物和不同的代谢途径。污泥厌氧发酵动力学的研究有助于描述和理解污泥水解、产酸和产甲烷反应过程，深刻认识碱性厌氧发酵产酸的规律，将为工艺的优化和控制提供理论指导。目前污泥厌氧消化的数学模型包括大量生化反应过程和动力学参数，其中应用最广泛的是厌氧消化数学模型（ADM1），这是一个涉及 7 个微生物种群、26 个动态浓度变量、19 个生化动力学过程、3 个气液传质过程和 8 个隐式代数变量的结构化模型。这种模型的复杂性使得模型参数的确定非常困难。

本节通过建立简化的动力学模型，解释碱性 pH 促进剩余污泥厌氧发酵产酸的动力学特征。另外，由于碱性 pH 作用下剩余污泥中温及高温发酵时产生的 SCFAs 浓度高于室温发酵时产生的 SCFAs 浓度，为了探讨提高温度促进污泥发酵产酸的机理，本节还研究了不同温度条件下污泥厌氧产酸的动力学。

用于模型校正（即参数估算）的实验采用 12 个完全相同的有机玻璃反应器，有效容积均为 5.0L。12 个反应器分三组，发酵温度分别控制为室温[（21±1）℃]、中温[（35±2）℃]和高温[（55±2）℃]。每组 4 个反应器中 pH 分别控制为 7.0、8.0、9.0 和 10.0。pH 通过滴加 2mol/L NaOH 溶液控制。实验中所用的剩余污泥先在 4℃下浓缩沉降 24h，浓缩后的剩余污泥主要性质见表 2-2。模型的验证实验方法与校正实验相同，但是采用的污泥浓度不同，污泥的主要性质也列在表 2-2。

表 2-2　碱性 pH 促进剩余污泥厌氧产酸动力学研究中所用剩余污泥的主要性质

测试项目	模型校正	模型验证
pH	6.67±0.11	6.71±0.15
SS/（g/L）	14.33±0.56	15.02±0.47
VSS/（g/L）	10.02±0.21	10.87±0.21
TCOD/（g/L）	18.34±0.53	19.01±0.65
SCOD/（g/L）	0.11±0.01	0.09±0.01
蛋白质/（g COD/L）	9.65±0.16	9.89±0.22
碳水化合物/（g COD/L）	2.32±0.15	2.54±0.23
油脂/（g COD/L）	0.14±0.01	0.21±0.01

1. 模型描述

剩余污泥发酵过程中 SCFAs 的累积与污泥的水解、产酸和产甲烷过程有关。因此本研究建立的动力学模型包括下面三个反应过程：

（1）剩余污泥颗粒性有机物（S_P）和死亡的微生物溶解并水解为水解产物（S_h）（溶解性蛋白质、碳水化合物和氨基酸等）。

（2）水解产物在产酸菌（X_h）的作用下生成 SCFAs（S_v）。

（3）SCFAs 在产甲烷菌（X_v）的作用下生成甲烷（S_{CH_4}）。

模型忽略了污泥厌氧发酵过程中氢的生成和转化，因为本研究中氢的产量一直很低。因此，模型中所描述的反应过程可以表述如下：

颗粒性有机物（S_P）+死亡的微生物 $\longrightarrow$ 水解产物（S_h）$\longrightarrow$ SCFAs（S_v）$\longrightarrow$ 甲烷（S_{CH_4}）

动力学模型包括四种基质（S_P、S_h、S_v 和 S_{CH_4}）的降解过程和两种微生物（X_h 和 X_v）的生长与衰减过程。其中颗粒性有机物的水解反应按一级反应动力学描述。通常认为一级反应动力学最适合描述复杂异养基质的水解反应。因为 Monod 方程被广泛用于描述厌氧动力学的生化反应过程，所以水解产物转化为 SCFAs 的反应和 SCFAs 转化为甲烷的反应用 Monod 方程描述。微生物的衰减过程按一级反应动力学描述，并且认为衰减的微生物为可降解的颗粒性有机物。模型忽略了 NH_4^+-N 对厌氧微生物的非竞争抑制作用。这是因为根据实验结果，厌氧发酵系统中释放的 NH_4^+-N 浓度不超过 500 mg/L，而文献报道 NH_4^+-N 浓度在 1.7～14 g/L 时才对厌氧微生物有抑制作用。由于在碱性 pH 条件下，SCFAs 得到大量累积，因此模型考虑了 SCFAs 对产酸菌和产甲烷菌的抑制作用，并用 Haldane 抑制方程来描述该抑制作用。

根据以上描述，剩余污泥厌氧发酵动力学可以用式（2-1）～式（2-6）表示：

$$\frac{\mathrm{d}S_P}{\mathrm{d}t} = -k \cdot S_P + k_{d,h} \cdot X_h + k_{d,v} \cdot X_v \tag{2-1}$$

$$\frac{\mathrm{d}S_h}{\mathrm{d}t} = k \cdot S_P - \frac{k_{m,h}}{1 + \dfrac{K_{s,h}}{S_h} + \dfrac{S_v}{K_{I,h}}} \cdot X_h \tag{2-2}$$

$$\frac{\mathrm{d}S_v}{\mathrm{d}t} = \frac{k_{m,h}}{1 + \dfrac{K_{s,h}}{S_h} + \dfrac{S_v}{K_{I,h}}} \cdot X_h - \frac{k_{m,v}}{1 + \dfrac{K_{s,v}}{S_v} + \dfrac{S_v}{K_{I,v}}} \cdot X_v \tag{2-3}$$

$$\frac{\mathrm{d}S_{CH_4}}{\mathrm{d}t} = \frac{k_{m,v}}{1 + \dfrac{K_{s,v}}{S_v} + \dfrac{S_v}{K_{I,v}}} \cdot X_v \tag{2-4}$$

$$\frac{\mathrm{d}S_h}{\mathrm{d}t} = Y_h \cdot \frac{k_{m,h}}{1 + \dfrac{K_{s,h}}{S_h} + \dfrac{S_v}{K_{I,h}}} \cdot X_h - k_{d,h} \cdot X_h \tag{2-5}$$

$$\frac{\mathrm{d}X_v}{\mathrm{d}t} = Y_v \cdot \frac{k_{m,v}}{1 + \dfrac{K_{s,v}}{S_v} + \dfrac{S_v}{K_{I,v}}} \cdot X_v - k_{d,v} \cdot X_v \tag{2-6}$$

式中，t 为发酵时间，d；k 为颗粒性有机物的水解速率，d^{-1}；$k_{m,h}$ 为水解产物的最大比利用速率，kg COD/（kg COD·d）；$k_{m,v}$ 为 SCFAs 的最大比利用速率，kg COD/（kg COD·d）；$K_{s,h}$ 为产酸菌生长的半饱和常数，kg COD/m³；$K_{s,v}$ 为产甲烷菌生长的半饱和常数，kg COD/m³；$K_{I,h}$ 为 SCFAs 对产酸菌生长的抑制系数，kg COD/m³；$K_{I,v}$ 为 SCFAs 对产甲烷菌生长的抑制系数，kg COD/m³；Y_h 为产酸菌的产率，kg COD/kg COD；Y_v 为产甲烷菌的产率，kg COD/kg COD；$k_{d,h}$ 为产酸菌的衰减系数，d^{-1}；$k_{d,v}$ 为产甲烷菌的衰减系数，L/d；S_P 为可生物降解的颗粒性有机物的浓度，kg COD/m³；S_h 为水解产物的浓度，kg COD/m³；S_v 为 SCFAs 的浓度，kg COD/m³；S_{CH_4} 为 CH_4 的浓度，kg COD/m³。

发酵末期反应系统的颗粒性有机物 COD 被认为是污泥中不可生物降解的 COD，因而模型中可生物降解的颗粒性有机物浓度（S_P）等于发酵期间通过实验测得的颗粒性有机物 COD 减去不可生物降解的颗粒性有机物 COD。

2. 灵敏度分析

模型中共有 11 个参数需要确定。目前应用较为广泛的参数优化的简化方法是：①对于变化很小的参数如 K_I 和 Y 等，根据文献取值；②对于变化大的参数，根据所研究的相似反应器设计和进水模式取值；③通过灵敏度、相关性和可鉴别性的数值分析，减少参数。因此本研究中变化较小的参数 $K_{I,h}$、$K_{I,v}$、Y_h 和 Y_v 的取值参考文献报道值，见表 2-3。其他参数则通过灵敏度分析确定参数的灵敏度。灵敏度分析按式（2-7）计算：

$$\text{Sensitivity index} = \frac{\sum |C_{\text{STD}}(t) - C_{\text{SENS}}(t)|}{N} \tag{2-7}$$

式中，N 为实验数据的数量；C_{STD} 为按文献建议的参数模拟的基质浓度；C_{SENS} 为按文献建议的参数上下浮动 50%后模拟的基质浓度。

表 2-3　室温、中温和高温条件下 $K_{s,h}$、$K_{s,v}$、$K_{I,h}$、$K_{I,v}$、Y_h、Y_v 和 $k_{d,v}$ 的值

参数	室温	中温	高温	单位
$K_{s,h}$	0.01	0.05	0.2	kg COD/m³
$K_{s,v}$	0.01	0.05	0.3	kg COD/m³
$K_{I,h}$	1.50	1.50	1.50	kg COD/m³
$K_{I,v}$	1.50	1.50	1.50	kg COD/m³
Y_h	0.05	0.05	0.05	kg COD/kg COD
Y_v	0.05	0.05	0.05	kg COD/kg COD
$k_{d,v}$	0.01	0.03	0.2	L/d

参数灵敏度的分析结果见表 2-4。从表 2-4 可以看出，水解速率（k）、水解产物的最大比利用速率（$k_{m,h}$）、SCFAs 的最大比利用速率（$k_{m,v}$）和产酸菌的衰减系数（$k_{d,h}$）的灵敏度比较高。其中，k 在室温、中温和高温发酵中对所有基质的灵敏度都较高，尤其是对颗粒性有机物 S_P 和水解产物 S_h；$k_{m,h}$ 对水解产物和 SCFAs 的浓度影响很大；$k_{m,v}$ 主要是对 SCFAs 和甲烷的浓度影响很大；$k_{d,h}$ 主要影响水解产物和 SCFAs 的浓度。表 2-4 还表明，产酸菌生长的半饱和常数（$K_{s,h}$）、产甲烷菌生长的半饱和常数（$K_{s,v}$）和产甲烷菌的衰减系数（$k_{d,v}$）对所有基质浓度的灵敏度都不高。

表 2-4　动力学参数在室温、中温和高温发酵过程的灵敏度分析

参数	温度条件	上下游动 50%	k	$k_{m,h}$	$k_{m,v}$	$K_{s,h}$	$K_{s,v}$	$k_{d,h}$	$k_{d,v}$
S_P	室温	−50%	1.718	0.082	0.096	0.038	0.087	0.089	0.042
		50%	1.055	0.122	0.071	0.063	0.058	0.206	0.045
	中温	−50%	1.738	0.084	0.043	0.058	0.050	0.121	0.014
		50%	0.722	0.048	0.022	0.011	0.055	0.080	0.024
	高温	−50%	1.645	0.154	0.063	0.056	0.064	0.116	0.031
		50%	0.969	0.053	0.105	0.049	0.049	0.082	0.021
S_h	室温	−50%	1.380	1.065	0.054	0.035	0.050	1.118	0.029
		50%	0.914	1.099	0.049	0.044	0.034	0.642	0.027
	中温	−50%	1.280	0.821	0.118	0.086	0.043	1.194	0.014
		50%	0.693	0.557	0.150	0.065	0.041	0.678	0.016
	高温	−50%	1.094	1.049	0.069	0.193	0.050	1.936	0.040
		50%	0.711	0.977	0.090	0.182	0.042	0.951	0.013

续表

参数	温度条件	上下游动 50%	k	$k_{m,h}$	$k_{m,v}$	$K_{s,h}$	$K_{s,v}$	$k_{d,h}$	$k_{d,v}$
S_v	室温	−50%	0.149	1.122	0.036	0.011	0.033	1.067	0.014
		50%	0.017	1.101	0.029	0.023	0.021	0.575	0.014
	中温	−50%	0.645	0.987	0.302	0.104	0.070	1.318	0.043
		50%	0.306	0.677	0.376	0.087	0.048	0.824	0.045
	高温	−50%	0.554	1.060	0.042	0.187	0.013	2.123	0.033
		50%	0.501	1.111	0.023	0.127	0.011	1.023	0.020
S_{CH_4}	室温	−50%	0.001	0.009	0.015	0.000	0.001	0.004	0.001
		50%	0.000	0.005	0.015	0.001	0.001	0.003	0.001
	中温	−50%	0.615	0.134	0.411	0.025	0.079	0.130	0.050
		50%	0.111	0.084	0.538	0.018	0.048	0.131	0.053
	高温	−50%	0.011	0.018	0.052	0.003	0.009	0.015	0.037
		50%	0.009	0.009	0.056	0.003	0.006	0.016	0.022

3. 动力学参数估算

根据参数优化方法，灵敏度不高的参数 $K_{s,h}$、$K_{s,v}$ 和 $k_{d,v}$ 直接按文献取值，而不考虑 pH 的影响，具体取值见表 2-4。灵敏度很高参数（k、$k_{m,h}$、$k_{m,v}$ 和 $k_{d,h}$）的值则是通过迭代方法根据实验数据对动力学模型进行模拟估算来确定的，迭代方法见图 2-6。常微分方程（ordinary differential equation，ODE）求解采用龙格-库塔法（Runge-Kutta），并采用 Matlab 软件编写程序。

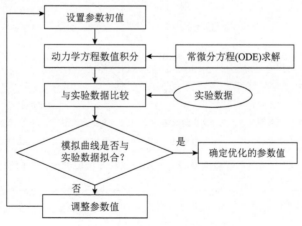

图 2-6　动力学参数的估算方法

4. 动力学参数的确定

根据实验数据模拟得到的剩余污泥在室温、中温和高温碱性发酵时，参数 k、$k_{m,h}$、$k_{m,v}$ 和 $k_{d,h}$ 的值见表 2-5。参数估算过程中得到的模拟曲线对实验数据的拟合效果见图 2-7～图 2-9。可见，模拟值与实验结果拟合效果较好。

表 2-5　不同 pH 条件下剩余污泥室温、中温和高温厌氧发酵产酸时的 k、$k_{m,h}$、$k_{m,v}$ 和 $k_{d,h}$ 值

参数	pH											
	室温				中温				高温			
	7	8	9	10	7	8	9	10	7	8	9	10
k/d^{-1}	0.07	0.09	0.12	0.16	0.14	0.17	0.20	0.23	0.17	0.22	0.27	0.34
$k_{m,h}$/[kg COD/ (kg COD·d)]	2.0	2.8	3.5	5.0	7.8	11.7	14.5	13.5	52.0	63.0	59.0	49.0
$k_{m,v}$/[kg COD/ (kg COD·d)]	0.22	0.15	0.09	0.03	0.90	0.80	0.20	0.04	1.30	1.20	0.11	0.01
$k_{d,h}/\mathrm{d}^{-1}$	0.35	0.45	0.50	0.60	0.85	1.05	1.20	1.30	3.20	3.25	3.30	3.40

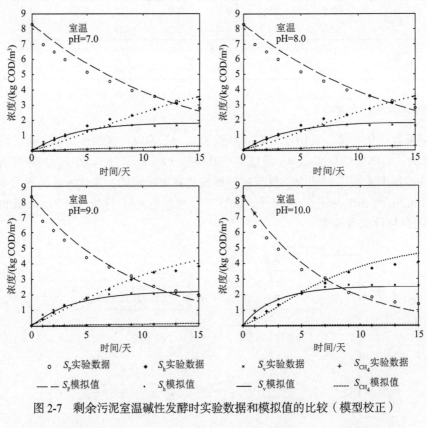

- ○ S_p实验数据　◆ S_h实验数据　× S_v实验数据　+ S_{CH_4}实验数据
- —— S_p模拟值　· S_h模拟值　—— S_v模拟值　---- S_{CH_4}模拟值

图 2-7　剩余污泥室温碱性发酵时实验数据和模拟值的比较（模型校正）

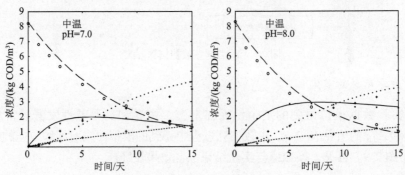

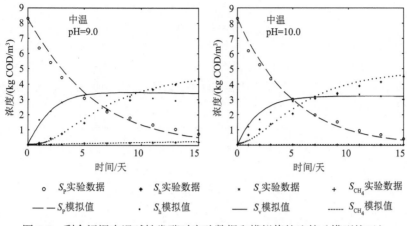

图 2-8　剩余污泥中温碱性发酵时实验数据和模拟值的比较（模型校正）

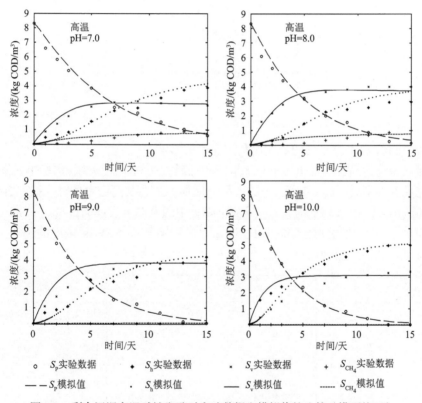

图 2-9　剩余污泥高温碱性发酵时实验数据和模拟值的比较（模型校正）

1）碱性 pH 对水解速率 k 的影响

图 2-10 给出了碱性 pH 对颗粒性有机物水解速率（k）的影响。从图 2-10 可以看出，高温水解速率＞中温水解速率＞室温水解速率；发酵温度相同时，水解速率 k 随着 pH 的增加而增加。较高的 pH 下污泥水解速率加快意味着有更多的水解产物供产酸菌利用，从而生成更多的 SCFAs。进一步分析表明，室温、中温和高温的水解速率 k 与 pH 的关系可以用式（2-8）表示。

$$k_{\text{pH-modified}} = k_0 \left[1 + \left(\frac{\text{pH}}{\text{KP}}\right)^m\right] \tag{2-8}$$

式中，$k_{\text{pH-modified}}$ 和 k_0 分别为碱性 pH 和不调 pH 时的水解速率；KP 为碱性 pH 对污泥水解的促进系数；m 为系数。室温、中温和高温发酵时 KP 和 m 的值分别是 0.16 和 0.53、50.14 和 0.56、35.60 和 0.93。

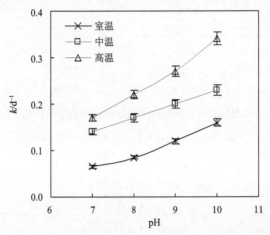

图 2-10　室温、中温和高温条件下 pH 对颗粒性有机物水解速率的影响

2）碱性 pH 对水解产物的最大比利用速率的影响

室温、中温、高温条件下 pH 对水解产物的最大比利用速率 $k_{\text{m,h}}$ 的影响见图 2-11。剩余污泥室温发酵时，$k_{\text{m,h}}$ 随着 pH 的增加而增加；中温及高温发酵时，$k_{\text{m,h}}$ 先随 pH 增加而增加，但 pH 继续增加时，$k_{\text{m,h}}$ 反而下降；中温及高温发酵时的 $k_{\text{m,h}}$ 分别在 pH 为 9.0 和 pH 为 8.0 时达到最大值。pH 对 $k_{\text{m,h}}$ 的影响与对 SCFAs 浓度的影响一致。当 SCFAs 没有被产甲烷菌利用时，$k_{\text{m,h}}$ 的增加通常会促进发酵系统中 SCFAs 的累积。

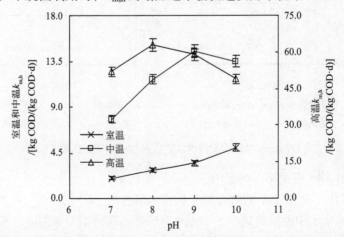

图 2-11　室温、中温和高温条件下 pH 对水解产物的最大比利用速率的影响

3）碱性 pH 对 SCFAs 的最大比利用速率的影响

图 2-12 给出了 pH 对 SCFAs 的最大比利用率 $k_{\text{m,v}}$ 的影响。高温发酵时 $k_{\text{m,v}}$ 的值高

于中温和室温发酵时 $k_{m,v}$ 的值；无论是室温、中温发酵还是高温发酵，随着 pH 的增加，$k_{m,v}$ 都呈明显的下降趋势；发酵温度越高，$k_{m,v}$ 随 pH 增加而下降的趋势越快。进一步分析表明，pH 对 $k_{m,v}$ 的影响可以用式（2-9）表示：

$$k_{m,v\text{-pH-modified}} = k_{m,v0} \cdot \frac{1}{1 + \left(\dfrac{\text{pH}}{K_{Iv}}\right)^{m_v}} \qquad (2\text{-}9)$$

式中，$k_{m,v\text{-pH-modified}}$ 和 $k_{m,v0}$ 分别为碱性 pH 和不调 pH 时 SCFAs 的最大比利用速率；K_{Iv} 为碱性 pH 对 $k_{m,v}$ 的抑制系数；m_v 为系数。室温、中温和高温发酵时 K_{Iv} 和 m_v 的值分别是 11.67 和 1.30、13.34 和 2.26、8.44 和 2.55。$k_{m,v}$ 与产甲烷菌的活性相关，碱性条件下 $k_{m,v}$ 的降低意味着碱性发酵系统中的 SCFAs 不易被产甲烷菌利用，因此 SCFAs 容易得到累积。

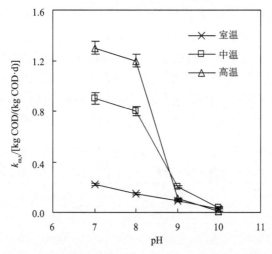

图 2-12　室温、中温和高温条件下 pH 对 SCFAs 的最大比利用速率的影响

4）碱性 pH 对产酸菌衰减系数的影响

pH 对产酸菌衰减系数 $k_{d,h}$ 的影响见图 2-13。剩余污泥在室温、中温和高温发酵时，

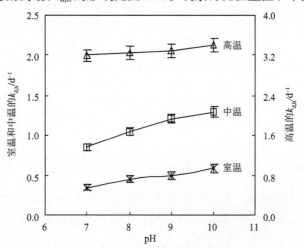

图 2-13　pH 对产酸菌衰减系数的影响

随着 pH 从 7.0 增加到 10.0，$k_{d,h}$ 缓慢增加。进一步分析发现，$k_{d,h}$ 与 pH 的关系可以用式（2-10）～式（2-12）表示：

$$k_{d,h \, 室温} = 0.077\,pH - 0.182 \qquad (R^2 = 0.986) \qquad (2\text{-}10)$$

$$k_{d,h \, 中温} = 0.148\,pH - 0.158 \qquad (R^2 = 0.968) \qquad (2\text{-}11)$$

$$k_{d,h \, 高温} = 0.064\,pH + 2.741 \qquad (R^2 = 0.944) \qquad (2\text{-}12)$$

$k_{d,h}$ 的增加不利于污泥厌氧产酸，可能会导致 SCFAs 浓度较低。但是方差分析表明（表 2-6），不同 pH 条件下 $k_{d,h}$ 无显著性差异，而且后文关于微生物的研究证明碱性 pH 提高了发酵系统中的产酸菌在细菌中所占的比例。因此，$k_{d,h}$ 随 pH 增加对污泥发酵系统的产酸没有影响。

综上所述，pH 越高，水解速率 k 越大，SCFAs 的最大比利用速率 $k_{m,v}$ 越小，因此室温发酵时 SCFAs 的浓度在 pH 为 10.0 时达到最大，这与前文的实验结果相符。但中温及高温发酵时 SCFAs 的浓度分别在 pH 为 9.0 和 8.0 时达到最大，而不是 pH 为 10.0 时达到最大。这可能是因为水解产物的最大比利用率 $k_{m,h}$ 远远高于 k 和 $k_{m,v}$，即污泥厌氧发酵水解、产酸和产甲烷三步反应的第二步产酸速率最快，而中温及高温发酵时的 $k_{m,h}$ 分别在 pH 为 9.0 和 8.0 时达到最大，因此中温及高温发酵时 SCFAs 的浓度分别在 pH 为 9.0 和 8.0 时达到最大。

表 2-6 室温、中温和高温发酵时参数 k、$k_{m,h}$、$k_{m,v}$ 和 $k_{d,h}$ 受 pH 影响的方差分析

参数	温度条件	$F_{observed}$	$F_{significance}$	$P_{(0.05)}$
	室温	15.33	6.59	1.17×10^{-2}
k	中温	20.39	6.59	6.92×10^{-3}
	高温	13.96	6.59	1.38×10^{-2}
	室温	47.66	6.59	1.37×10^{-3}
$k_{m,h}$	中温	23.57	6.59	5.28×10^{-3}
	高温	8.69	6.59	3.17×10^{-2}
	室温	26.50	6.59	4.23×10^{-3}
$k_{m,v}$	中温	209.79	6.59	7.46×10^{-5}
	高温	162.52	6.59	1.24×10^{-4}
	室温	5.35	6.59	6.95×10^{-2}
$k_{d,h}$	中温	5.35	6.59	6.94×10^{-2}
	高温	0.17	6.59	0.91

碱性发酵促进污泥厌氧产酸动力学模型的验证方法如下：模型中的参数值按表 2-3 和表 2-5 取值。图 2-14 显示的是污泥在室温、中温和高温最佳 pH 发酵时动力学模型验证的结果。可见，无论室温、中温还是高温，模型可以用来模拟实验数据。

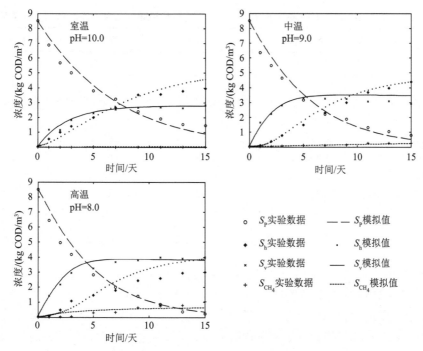

图 2-14　剩余污泥碱性发酵时实验数据与模拟值的比较：模型的验证

2.1.4　碱性 pH 促进城镇有机废物厌氧发酵产酸机理

1. pH 对溶解性碳水化合物浓度和蛋白质浓度的影响

本研究使用的剩余污泥中蛋白质、碳水化合物和油脂分别占 TCOD 的 53.2%、5.7% 和 1.2%，可见蛋白质和碳水化合物是剩余污泥的主要有机成分，油脂含量很低，可以忽略不计。污泥水解会引起液相中碳水化合物浓度和蛋白质浓度的增加，因此，本研究考察了 pH 对剩余污泥中温及高温发酵时溶解性碳水化合物浓度和蛋白质浓度的影响。表 2-7 给出了中温及高温发酵第 2 天的发酵液中溶解性碳水化合物浓度和蛋白质浓度随 pH 的变化情况。选择发酵第 2 天，是因为此时 SCFAs 和甲烷的产量相对较低，检测到的溶解性碳水化合物浓度和蛋白质浓度可以认为是主要水解产物的浓度。在任何 pH 条件下，剩余污泥高温发酵时溶解性碳水化合物浓度和蛋白质浓度明显高于中温发酵时两者的浓度。

表 2-7 还显示，无论是中温发酵还是高温发酵，不调 pH（空白对照实验）时产生的溶解性碳水化合物浓度和蛋白质浓度在所有实验中处于较低水平，而碱性发酵大大促进了剩余污泥的水解，并且 pH 越高产生的溶解性碳水化合物和蛋白质越多。在 pH 为 7.0~11.0 时，中温及高温发酵时溶解性碳水化合物和蛋白质（g COD/g VSS）与 pH 的关系可以用式（2-12）~式（2-15）表示：

$$y_{\text{中温-碳水化合物}} = 0.0088\,\text{pH} - 0.0022 \quad (R^2 = 0.993) \quad (2\text{-}13)$$

$$y_{\text{高温-碳水化合物}} = 0.0079\,\text{pH} + 0.0098 \quad (R^2 = 0.981) \quad (2\text{-}14)$$

$$y_{\text{中温-蛋白质}} = 0.0428\,\text{pH} - 0.0073 \quad (R^2 = 0.990) \quad (2\text{-}15)$$

$$y_{\text{高温-蛋白质}} = 0.0428\,\text{pH} + 0.0402 \quad (R^2 = 0.984) \quad (2\text{-}16)$$

表 2-7　不同 pH 条件下中温及高温发酵第 2 天的溶解性碳水化合物浓度和蛋白质浓度

pH	溶解性碳水化合物/（g COD/g VSS）		溶解性蛋白质/（g COD/g VSS）	
	中温	高温	中温	高温
4.0	0.013	0.022	0.047	0.068
5.0	0.012	0.016	0.046	0.066
6.0	0.007	0.018	0.026	0.077
7.0	0.008	0.020	0.041	0.092
8.0	0.014	0.024	0.069	0.114
9.0	0.022	0.032	0.125	0.165
10.0	0.034	0.043	0.163	0.219
11.0	0.042	0.049	0.208	0.253
不调	0.004	0.015	0.017	0.075

一般认为，污泥表面包裹着胞外聚合物（extracellular polymeric substances，EPS），它的主要成分是微生物产生的多聚物，如蛋白质和碳水化合物等。通常情况下，EPS 中的蛋白质和碳水化合物均吸附在污泥的表面；EPS 中存在大量带负电荷的官能团，如羧基、磷酰基等，它们离子化后使 EPS 带负电；碱性条件下，EPS 表面带的负电荷增加，产生较高的静电排斥作用，更多的蛋白质和碳水化合物被释放出来，因此剩余污泥在碱性条件下更容易水解。

2. 溶解性蛋白质和碳水化合物在碱性条件下生物转化为 SCFAs 的验证

为了验证污泥产生的溶解性蛋白质和碳水化合物在碱性条件下确实能够生物转化为 SCFAs，进行了以下实验。分别以葡萄糖（glucose，G）和牛血清白蛋白（bovine serum albumin，BSA）模拟污泥溶解产生的碳水化合物和蛋白质，并进行发酵产酸，结果见表 2-8 和图 2-15。无论葡萄糖还是牛血清白蛋白作为基质，pH 为 10 条件下产生的 SCFAs 都远高于 pH 为 5，而且牛血清白蛋白在 pH 为 5 和 10 时产生的 SCFAs 高于葡萄糖的产酸量，这表明在 pH 为 10 的条件下污泥发酵产生的 SCFAs 与蛋白质和碳水化合物的消耗密切相关。此外，葡萄糖在 pH 为 10 时发酵产生的 SCFAs 以乙酸为主，丙酸次之，另有少量的正丁酸，几乎没有异丁酸、异戊酸和正戊酸的生成；而牛血清白蛋白发酵形成的 SCFAs 中，乙酸含量最多，其次为异戊酸和异丁酸，异丁酸的含量小于异戊酸，丙酸和正丁酸的含量相差不大，正戊酸的含量很少，在牛血清白蛋白浓度较高且发酵时间较长时才有少量的正戊酸形成。

表 2-8　pH 为 5 及 10 时用葡萄和牛血清白蛋白发酵产酸的结果比较

基质	pH	初始浓度/（mg COD/L）	在不同发酵时间的 SCFAs 值/（mg COD/L）			
			1 天	3 天	5 天	8 天
G	5.0	283	0	21.1	1.0	0
BSA	5.0	1764	0	101.2	334.7	5.2
G	10.0	989	0	55.6	51.0	48.8
BSA	10.0	4642	0	172.7	666.5	596.1

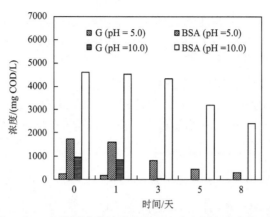

图 2-15　pH 为 5 及 10 条件下葡萄糖浓度和牛血清白蛋白浓度随发酵时间的变化

图 2-16 为剩余污泥厌氧发酵第 8 天时，不同 pH 条件下，根据式（2-13）～式（2-16）得出的总 SCFAs、溶解性碳水化合物（SC）和溶解性蛋白质（SP）与 SCOD 的关系。可以看出，在 pH 为 11 时，这三种溶解性物质在 SCOD 中的占比（38.6%）最低，其中 SCFAs 的浓度小于溶解性蛋白质，表明在此 pH 条件下，有近 61% 的溶解性物质不是 SCFAs 或碳水化合物或蛋白质。这可能是由于碱性越强，对污泥细胞的破坏性越强，更多的胞内物质被溶出，如 SCOD 中可能含有核糖核酸（ribonucleic acid，RNA）、脱氧核糖核酸（deoxyribonucleic acid，DNA）等物质，而这些物质在较短的时间内不易转化为 SCFAs。当 pH 为 5～10 或不调 pH 时，SCFAs 浓度 > 溶解性蛋白质浓度 > 溶解性碳水化合物浓度，这三种物质浓度之和占 SCOD 浓度的 76% 以上，其中在 pH 为 10 时这三种物质浓度之和为 85% 左右。

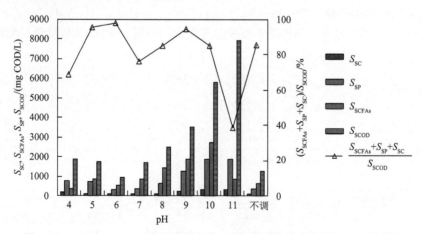

图 2-16　pH 对 SCFAs、溶解性蛋白质、溶解性碳水化合物及 SCOD 的影响

3. pH 对 SCFAs 和甲烷产生的影响

污泥发酵产生的 SCFAs 和甲烷均由污泥的碳水化合物和蛋白质转化而来，因此 SCFAs 和甲烷的产量与污泥中碳水化合物和蛋白质的降解量直接相关。为了更好地说明碱性促进污泥中温及高温发酵产酸的机理，本研究比较了不同 pH 条件下污泥中碳水

化合物和蛋白质的降解量及 SCFAs 和甲烷的产率，结果见图 2-17（以发酵第 7 天为例）。可见，中温、pH 为 9.0（产酸最佳 pH）和高温、pH 为 8.0（产酸最佳 pH）时，污泥中蛋白质和碳水化合物的总降解量最多。结合之前的研究结果可知，污泥中降解的蛋白质和碳水化合物大部分转化为 SCFAs，而只有少量转化为甲烷。因此，图 2-17 中的中温、pH 为 9.0 时和高温、pH 为 8.0 时获得了较高的 SCFAs 的产率。此外，高温、pH 为 8.0 时的 SCFAs 产率（69.2%）明显高于中温、pH 为 9.0 时 SCFAs 产率（54.8%）。

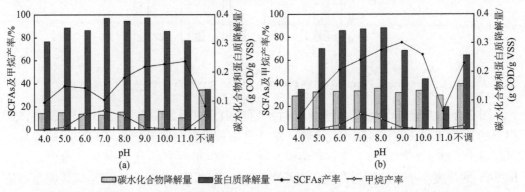

图 2-17　发酵第 7 天时 pH 对中温发酵（a）和高温发酵（b）SCFAs 与甲烷产率的影响

4. 不同 pH 条件下厌氧发酵系统的 VSS 减量

图 2-18 分别给出了不同 pH 条件下厌氧发酵过程中 VSS 浓度随时间的变化。可见，污泥发酵过程中 VSS 浓度有明显的降低趋势。中温发酵 17 天后 VSS 浓度降低了 27.8%～43.6%（pH 为 4.0～11.0），其中 pH 为 9.0 时，VSS 浓度降低了 38.7%；高温发酵 17 天后 VSS 浓度降低了 29.8%～50.7%（pH 为 4.0～11.0），其中 pH 为 8.0 时，VSS 浓度降低了 43.1%。另外，无论是中温发酵还是高温发酵，VSS 浓度降低的幅度随 pH 的增加而增加。进一步分析表明，VSS 浓度降低的幅度与 pH 的关系可以用下式表示：

$$y_{中温\text{-VSS}降低幅度} = 0.022\,\text{pH} + 0.262 \qquad (R^2 = 0.982) \qquad (2\text{-}17)$$

$$y_{高温\text{-VSS}降低幅度} = 0.033\,\text{pH} + 0.264 \qquad (R^2 = 0.981) \qquad (2\text{-}18)$$

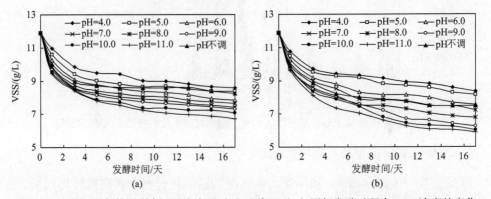

图 2-18　不同 pH 条件下剩余污泥在中温（a）和高温（b）厌氧发酵过程中 VSS 浓度的变化

基于上述研究结果，得到了碱性 pH 促进污泥发酵产乙酸的机理，如图 2-19 所示：它促进了污泥中有机物的溶解，产生更多溶解性碳水化合物和蛋白质物质；加速溶解性有机物的水解，为产酸菌提供大量单糖、氨基酸等能够被直接利用的物质；此外在碱性条件下，由于产甲烷菌等消耗乙酸的微生物活性受到抑制，因而以乙酸为主的短链脂肪酸得到大量积累。

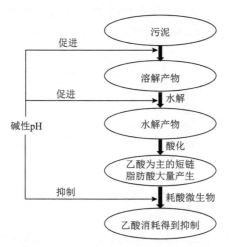

图 2-19　碱性 pH 促进污泥厌氧发酵产以乙酸为主的短链脂肪酸的机制

2.1.5　含乙酸发酵液的分离

污泥厌氧发酵后，其粒径变小，一些离子从污泥絮体中释放出来，ζ 电位降低，絮凝能力减弱，脱水性能变差。此外，污泥在发酵过程中还释放出大量的氮和磷。因此，为了获得富含乙酸的发酵液，需要对发酵产物进行泥水分离并去除释放的氮和磷。

1. 碱性发酵污泥的基本性质

研究剩余污泥在碱性条件发酵后的性质，对指导污泥脱水具有重要意义。图 2-20 为碱性发酵对污泥平均粒径的影响，其中柱状图表示的是调 pH 之前新鲜污泥的平均粒径，折线图表示的是调 pH 之后污泥的平均粒径。由图 2-20 可以看出，经碱调理之后，

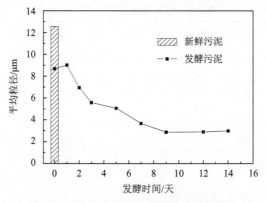

图 2-20　碱性发酵对污泥平均粒径的影响

污泥的平均粒径立即由 12.54 μm 下降到 8.69 μm，说明碱性 pH 将使污泥解体，从而粒径变小。随着发酵的进行，污泥平均粒径不断减小；至第 9 天，污泥平均粒径为 2.87 μm。发酵污泥平均粒径变小，表明污泥难以形成较大的絮体，污泥脱水性能恶化。

　　图 2-21 为碱性发酵对污泥 ζ 电位的影响。可以看出，剩余污泥在加碱之后，ζ 电位由 −13.4 mV 下降到 −23.5 mV，说明碱处理使污泥颗粒的表面电荷发生改变，静电斥力增加，颗粒之间难以结合成大的胶体颗粒，因而污泥脱水变得困难。

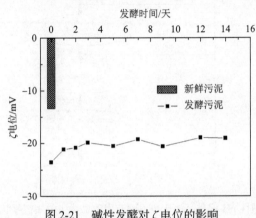

图 2-21　碱性发酵对 ζ 电位的影响

　　碱性发酵对污泥其他指标的影响如表 2-9 所示。污泥碱性发酵后，糖原和蛋白质迅速释放出来，表现为污泥沉降性能变差[污泥容积指数（sludge volume index，SVI）由 57.6 mL/g 升高到 63.7 mL/g]、自由水减少[毛细吸水时间（capillary suction time，CST）由 111s 增加到 1663s]，过滤性能恶化[污泥比阻（specific resistance of filtration，SRF）比调 pH 之前增加了 12 倍]。发酵 7 天后，部分 VSS 溶解形成蛋白质和碳水化合物，但是毛细吸水时间增加到 30000s 以上，污泥比阻增加了 44 倍，污泥的可过滤性能非常差。一般认为，当 CST 小于 20s、污泥比阻小于 1×10^{13} m/kg 时，污泥适合脱水。然而，当污泥在碱性条件下发酵时，污泥粒径减小、ζ 电位降低，溶液中的聚合物浓度增加等多种因素导致脱水性能极度恶化，因此需要经过调理才能进行脱水。

表 2-9　污泥发酵前后的性质变化

时间	pH	TSS/（mg/L）	VSS/（mg/L）	SVI/（mg/L）	碳水化合物/（mg/L）	蛋白质/（mg/L）	CST/s	SRF/（$\times 10^{13}$ m/kg）
发酵前	6.85	17331	12447	57.6	1.5	60.4	111	1.6
加碱后	10.0	16985	12436	63.7	91.4	1184.2	1663	20.7
发酵 7 天	10.0	14298	8698	70.7	309.7	2270.1	>30000	71.7
发酵 14 天	10.0	13668	8642	70.3	282.3	2350.4	>40000	73.3

注：SVI 表示污泥容积指数；CST 表示毛细吸水时间；SRF 表示污泥比阻。

2. 碱性发酵污泥调理方法的研究

　　污泥脱水的调理方法很多，如酸调理、热调理、盐调理等，本节的目的在于从上述常用的方法中筛选出适合碱性发酵污泥的调理方法。

酸调理和热调理：取碱性发酵 7 天的污泥，用盐酸调 pH 至 4，或水浴加热至 65℃ 调理 1 h 后，按阳离子聚丙烯酰胺（polyacrylamide，PAM）与污泥干重比为 1∶100 加入 PAM 溶液进行絮凝调理，然后进行污泥脱水性能实验，结果如表 2-10 所示。从表 2-10 可以看出，酸调理和热调理都不能有效改善污泥的 CST 和 SRF。

表 2-10　酸调理和热调理对污泥脱水的影响

处理	ζ 电位/mV	CST/s	SRF/（×10^{13}m/kg）
发酵污泥（pH 为 10，20℃）	−20.1	>30000	67.2
酸调理（pH 为 4）	−9.6	>30000	39.6
热调理（65℃）	−20.7	>30000	62.8

盐调理：污泥脱水中通常使用含有 Fe^{3+} 或 Al^{3+} 的盐类作为预调理剂，因此选择 $FeCl_3$ 和 $Al_2(SO_4)_3$ 作为预调理剂。此外，由于 Mg^{2+} 可以同时与污泥发酵过程中释放的 NH_4^+ 和 PO_4^{3-} 结合，这里也将 $MgCl_2$ 作为研究对象。盐调理的预实验表明，只有当 Fe^{3+}、Al^{3+} 或 Mg^{2+} 的投加量达到 6%时，才能明显改善污泥脱水性能，但投加量再分别增加 1 倍对污泥脱水性能影响不大。因此，图 2-22 表示了在投加量为 6%时，污泥脱水性能的变化趋势。由图 2-22 可以看出，与 Fe^{3+} 和 Al^{3+} 相比，以 Mg^{2+} 为预调理剂时，抽滤后污泥的含水率最低（81.5%），发酵液的脱水性能得到明显改善；而且发酵液中磷的去除率达 95%以上，氨氮的去除率约 60%。以 Fe^{3+} 为预调理剂时，虽然也能改善污泥的脱水性能，并可以去除约 90%的磷，但是只有 10%的氨氮被去除。可见，选择 Mg^{2+} 作为预调理剂比较合适。

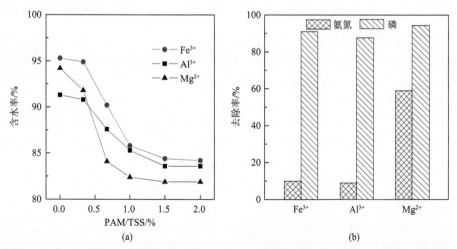

图 2-22　不同阳离子对污泥脱水后的含水率（a）和释放的氨氮与磷酸盐去除（b）的影响

3. 污泥碱性发酵系统的泥水分离

污泥在碱性条件下发酵，将释放出大量的氮和磷，这种发酵液虽然可以作为污水厂的补充碳源，但会增加污水处理厂的氮和磷的负荷，降低补充碳源的作用，因此，有必要对发酵产物中的氮和磷进行回收。

在传统的发酵液回用作为碳源的工艺中，一般先进行污泥脱水，然后进行氮和磷回收[图 2-23（a）]。然而，如前所述，发酵产物难以实现泥水分离，而$MgCl_2$的加入不仅可以有效改善碱性发酵污泥的脱水性能，而且能够同时回收氮和磷，因此，这里拟采用先在发酵产物中直接回收氮和磷，再进行污泥脱水的工艺流程[图 2-23（b）]。

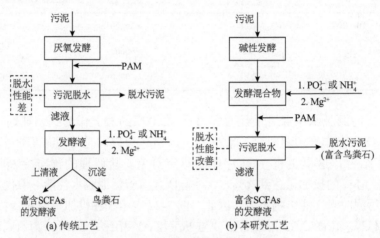

图 2-23　厌氧发酵污泥的脱水流程

1）从污泥碱性发酵系统中同时回收氮和磷

当同时回收发酵混合物中的氮和磷时，发现 pH、Mg/N、Mg/P 等影响回收效果。采用响应面方法，在 $9.5 \leqslant pH \leqslant 10.5$、$1.5 \leqslant Mg/N \leqslant 2.3$（mol/mol）、$1.0 \leqslant Mg/P \leqslant 1.6$（mol/mol）的范围内考察了三个因素之间的交互作用对同时回收氮和磷的影响，如图 2-24 所示。

如图 2-24（a）所示，在较低的 pH 下，随着 Mg/N 的增加，可溶性有机磷（soluble organic phosphorus，SOP）的浓度没有明显变化；然而，当 pH > 10 时，Mg/N 增加将引起 SOP 浓度迅速下降。从图 2-24（b）和（c）可以看出，同时增加 P/N 和 pH 或同时增加 P/N 和 Mg/N，将提高 SOP 的去除效果。还可以发现，pH 是影响 SOP 去除效果的关键因素，这是因为不论固定 Mg/N 还是固定 P/N，只要 pH 增加少许，残留的 SOP 浓度都将迅速下降。

pH、Mg/N 和 P/N 对 NH_4^+-N 去除效果的交互影响如图 2-24（d）～（f）所示。Mg/N 和 pH 对 NH_4^+-N 的交互影响的等高线图呈"U"形，这说明 pH 不宜过高或过低，适中的 pH（如 pH=10）有利于 NH_4^+-N 的回收；从图 2-24（e）也可以得出类似的结论。此外，图 2-24（d）～（f）表明，当 pH 和 P/N 为一固定值时，NH_4^+-N 浓度基本不受 Mg/N 的影响。

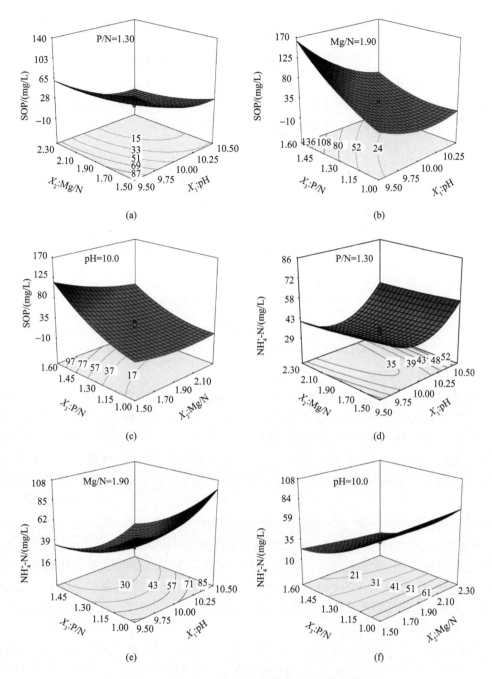

图 2-24　SOP 与 NH₄⁺-N 的三维响应面及等高线图

纵坐标为同时回收氮和磷之后，发酵液中残留的 NH₄⁺-N 和溶解性磷的浓度

通过响应面分析，可以得到发酵液中残留的 SOP 与 NH₄⁺-N 浓度的回归模型：

$$Y_{\text{SOP}} = 7120.2 - 1552.3X_1 - 5.4X_2 + 1523.1X_3 - 12.3X_1X_2$$
$$- 166.6X_1X_3 - 95.8X_2X_3 + 85.9X_1^2 + 55.8X_2^2 + 177.6X_3^2$$

（2-19）

$$Y_{\mathrm{NH_4^+-N}} = 6068.6 - 1216.7X_1 - 32.9X_2 + 155.4X_3 + 5.0X_1X_2$$
$$- 48.0X_1X_3 - 31.0X_2X_3 + 63.9X_1^2 + 4.1X_2^2 + 112.7X_3^2 \tag{2-20}$$

式中，$X_1 \in [9.5,10.5]$；$X_2 \in [1.5,2.3]$；$X_3 \in [1.0,1.6]$。X_1 为 pH；X_2 为 Mg/N；X_3 为 Mg/P。图 2-25 为回归模型的预测值与实际值的比较，从图 2-25 可以看出，预测值十分接近实际值，这说明回归模型能够用来模拟发酵液中残留的氮、磷浓度。

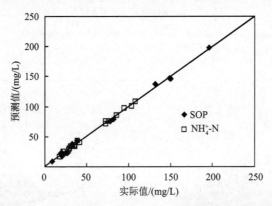

图 2-25　SOP 和 $\mathrm{NH_4^+}$-N 残留浓度的实际值与预测值比较

2）同时回收氮和磷工艺条件的优化

如果把 SOP 和 $\mathrm{NH_4^+}$-N 回收率的目标定为 90%，那么可以得到一个交叉阴影区域，在这个区域内的任意一点都能满足设定的回收率。图 2-26 为不同 P/N 下 SOP 和 $\mathrm{NH_4^+}$-N 的阴影图，阴影部分为同时满足 SOP < 25 mg/L 和 $\mathrm{NH_4^+}$-N < 25 mg/L 的区域。由图 2-26 可知，随着 P/N 由 1.30 增加到 1.55，阴影区域逐渐由图的中心位置向右上角移动。这说明 P/N 越高，满足 SOP 和 $\mathrm{NH_4^+}$-N 回收条件所需的 pH 和 Mg/N 越高，表明药剂量将随之增加。比较图 2-26 可知，当 P/N < 1.30 时，阴影区域太小，不仅 Mg/N 较高，而且实验误差可能导致 SOP 和 $\mathrm{NH_4^+}$-N 无法达到设定的回收率；当 P/N > 1.30 时，Mg/N 和 pH 也增加，导致药剂量增加而无法明显提高 SOP 和 $\mathrm{NH_4^+}$-N 的回收率。因此，P/N = 1.30 是同时回收氮、磷的最优比例。为了保证 SOP 和 $\mathrm{NH_4^+}$-N 的回收率，选取阴影的中心位置，即 pH = 10.0、P/N = 1.30、Mg/N = 1.90 作为最佳的工艺条件。这个工艺条件还有一个优点：由于发酵混合物的初始 pH 为 10.0，因此在同时回收氮和磷之前，不需要调节 pH，从而简化了操作过程。

理论上来说，形成鸟粪石（$\mathrm{MgNH_4PO_4 \cdot 6H_2O}$）时 Mg∶N∶P 的摩尔比为 1∶1∶1，然而本研究中的摩尔比为 1.9∶1∶1.3。造成 Mg/N 和 Mg/P 大于 1 的一个原因是 SCOD（如蛋白质），结合了部分镁离子。实际上，文献中所报道的比例基本与理论比例不一致，Mg/P 通常在 1.3~1.8，P/N 在 1.1~1.67。由此可见，即使不经过泥水分离而直接回收氮和磷，实验数据与文献报道的数据也十分接近。

3）同时回收氮和磷后污泥固相成分分析

回收 SOP 和 $\mathrm{NH_4^+}$-N 之后的污泥，在 40℃ 烘干以免晶体失去结晶水，然后碾磨，用 200 目筛子筛分后用于 X 射线衍射（X-ray diffraction，XRD）分析。如图 2-27 所示，

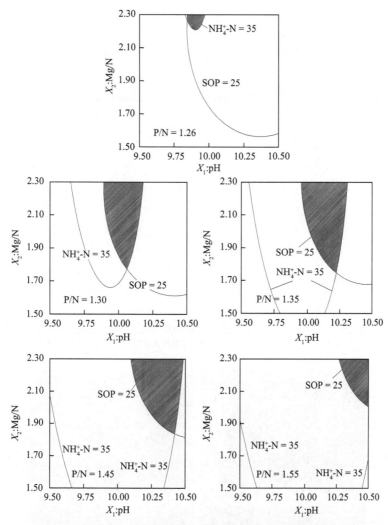

图 2-26 不同 P/N 下 SOP 和 NH_4^+-N 的覆盖图

在回收氮和磷之前，仅有两个比较显著的峰；回收氮和磷之后的沉淀和污泥混合物的图谱与鸟粪石标准图谱匹配，而与 $Mg(OH)_2$、$Mg_3(PO_4)_2$、$Mg_2P_2O_7$ 等物质的标准图谱不匹配，表明经氮和磷回收后形成沉淀含有鸟粪石。在形貌上，扫描电子显微镜（scanning electron microscope，SEM）进一步确认了鸟粪石的形成（图 2-28）。

4）同时回收氮和磷对碱性发酵污泥脱水性能的影响

在不回收鸟粪石的情况下，碱性发酵污泥的 SRF、过滤泥饼含水率（WPC）和 CST 分别为 4.13×10^{14} m/kg、97.5%和> 30000 s；如果按 1.0%的比例加入 PAM，SRF、WPC 和 CST 分别为 3.86×10^{14} m/kg、97.1%和 5532 s；即使 PAM 投加量增加到 2.0%，SRF 和 WPC 依然没有显著改善，这不能满足污泥脱水要求。

回收鸟粪石后，由图 2-29 可以看出，即使不添加 PAM，污泥的脱水性能也发生了较明显的改善。当 PAM 投加量达到 1.0%时，SRF、WPC 和 CST 分别为 1.2×10^{13} m/kg、

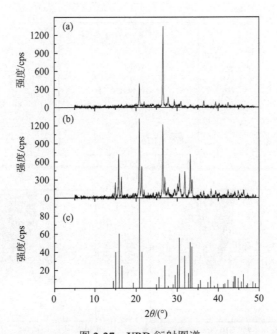

图 2-27　XRD 衍射图谱

（a）发酵污泥；（b）氮和磷回收后的沉淀与发酵污泥的混合物；（c）鸟粪石标准图谱

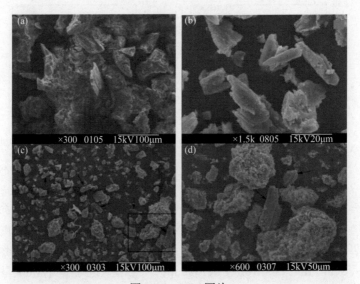

图 2-28　SEM 图片

（a）回收氮磷前；（b）鸟粪石；（c）～（d）回收氮和磷后，（d）为（c）局部放大

73.4%和 21s。在同等 PAM 投加量（1.0%）的情况下，回收鸟粪石污泥的 SRF、污泥脱水后体积和 CST 分别减少到为没有鸟粪石回收污泥的 3.1%、11.3%和 0.4%。PAM 投加量增加到 1.5%时对污泥脱水性能没有明显改善，进一步增加到 2.0%时则使 SRF、WPC 和 CST 分别提高到 6.4×10^{13} m/kg、74.9%和 33 s，即过量投加 PAM 反而使脱水性能降低。因此，综合上述情况考虑，PAM 投加量以 1.0%～1.5%为宜。

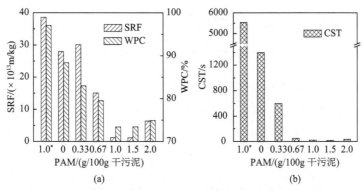

图 2-29　PAM 投加量对氮和磷回收后的碱性发酵污泥脱水性能的影响

* 表示未回收鸟粪石的新鲜污泥

　　根据上述的最佳工艺条件回收鸟粪石并对污泥脱水，分析了滤液及滤饼的成分，结果见表 2-11。可见，以鸟粪石形态同时回收 SOP 和 NH_4^+-N 并脱水之后，SOP 的去除率为 91.5%，NH_4^+-N 去除率为 90.2%；然而，在氮和磷去除的同时，10.6% 的 SCOD、27.5% 的碳水化合物和 20.7% 的蛋白质也被去除。但是，氮和磷回收与否似乎对 SCFAs 的含量没有影响（氮和磷回收之后 SCFAs 含有：乙酸 1309 mg COD/L、丙酸 1198 mg COD/L、正丁酸 365 mg COD/L、异丁酸 487 mg COD/L、正戊酸 123 mg COD/L 和异戊酸 742 mg COD/L，合计为 4224 mg COD/L，占发酵液 SCOD 的 52.7%）。回收氮和磷之后的干泥中，TN、TP、Mg 和 K 的含量分别为氮和磷回收之前的 1.83 倍、8.75 倍、203.33 倍和 1.67 倍，这表明剩余污泥肥效得到了提高。

表 2-11　回收氮磷前后滤液及滤饼的成分比较

项目	发酵液（脱水滤液）						干泥			
	SOP/（mg/L）	NH_4^+-N/（mg/L）	SCOD/（mg COD/L）	SCFAs/（mg COD/L）	碳水化合物/（mg COD/L）	蛋白质/（mg COD/L）	TN/（mg/g 干泥）	TP/（mg/g 干泥）	Mg/（mg/g 干泥）	K/（mg/g 干泥）
回收前[①]	213	275	8962	4276	222	1801	23	8	0.3	18
回收后	18	27	8011	4224	161	1428	42	70	61	30
去除率/%	91.5	90.2	10.6	1.2	27.5	20.7				

①为了便于比较，将新鲜污泥稀释 1.2 倍，使其与回收氮和磷并用 PAM 调理后的污泥具有相同的体积。

5）同时回收氮和磷提高碱性发酵污泥脱水性能的机理

　　如前所述，在以鸟粪石回收氮和磷之后，污泥的脱水性能迅速得到改善。文献中报道，ζ 电位、EPS、溶解性聚合物以及二价离子浓度是影响污泥脱水性能的重要因素，为了弄清氮和磷回收有利于碱性发酵污泥脱水性能提高的机理，设计了表 2-12 的批式实验。A 组实验为仅添加 PAM（PAM/干泥为 0%～2.0%）；B 组实验为最佳氮和磷回收条件下添加 PAM（PAM/干泥为 0%～2.0%）；C 组实验为不同 Mg/N 下添加相同的 PAM。批式实验结果如图 2-30 所示。

表 2-12　批式实验安排

序号	A	B	C
1	0 % PAM	MAP + 0% PAM	（Mg/N = 0）+ PAM
2	0.33% PAM	MAP + 0.33% PAM	（Mg/N = 0.5）+ PAM
3	0.67% PAM	MAP + 0.67% PAM	（Mg/N = 1）+ PAM
4	1.0% PAM	MAP + 1.0% PAM	（Mg/N = 1.5）+ PAM
5	1.5% PAM	MAP + 1.5% PAM	（Mg/N = 2）+ PAM
6	2.0% PAM	MAP + 2.0% PAM	（Mg/N = 3）+ PAM

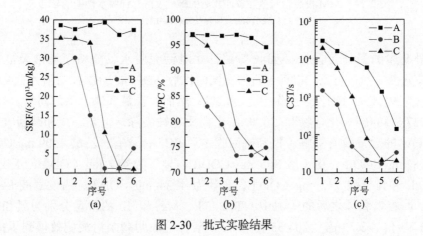

图 2-30　批式实验结果

A. ζ 电位

在接近中性的 ζ 电位的环境中，细小的污泥颗粒容易聚合成较大的污泥颗粒。据报道，当 $|\zeta| < 14\text{mV}$ 时胶体脱稳就会发生凝聚。由图 2-31 可见，当仅添加 PAM 而没有氮和磷回收时，系统的 ζ 电位维持在−19mV 左右。如果不添加 PAM，而仅在最佳工况下进行氮和磷回收，ζ 电位即上升到−14mV 左右；当 PAM 投加量增加到 1.0% 时，ζ 电位曲线出现一个折点，但是当 PAM 增加到 2.0% 时，ζ 电位的绝对值反而增加；显然，最

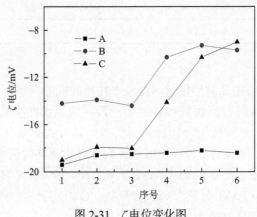

图 2-31　ζ 电位变化图

佳工况回收氮和磷并投加 PAM 时污泥的 ζ 电位变化曲线与图 2-31 中污泥脱水性能的变化趋势相符。

在相同 PAM 投加量的情况下，随着 Mg/N 的增加，污泥的 ζ 电位绝对值在不断降低，当 Mg/N 大于 1.5 时，$|\zeta|$ 降至 14 mV 以下。这表明，Mg^{2+} 的加入是引起 ζ 电位降低的另一个直接因素。

B. 阳离子

阳离子在细小的污泥颗粒之间架桥使污泥形成较大的絮体，是污泥絮体的一部分。研究发现，阳离子（Na^+、K^+、Mg^{2+}、Ca^{2+}）浓度和一价阳离子（M^+）浓度与二价阳离子（D^{2+}）浓度之比（M^+/D^{2+}）是影响污泥沉降性能和脱水性能的关键因素之一。在碱性发酵过程中，需要添加 NaOH 以维持系统的 pH，从而引入了大量的 Na^+，导致 M^+/D^{2+} 比例失衡。因此，虽然经过预调理（酸调理、热调理等）并投加 PAM 对污泥进行调理，系统中仍然缺乏足够的二价阳离子，如图 2-32 所示，M^+/D^{2+} 高达 100 mol/mol 以上，远远高于适合污泥脱水的比例区间（M^+/D^{2+} = 0.3～4 mol/mol）。然而，在最佳工况回收氮和磷之后，二价阳离子的浓度达到 11.2 mmol/L，M^+/D^{2+} 下降到 9 mol/mol 左右，在混凝剂的作用下，以二价阳离子为媒介，微小的污泥颗粒容易聚集成大的颗粒，从而脱水性能得以改善。如图 2-32 所示，在不同的 Mg/N 下，系统中二价阳离子以及 M^+/D^{2+} 的变化曲线与污泥脱水性能的变化趋势一致。这说明，Mg^{2+} 的加入，不仅回收了氮和磷，而且提供了大量的二价阳离子，优化了系统中的 M^+/D^{2+}，促进了污泥脱水。

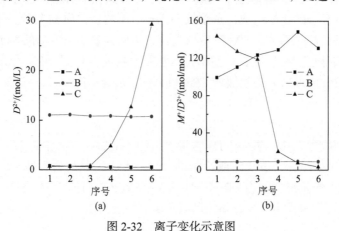

图 2-32　离子变化示意图

C. 聚合物

影响污泥脱水的聚合物包括溶解性聚合物（主要是多糖和蛋白质）和污泥 EPS。当液相中的溶解性聚合物浓度减少时，可以减轻对滤布孔隙的堵塞，过滤性能变好。如图 2-33 所示，在没有鸟粪石回收时（A），随着 PAM 投加量的增加，溶解性聚合物含量仅由 1342.5 mg/L 降低到 1252.9 mg/L，其中多糖含量由 198.5 mg/L 下降到 180.3 mg/L，蛋白质含量由 1144.0 mg/L 下降到 1072.6 mg/L。在不添加 PAM 的情况下，与不回收氮和磷相比，在最佳工艺条件下同时回收氮和磷时（B），系统中的溶解性聚合物含量有明显的下降（由 1342.5 mg/L 下降到 1152.4 mg/L）；在最佳 PAM 投加量时，溶解性聚合物含量进一步下降到 1051.1 mg/L；而继续增加 PAM 投加量，溶解性聚合物含量则没有明显的变化。在 PAM 投加量为 1.0%时（C），当 Mg/N 大于 1.0 时，系统中的溶解性聚合物含量迅速下降，这说明 Mg^{2+} 是引起溶解性聚合物含量下降的关键因素。

蛋白质是溶解性聚合物的主要成分，占总量的 86%左右。在回收氮和磷或添加 PAM 调理后，蛋白质占减少的溶解性聚合物含量的 80%左右。这表明，与多糖相比，蛋白质对污泥的脱水性能影响更大。

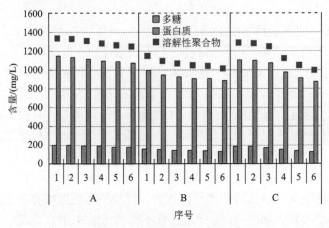

图 2-33　溶解性聚合物的变化

EPS 是影响污泥脱水性能的另一重要因素。EPS 是附着在微生物细胞壁的大分子有机聚合物，具有复杂的化学组成，占总量 70%～80%的蛋白质和多糖是最主要的两种成分。作为污泥组成的一部分，EPS 带有负电荷，吸引大量相反电荷的离子并聚集在污泥内部，使污泥内外形成渗透压，从而影响污泥脱水性能。根据 EPS 与微生物细胞结合的紧密程度，EPS 可以划分为松散型 EPS（loosely bound EPS，LB-EPS 或 LB）和紧密型 EPS（tightly bound EPS，TB-EPS 或 TB）。

对比图 2-30 与图 2-34 可以看出，随着污泥 LB 含量的减少，污泥脱水性能得以改善，但是氮磷回收和 PAM 调理对 TB 含量没有明显的影响。无论是 LB 还是 TB，蛋白质均是 EPS 的主要组分，占 LB 或 TB 的 76%～84%；其次为多糖，占 LB 或 TB 的 9%～15%；DNA 含量最少，占 LB 或 TB 的 4%～10%。由图 2-34 还可以看出，在回收氮磷和 PAM 调理的过程中，变化最大的是 LB 中的蛋白质。

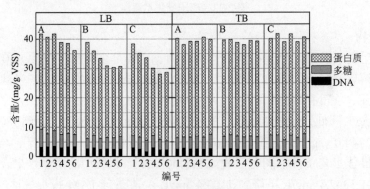

图 2-34　胞外聚合物的变化

将 LB、TB 分别与污泥脱水性能的指标进行拟合可以发现，LB 与 SRF、WPC 和 CST 均有较好的计量关系，这说明 LB 是影响污泥脱水性能的重要因素。当 LB 含量增加时，污泥的脱水性能变差。LB 是一种具有较高黏性的物质，由于其位于细胞和污泥絮体结构的外侧，当 LB 增加时，泥水混合物的黏度也随之增加，从而增加了液体的黏度，导致污泥的脱水性能变差。此外，由于 LB 中含有大量的结合水，而结合水的增加将导致 SRF 增加，因此，LB 含量高的污泥更难过滤，泥饼的含水率也较高（图 2-35）。

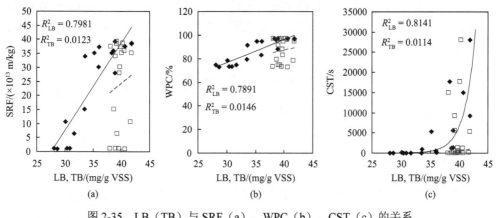

图 2-35　LB（TB）与 SRF（a）、WPC（b）、CST（c）的关系
实心点及实线：LB；空心点及虚线：TB

D. 鸟粪石

在同时回收氮和磷的过程中，不仅降低了 ζ，增加了二价阳离子浓度，优化了 M^+/D^{2+}，减少了溶解性聚合物和 LB，还形成了鸟粪石沉淀。因此，有必要讨论鸟粪石对污泥脱水性能的影响。

取两份新鲜的发酵污泥，其中一份仅加入 PAM 调理（1.0%）；另一份不回收氮和磷，但是加入与回收氮和磷时理论上形成相同量的鸟粪石，充分搅拌后用 PAM 调理（1.0%）。将两份污泥进行脱水实验，结果如表 2-13 所示。与没有鸟粪石的污泥相比，有鸟粪石的污泥的 SRF 和 CST 分别减少了 45.3% 和 67.7%，因此鸟粪石的形成对碱性发酵污泥脱水确实有促进作用。

表 2-13　鸟粪石对污泥脱水性能的影响

项目	SRF/（10^{13} m/kg）	CST/s
无鸟粪石	38.6	5532
有鸟粪石	21.1	1786

2.2　表面活性剂调控城镇有机废物发酵产酸

2.2.1　表面活性剂对城镇有机废物厌氧发酵产酸影响

作者团队在以往研究中已经发现，不同类型的表面活性剂都可以促进污泥发酵产酸，而且酸的产生量均随表面活性剂投加量的增加而增加；在相同的环境条件和操作条件下，阴离子表面活性剂十二烷基苯磺酸钠（SDBS）作用下的总 SCFAs 浓度最高。阴离子表面活性剂在生产和日常生活中的使用范围广、用量大，在环境中也十分常见。因此，这里以 SDBS 为代表，深入研究其对污泥厌氧发酵产酸的影响。

本研究采用 12 个完全相同的有机玻璃反应器，有效容积均为 5.0 L。12 个反应器分为两组，发酵温度分别控制为中温[（35±2）℃]和高温[（55±2）℃]。每组 6 个反应器中基于污泥干重的 SDBS 投加量分别为 0 mg/g、5 mg/g、10 mg/g、20 mg/g、50 mg/g 和 100 mg/g。本研究所用的剩余污泥首先在 4℃下浓缩沉降 24h，浓缩后的主要性质见表 2-14。

表 2-14　剩余污泥浓缩后的主要性质

测试项目	平均值	标准偏差
pH	6.81	0.15
TSS/（g/L）	15.00	0.11
VSS/（g/L）	11.12	0.08
TCOD/（g/L）	18.97	0.44
SCOD/（g/L）	0.79	0.01
蛋白质/（g COD/L）	9.34	0.25
碳水化合物/（g COD/L）	2.47	0.13
油脂/（g COD/L）	0.17	0.01

不同 SDBS 投加量对剩余污泥中温发酵和高温发酵 SCFAs 累积的影响见图 2-36。从图 2-36（a）可以看出，中温条件下，SDBS 的投加显著地增强了反应器中 SCFAs 的累积；在整个发酵期间，SDBS 投加量为 20 mg/g 时剩余污泥发酵产生的 SCFAs 浓度最大，为 0.316 g COD/g VSS；SDBS 促进剩余污泥中温发酵产酸的最佳条件是 SDBS 投加量 20mg/g、发酵时间 6 天。图 2-36（b）表明，SDBS 投加量为 10mg/g 时，SCFAs 浓度始终高于其他 SDBS 投加量时的浓度，并在发酵第 6 天时 SCFAs 浓度达到最大，即 0.309 g COD/g VSS；SDBS 促进剩余污泥高温发酵产酸的最佳条件是 SDBS 投加量为 10mg/g、发酵时间 6 天。

SDBS 作用下剩余污泥产酸量提高的主要原因可能是表面活性剂为产酸微生物提供了一个很好的微环境（包括细胞间的接触、营养物的梯度和 pH 梯度等），从而使其发挥了更好的产酸作用。所谓细胞间的接触是指微生物群落中的每个细菌都能分泌一种特殊的能被其他细菌感知的信号分子，基于这个基本原理，微生物群落可以相互协调它们之间的行为。作者团队之前的研究表明剩余污泥室温发酵时产酸量最大的 SDBS 投加量为 20mg/g，产生的最大 SCFAs 浓度为 0.241 g COD/g VSS，低于中温及高温发酵时的最大 SCFAs 浓度。可见，在 SDBS 作用下提高发酵温度有利于剩余污泥产酸。

图 2-37 给出了发酵第 6 天不同 SDBS 投加量对剩余污泥中温及高温发酵产生的 SCFAs 组分的影响。无论是中温发酵还是高温发酵，在 SDBS 作用下 SCFAs 中最多的有机酸是乙酸，其占总 SCFAs 的比例分别是中温 37.8%（平均值）和高温 49.9%。在其

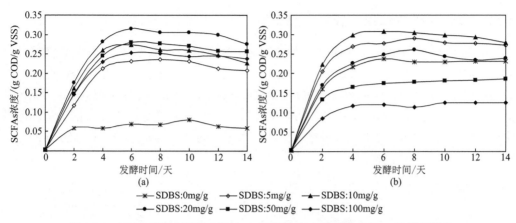

图 2-36　SDBS 对剩余污泥中温（a）和高温（b）发酵总 SCFAs 浓度的影响

他发酵时间内乙酸也是最多的有机酸。作者团队之前的研究同样发现 SDBS 作用下剩余污泥室温发酵时最多的有机酸是乙酸。不投加 SDBS 的剩余污泥，中温发酵时丙酸是最多的有机酸，而高温发酵时乙酸是最多的有机酸。就最多的有机酸乙酸来讲，SDBS 投加量越大，乙酸在总 SCFAs 中的占比也越大；高温及 SDBS 投加量为 50 mg/g 和 100 mg/g 时，乙酸的含量超过了 64%。

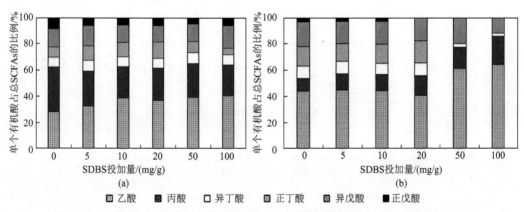

图 2-37　发酵第 6 天 SDBS 对中温发酵（a）和高温发酵（b）SCFAs 组分的影响

本研究剩余污泥中温及高温发酵时乙酸和丙酸的浓度随 SDBS 投加量的变化见表 2-15。中温发酵，SDBS 投加量为 20mg/g 时，乙酸和丙酸之和最大，为 0.194 g COD/g VSS；高温发酵，SDBS 投加量为 10mg/g 时，乙酸和丙酸之和最大，为 0.174 g COD/g VSS。

表 2-15　发酵第 6 天不同 SDBS 投加量下中温及高温发酵时乙酸和丙酸的浓度　　（单位：g COD/g VSS）

温度	项目	SDBS 投加量				
		5 mg/g	10 mg/g	20 mg/g	50 mg/g	100 mg/g
中温	乙酸	0.076	0.106	0.117	0.110	0.103
	丙酸	0.062	0.066	0.077	0.072	0.059
高温	乙酸	0.124	0.136	0.101	0.107	0.078
	丙酸	0.035	0.038	0.037	0.029	0.014

2.2.2 表面活性剂作用下厌氧发酵系统的氮和磷释放与碳平衡

中温及高温发酵时不同 SDBS 投加量下污泥释放的 NH_4^+-N 和 PO_4^{3-}-P 的浓度随时间的变化结果分别见图 2-38 和图 2-39。从图 2-38 可以发现，不论 SDBS 是否存在，污泥中温及高温发酵时 NH_4^+-N 浓度都随着发酵时间的延长而增加。投加 SDBS 后，污泥释放出的 NH_4^+-N 浓度明显高于空白实验中的 NH_4^+-N 浓度。与中温发酵相比，高温发酵污泥释放出的 NH_4^+-N 浓度更大。所有实验中，NH_4^+-N 浓度最高为 0.049 g/g VSS（550 mg/L），对微生物基本没有抑制作用。

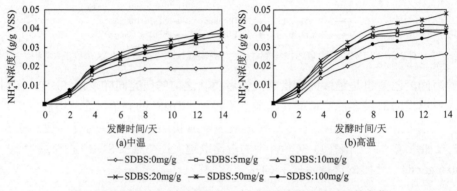

图 2-38　不同 SDBS 投加量下 NH_4^+-N 的浓度随发酵时间的变化

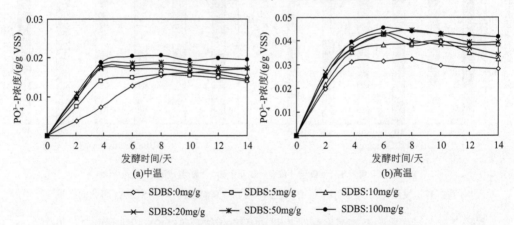

图 2-39　不同 SDBS 投加量下 PO_4^{3-}-P 的浓度随发酵时间的变化

从图 2-39 可以看出，在 SDBS 的作用下，PO_4^{3-}-P 的浓度并非随着发酵时间的延长而增加，而是在达到最大值后随着发酵时间的进一步延长而逐渐降低。总的来讲，投加 SDBS 后，发酵液中的 PO_4^{3-}-P 浓度比空白实验大，并且 SDBS 投加量越大，释放的 PO_4^{3-}-P 浓度越大。比较图 2-39（a）和（b）发现，在 SDBS 投加量相同时，高温发酵的 PO_4^{3-}-P 浓度比中温发酵的 PO_4^{3-}-P 浓度高。

由以上结果可知，当 SDBS 存在时，剩余污泥在厌氧发酵过程中会释放出更多的 NH_4^+-N 和 PO_4^{3-}-P。因此将富含有机酸的污泥发酵液用作生物脱氮除磷系统的碳源时，应尽可能地去除其中的 NH_4^+-N 和 PO_4^{3-}-P，可以使用前面介绍的鸟粪石沉淀法同时去除

发酵液中的 NH_4^+-N 和 PO_4^{3-}-P，且生成的鸟粪石又是良好的磷肥，与其他去除氮和磷的方法相比具有明显优势。

　　图 2-40 为发酵第 6 天时不同 SDBS 投加量下中温和高温发酵系统的碳平衡。中温发酵时，SDBS 投加量为 5～100 mg/g 时，污泥 VSS 大部分转化为溶解性蛋白质和碳水化合物以及 SCFAs，少量转化为气体（甲烷和二氧化碳）；高温发酵时，SDBS 对系统碳平衡的影响与中温发酵相似。值得注意的是，高温发酵且 SDBS 投加量较高时虽然释放出大量的水解产物，但 SCFAs 产量不高，说明高温及高 SDBS 投加量下水解产物向 SCFAs 的转化受到抑制。

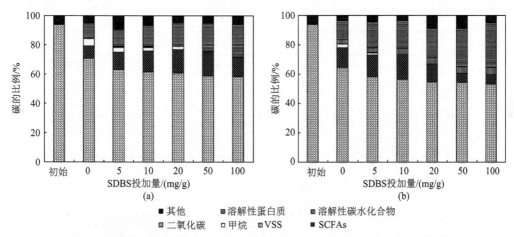

图 2-40　发酵第 6 天时不同 SDBS 投加量下中温（a）和高温（b）发酵系统的碳平衡

2.2.3　表面活性剂促进城镇有机废物厌氧产酸动力学特征

　　用于模型校正（即参数估算）的实验中采用 5 个完全相同的有机玻璃反应器，有效容积均为 5.0 L。5 个反应器中 SDBS 投加量分别为 0 mg/g、10 mg/g、20 mg/g 和 50 mg/g。反应器发酵温度依次分别控制为室温[（21±1）℃]、中温[（35±2）℃]和高温[（55±2）℃]。实验中所用的剩余污泥首先在 4℃下浓缩沉降 24h，浓缩后的剩余污泥主要性质见表 2-16。模型验证实验与模型校正实验相同，但是采用的污泥浓度不同，污泥的主要性质见表 2-16。

表 2-16　SDBS 促进剩余污泥厌氧产酸动力学研究中所用剩余污泥浓缩后的主要性质

测试项目	模型校正	模型验证
pH	6.73±0.12	6.89±0.14
TSS/（g/L）	14.80±0.65	13.22±0.59
VSS/（g/L）	9.92±0.16	9.56±0.17
TCOD/（g/L）	18.57±0.54	18.40±0.52
SCOD/（g/L）	0.07±0.02	0.07±0.02
蛋白质/（g COD/L）	9.25±0.11	8.91±0.12
碳水化合物/（g COD/L）	2.27±0.14	2.14±0.11
油脂/（g COD/L）	0.19±0.02	0.18±0.01

模型描述、灵敏度分析、动力学参数估算等与前面研究 pH 时相同。

1. 动力学参数的确定

根据实验数据模拟得到的 SDBS 作用下剩余污泥室温、中温和高温发酵时参数 k、$k_{m,h}$、$k_{m,v}$ 和 $k_{d,h}$ 的值见表 2-17。参数估算过程中得到的污泥在 SDBS 作用下室温、中温和高温发酵模拟曲线对实验数据的拟合效果见图 2-41～图 2-43。可见，模拟曲线与实验数据拟合较好。

表 2-17　剩余污泥室温、中温和高温发酵产酸时不同 SDBS 投加量下 k、$k_{m,h}$、$k_{m,v}$ 和 $k_{d,h}$ 的值

| 参数 | SDBS 投加量 | | | | | | | | | | | |
| | 室温 | | | | 中温 | | | | 高温 | | | |
	0 mg/g	10 mg/g	20 mg/g	50 mg/g	0 mg/g	10 mg/g	20 mg/g	50 mg/g	0 mg/g	10 mg/g	20 mg/g	50 mg/g
k/d^{-1}	0.04	0.10	0.13	0.16	0.12	0.18	0.2	0.22	0.16	0.21	0.23	0.25
$k_{m,h}$/[kg COD/(kg COD·d)]	1.20	2.60	4.10	3.40	6.30	9.40	12.4	10.3	43.0	52.0	44.0	33.0
$k_{m,v}$/[kg COD/(kg COD·d)]	0.25	0.20	0.18	0.08	0.73	0.69	0.59	0.25	0.25	0.20	0.12	0.07
$k_{d,h}$/d^{-1}	0.30	0.35	0.45	0.50	0.80	0.95	1.10	1.15	3.20	3.30	3.45	3.50

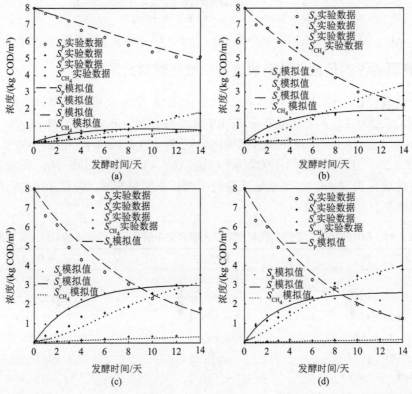

图 2-41　SDBS[投加量 0 mg/g（a）、10 mg/g（b）、20 mg/g（c）和 50 mg/g（d）]促进剩余污泥室温发酵产酸的实验数据和模拟数据的比较

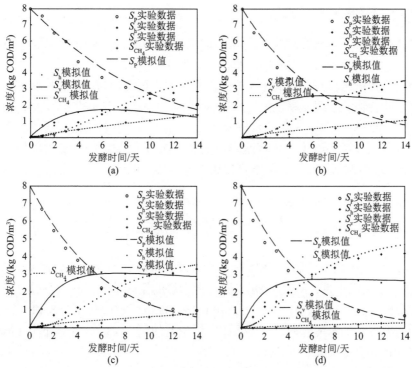

图 2-42　SDBS[投加量 0 mg/g（a）、10 mg/g（b）、20 mg/g（c）和 50 mg/g（d）]促进剩余污泥中温
发酵产酸的实验数据和模拟数据的比较

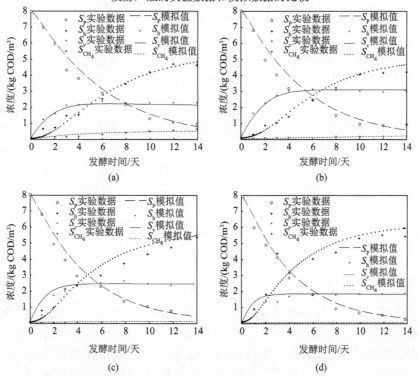

图 2-43　SDBS[投加量 0 mg/g（a）、10 mg/g（b）、20 mg/g（c）和 50 mg/g（d）]促进剩余污泥高温
发酵产酸的实验数据和模拟值的比较

2. SDBS 对水解速率 k 的影响

表 2-18 比较了本研究和文献所报道的水解速率（k）。不论是本研究还是文献报道，不加 SDBS 时剩余污泥的水解速率都低于初沉污泥的水解速率。这是因为剩余污泥中的蛋白质含量比较高，初沉污泥中碳水化合物含量比较高，而蛋白质的水解速率通常低于碳水化合物的水解速率。另外从表 2-18 可以看出，与不投加 SDBS 的水解速率相比，投加 SDBS 后剩余污泥的水解速率无论是室温、中温还是高温发酵都得到了显著增加。在任何发酵温度下，水解速率都随着 SDBS 投加量的增加而增加。进一步分析表明，SDBS 对水解速率 k 的影响可以用式（2-21）表示：

$$k_{\text{SDBS-modified}} = k_0 \left[1 + \left(\frac{S_S}{K_p} \right)^m \right] \quad （2-21）$$

式中，$k_{\text{SDBS-modified}}$ 和 k_0 分别为有 SDBS 作用和无 SDBS 作用时的水解速率；S_S 为 SDBS 的浓度，mg/g 污泥干重；K_p 为 SDBS 对污泥水解的促进系数；m 为系数。室温、中温和高温发酵时 K_p 和 m 的值分别是 0.52 和 0.28、39.66 和 0.25、27.88 和 0.21。表 2-18 给出了本研究得到的水解速率。可以看出，无论是使用 SDBS 还是调 pH 为碱性，都可使水解速率得到显著提高。

表 2-18　本研究和文献报道的污泥水解速率的比较　　　　（单位：d^{-1}）

污泥来源	k		
	室温	中温	高温
初沉污泥	n.a.	0.25	0.40
剩余污泥	n.a.	0.026～0.035	n.a.
初沉污泥+剩余污泥	n.a.	0.11	n.a.
初沉污泥	0.10	0.17	n.a.
60%初沉污泥+40%剩余污泥	0.15	n.a.	n.a.
剩余污泥	0.04	0.12	0.18
剩余污泥+SDBS（本研究）	0.10～0.18	0.18～0.25	0.21～0.28
剩余污泥+pH（本研究）	0.09～0.16	0.14～0.23	0.17～0.34

注：n.a.表示没有获得数据。

3. SDBS 对水解产物的最大比利用速率 $k_{m,h}$ 的影响

如表 2-17 所示，与不加 SDBS 的空白实验相比，SDBS 作用下的水解产物的最大比利用速率 $k_{m,h}$ 显著增加；$k_{m,h}$ 先随 SDBS 投加量的增加而增加，但当 SDBS 投加量继续增加时，$k_{m,h}$ 反而呈下降趋势，高温发酵 SDBS 投加量为 50 mg/g 时，$k_{m,h}$ 比空白实验的值还低；室温、中温和高温发酵 $k_{m,h}$ 的最大值分别为 4.1（SDBS 20 mg/g）、12.4（SDBS 20 mg/g）和 52.0（SDBS 10 mg/g），这与室温、中温和高

温发酵反应系统中 SCFAs 的最大产量相一致。

通过比较不同温度的 $k_{m,h}$ 可以看出，温度越高，$k_{m,h}$ 越大，因此中温发酵 SDBS 作用下 SCFAs 的浓度高于室温。但是，高温发酵系统的 SCFAs 浓度比中温发酵系统低，这可能是因为高温发酵时产酸菌的衰减系数 $k_{d,h}$ 较高。

4. SDBS 对 SCFAs 的最大比利用速率 $k_{m,v}$ 的影响

从表 2-17 可以看出，SDBS 对 SCFAs 的最大比利用速率 $k_{m,v}$ 有严重的抑制作用。在任何温度下，$k_{m,v}$ 都随着 SDBS 投加量的增加而急剧下降。$k_{m,v}$ 与产甲烷菌的活性相关，SDBS 作用下 $k_{m,v}$ 降低意味着发酵系统中的 SCFAs 不易被产甲烷菌利用，因此 SCFAs 容易累积。进一步分析表明，SDBS 对 $k_{m,v}$ 的影响可以用式（2-22）表示：

$$k_{m,v,\text{SDBS-modified}} = k_{m,v0} \cdot \frac{1}{1 + \left(\dfrac{S_S}{K_{Iv}}\right)^{m_v}} \tag{2-22}$$

式中，$k_{m,v,\text{SDBS-modified}}$ 和 $k_{m,v0}$ 分别为有 SDBS 作用和无 SDBS 作用时 SCFAs 的最大比利用速率 $k_{m,v}$；S_S 为 SDBS 的浓度，mg/g 污泥干重；K_{Iv} 为 SDBS 对 $k_{m,v}$ 的抑制系数；m_v 为系数。室温、中温和高温发酵时 K_{Iv} 和 m_v 的值分别是 1.32 和 8.72、14.88 和 1.07、0.71 和 1.35。

5. SDBS 对产酸菌的衰减系数 $k_{d,h}$ 的影响

表 2-17 表明，剩余污泥在室温、中温和高温发酵时，投加 SDBS 后产酸菌的衰减系数 $k_{d,h}$ 有所增加，而且 $k_{d,h}$ 的值随 SDBS 投加量的增加而增加。进一步分析发现，$k_{d,h}$ 与 SDBS 投加量的关系可以用式（2-23）～式（2-25）表示：

$$k_{d,h\,\text{室温}} = 0.007\,\text{SDBS} + 0.225 \quad (R^2 = 0.980) \tag{2-23}$$

$$k_{d,h\,\text{中温}} = 0.120\,\text{SDBS} + 0.700 \quad (R^2 = 0.961) \tag{2-24}$$

$$k_{d,h\,\text{高温}} = 0.105\,\text{SDBS} + 3.100 \quad (R^2 = 0.969) \tag{2-25}$$

6. 动力学模型的验证

SDBS 促进污泥厌氧产酸动力学模型的验证方法如下：改变初始污泥浓度和 SDBS 投加量。SDBS 投加量分别为 15 mg/g 和 45 mg/g，模型中的参数值按上述确定的结果取值。然后重复污泥在不同温度的厌氧产酸实验，并比较实验数据与模型曲线。图 2-44 为不同 SDBS 投加量下室温、中温和高温的 k、$k_{m,h}$、$k_{m,v}$ 和 $k_{d,h}$ 的值；图 2-45 显示的是模型验证的结果。从图 2-45 可以看出，模型曲线很好地模拟了实验数据。

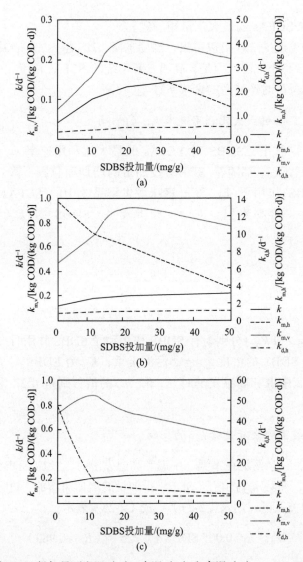

图 2-44　不同 SDBS 投加量下室温（a）、中温（b）和高温（c）k、$k_{m,h}$、$k_{m,v}$ 和 $k_{d,h}$ 的值

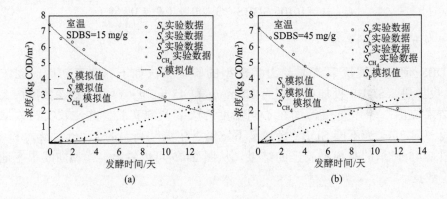

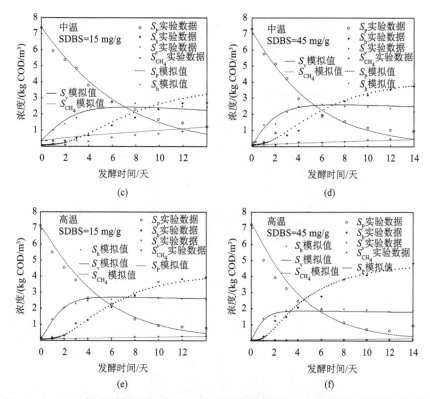

图 2-45 SDBS 促进剩余污泥厌氧产酸的动力学模型验证：实验数据与模拟值的比较

2.2.4 表面活性剂促进城镇有机废物厌氧发酵产酸机理

本研究首次报道了表面活性剂促进剩余污泥发酵产酸，因此有必要对表面活性剂的作用机理进行研究。在污泥厌氧发酵过程中，水解、酸化和甲烷化过程通常都会发生，其中水解过程又可以分为污泥中颗粒态有机物的溶解以及溶解态的大分子有机物水解为小分子有机物两个步骤。SCFAs 是污泥厌氧发酵过程的中间产物，因此本节以阴离子表面活性剂 SDBS 为研究对象，从 SDBS 对剩余污泥中颗粒态有机物溶解、水解产物降解及发酵产酸、水解后小分子有机物酸化以及酸化产物甲烷化的影响，研究 SDBS 促进剩余污泥发酵产酸的机理。

1. SDBS 对剩余污泥中颗粒态有机物溶解的影响

前已述及，蛋白质和碳水化合物是本研究使用的剩余污泥主要有机物。在水解过程中，污泥中的颗粒态有机物首先会溶解到液相中，从而使液相中蛋白质和碳水化合物的浓度增加。因此，实验测定了不同 SDBS 投加量下剩余污泥发酵液中溶解性蛋白质和碳水化合物的浓度，以考察 SDBS 对剩余污泥颗粒态有机物溶解的影响。从图 2-46 和图 2-47 可以看出，液相中二者的浓度均随着 SDBS 投加量的增加而增大；在厌氧发酵的第 6 天，发酵液中溶解性蛋白质的浓度由空白实验的 374.71 mg/L 增加到 0.2 g/g SS SDBS 投加量下的 1218.50 mg/L；溶解性碳水化合物的浓度则从 61.68 mg/L 增加到 215.08 mg/L。由此可见，SDBS 促使剩余污泥中大量的颗粒态有机物溶解到液相中。在整个厌氧发酵过程中，溶解性蛋白质和碳水化合物的浓度与 SDBS 投加量之间均存在着线性关系，如表 2-19 和表 2-20 所示。

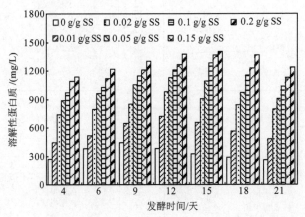

图 2-46　不同厌氧发酵时间下 SDBS 投加量对溶解性蛋白质浓度的影响

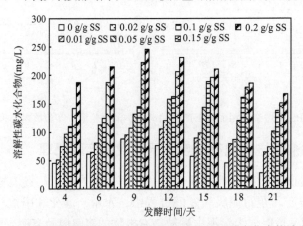

图 2-47　不同厌氧发酵时间下 SDBS 投加量对溶解性碳水化合物浓度的影响

表 2-19　不同厌氧发酵时间下溶解性蛋白质的浓度与 SDBS 投加量的线性关系

时间/天	线性方程	R^2
4	$Y_p = 2146.5x + 739.67$	0.95
6	$Y_p = 2215.4x + 790.61$	0.94
9	$Y_p = 2453x + 848.95$	0.91
12	$Y_p = 2014.3x + 980.27$	0.94
15	$Y_p = 2867.7x + 902.92$	0.90
18	$Y_p = 2684.3x + 840.44$	0.97
21	$Y_p = 2226x + 796.51$	0.98

注：Y_p 表示溶解性蛋白质的浓度（mg/L）；x 表示 SDBS 的投加量（0.02～0.2 g/g SS）。

表 2-20　不同厌氧发酵时间下溶解性碳水化合物的浓度与 SDBS 投加量的线性关系

时间/天	线性方程	R^2
4	$Y_c = 653.78x + 51.60$	0.96
6	$Y_c = 761.52x + 64.08$	0.97

续表

时间/天	线性方程	R^2
9	$Y_c = 746.42\,x + 95.41$	0.95
12	$Y_c = 647.13\,x + 105.37$	0.96
15	$Y_c = 702\,x + 89.75$	0.89
18	$Y_c = 613.23\,x + 79.42$	0.92
21	$Y_c = 568.12\,x + 64.20$	0.95

注：Y_c 表示溶解性碳水化合物的浓度（mg/L）；x 表示 SDBS 的投加量（0.01～0.2 g/g SS）。

　　一般认为，污泥表面包裹着 EPS，它的主要成分是微生物产生的多聚物（如蛋白质和碳水化合物等）。通常情况下，这些 EPS 中的蛋白质和碳水化合物均吸附在污泥的表面上，但表面活性剂的亲油和亲水的性质类似一座桥梁，连接于污泥表面的大分子与水分子之间，在外界搅拌力的作用下，污泥表面的大分子有机物会在表面活性剂的作用下脱离污泥颗粒。同时，表面活性剂的增溶作用又可以增加那些脱离污泥表面的大分子物质溶解于水中。另外，在 SDBS 促使 EPS 破碎的同时，也促进了污泥絮体的解体，这样导致了部分污泥絮体内部的蛋白质和碳水化合物也溶解到液相中。由此可以得出结论，表面活性剂可以促使剩余污泥中的颗粒态有机物溶解到液相中，并增加它们在液相中的溶解度。

2. SDBS 对溶解态大分子有机物水解的影响

　　研究表明，只有分子量小于 1000 的单体或低聚物才能够通过微生物的细胞膜。脱离污泥表面并溶解到液相中的蛋白质和碳水化合物，由于分子量较大不能被微生物直接吸收利用，而是先在微生物的体外被微生物水解酶水解为低分子量的有机物，然后被微生物吸收同化。为了进一步考察 SDBS 对溶解到液相中的大分子有机物的水解和酸化的影响，设计了如下实验。4 个完全相同的反应器，其中在 1 号和 2 号反应器内分别将 1000 mg 蛋白质标准物质——BSA（分子量约为 67000）溶解于 900 mL 蒸馏水中，并加入 100 mL 剩余污泥作为接种微生物；在 3 号和 4 号反应器内分别将 1000 mg 多糖标准物质——葡聚糖（平均分子量约为 23800）溶解于 900 mL 蒸馏水中，并加入 100 mL 剩余污泥作为接种微生物。反应器中 BSA 和葡聚糖的浓度均约为 1000 mg/L，剩余污泥的浓度约为 1200 mg/L。然后，在 2 号和 4 号反应器内分别投加 50 mg SDBS，即 SDBS 在反应器中的浓度约为 50 mg/L；1 号和 3 号反应器内不投加 SDBS 作为空白对照。测定 BSA 和葡聚糖的浓度随时间的变化以及所产生的 SCFAs 的浓度。反应器放置在（21±1）℃的恒温条件下。

　　从图 2-48 和图 2-49 可以看出，SDBS 的存在提高了 BSA 和葡聚糖的水解速率。例如，发酵第 3 天，含有 SDBS 的反应器中 BSA 和葡聚糖的降解率分别为 64.3% 和 82.4%，而空白实验中二者的降解率分别为 15.2% 和 60.7%。此外，BSA 的降解速率明显低于葡聚糖的降解速率。不论 SDBS 是否存在，在厌氧发酵 6 天后仍有 BSA 不能被完全降解，而葡聚糖在发酵 4 天内就几乎被完全降解。

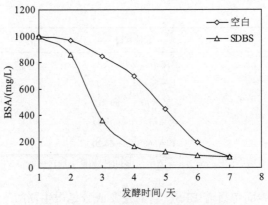

图 2-48　SDBS 对 BSA 降解的影响

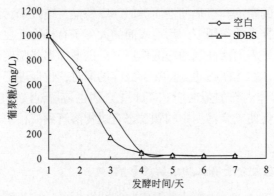

图 2-49　SDBS 对葡聚糖降解的影响

从图 2-50 可以看出，SDBS 的存在不仅促使 BSA 发酵产生了更高浓度的 SCFAs，而且也使 BSA 出现酸化作用的时间提前。在投加 SDBS 的反应器中，发酵的第 2 天即生成了 SCFAs；空白实验中，厌氧发酵的第 4 天才产生 SCFAs。在 SDBS 的作用下，BSA 发酵产生的总 SCFAs 浓度的最大值为 176.51 mg COD/L（第 4 天），而空白实验中总 SCFAs 浓度的最大值为 123.03 mg COD/L（第 6 天）。

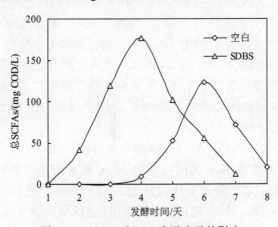

图 2-50　SDBS 对 BSA 发酵产酸的影响

从图 2-51 可以看出，不论 SDBS 是否存在，总 SCFAs 浓度的最大值均出现在厌氧发酵的第 5 天。在 SDBS 的作用下，葡聚糖发酵产生的总 SCFAs 浓度高于空白实验。在厌氧发酵的第 5 天，空白实验中的总 SCFAs 浓度为 150.39 mg COD/L，而投加 SDBS 的反应器中总 SCFAs 浓度为 205.73 mg COD/L。以上的实验结果表明，表面活性剂 SDBS 不仅可以促进溶解到液相中的大分子有机物（如蛋白质和碳水化合物）的水解，提高它们的水解速率；而且还可以提高这些大分子有机物的 SCFAs 产量。

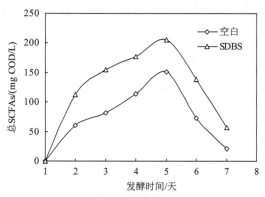

图 2-51　SDBS 对葡聚糖发酵产酸的影响

3. SDBS 对水解产物降解及发酵产酸的影响

溶解到液相中的碳水化合物和蛋白质等大分子有机物在微生物的体外被进一步水解为低分子量的有机物（单糖、氨基酸等）；被微生物吸收的单糖和氨基酸进入酸化发酵阶段，最终被转化为脂肪酸。本研究以 L-丙氨酸和葡萄糖作为底物，采用批式实验的方法，考察 SDBS 对水解产生的小分子有机物降解及发酵产酸的影响。本研究采用 4 个完全相同的反应器，其中在 1 号和 2 号反应器内分别将 1000 mg 氨基酸标准物质——L-丙氨酸溶解于 900 mL 蒸馏水中，并加入 100 mL 剩余污泥作为接种微生物；在 3 号和 4 号反应器内分别将 1000 mg 单糖标准物质——葡萄糖溶解于 900 mL 蒸馏水中，并加入 100 mL 剩余污泥作为接种微生物。反应器中 L-丙氨酸和葡萄糖的浓度分别约为 1000 mg/L，剩余污泥的浓度约为 1200 mg/L。然后向 2 号和 4 号反应器内分别投加 50 mg SDBS，即 SDBS 在反应器中的浓度约为 50 mg/L。1 号和 3 号反应器内不投加 SDBS 作为空白对照。测定各反应器中 L-丙氨酸和葡萄糖的浓度随时间的变化以及产生的 SCFAs 的浓度。反应器放置在（21±1）℃的恒温条件下。

图 2-52 和图 2-53 分别给出了表面活性剂 SDBS 对 L-丙氨酸和葡萄糖降解的影响。从图 2-52 和图 2-53 可以看出，SDBS 的存在提高了 L-丙氨酸和葡萄糖的降解速率。在厌氧发酵的第 3 天，投加 SDBS 的反应器中 L-丙氨酸和葡萄糖的降解速率分别为空白实验中二者降解速率的 1.44 倍和 1.22 倍，这说明表面活性剂 SDBS 可以促进水解产物的降解。

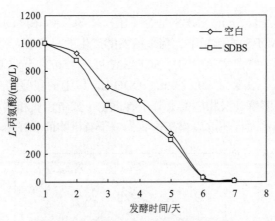

图 2-52　SDBS 对 *L*-丙氨酸降解的影响

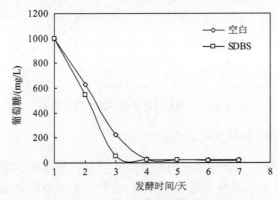

图 2-53　SDBS 对葡萄糖降解的影响

图 2-54 给出了表面活性剂 SDBS 对 *L*-丙氨酸发酵产酸的影响。从图 2-54 可以看出，SDBS 促使 *L*-丙氨酸发酵产生 SCFAs。无论在空白实验中还是在投加 SDBS 的反应器中，总 SCFAs 浓度的最大值均出现在厌氧发酵的第 5 天，分别为 290.80 mg COD/L 和 329.29 mg COD/L。

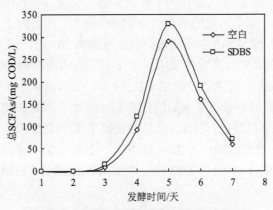

图 2-54　SDBS 对 *L*-丙氨酸发酵产酸的影响

图 2-55 为 SDBS 对葡萄糖发酵产酸的影响。从图 2-55 可以看出，不论 SDBS 是否

存在，葡萄糖发酵产生的总 SCFAs 浓度的最大值均出现在第 4 天。在 SDBS 的作用下，葡萄糖发酵产生的总 SCFAs 浓度从 134.06 mg COD/L 提高到 253.37 mg COD/L。

通过以上研究可以得出如下结论：表面活性剂 SDBS 可以促进水解产物的降解，并提高它们发酵产 SCFAs 的量。

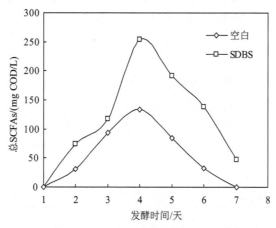

图 2-55　SDBS 对葡萄糖发酵产酸的影响

4. SDBS 对酸化产物甲烷化的影响

表面活性剂 SDBS 对产甲烷菌具有抑制作用，本书用抑制率（IR）表示。

$$IR = \frac{A-B}{A} \times 100\% \qquad (2-26)$$

式中，IR 为 CH_4 产量的抑制率，%；A 为厌氧发酵第 n 天时空白实验中剩余污泥的 CH_4 产量，mL/g VSS；B 为厌氧发酵第 n 天时投加 SDBS 的剩余污泥的 CH_4 产量，mL/g VSS。

在污泥厌氧发酵过程中，酸化产物 SCFAs 是甲烷化的底物，产甲烷菌在合适的条件下很容易利用 SCFAs 产生甲烷。由图 2-56 可见，CH_4 产量的抑制率随着 SDBS 投加量的增加而增加；当 SDBS 的投加量增加到 0.15 g/g SS 和 0.2 g/g SS 时，其对 CH_4 产量的抑制率达到了 100%，即没有 CH_4 气体产生。

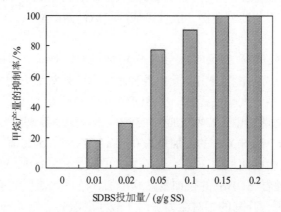

图 2-56　SDBS 投加量对甲烷产生的抑制作用（发酵时间 21 天）

5. SDBS 促进剩余污泥发酵产酸主要是生物作用还是化学作用的研究

本研究采用 4 个完全相同的锥形瓶，每个锥形瓶内投加 0.5 L 剩余污泥。将 1 号和 2 号锥形瓶置于 121℃的高温下灭菌 20 min，3 号和 4 号两个锥形瓶不灭菌。在 2 号和 4 号锥形瓶中分别加入 SDBS 溶液（用经过灭菌的蒸馏水配制而成），使 SDBS 与剩余污泥干重的比值为 0.02。锥形瓶用橡胶塞密封，放置于（21±1）℃的恒温摇床内，摇床转速为 120 r/min。定期测定污泥产生的 SCFAs 浓度及污泥中蛋白酶和 α-葡萄糖苷酶的活力。

表 2-21 给出了在投加 SDBS 与不投加 SDBS 两种情况下，灭菌污泥与不灭菌污泥产生的总 SCFAs 浓度随发酵时间的变化。未经过灭菌（即具有生物活性）的剩余污泥在发酵过程中不断产生 SCFAs，且总 SCFAs 浓度远高于灭菌污泥中的总 SCFAs 浓度。因此 SDBS 存在的条件下，剩余污泥的发酵产酸是污泥中的微生物代谢有机物的结果，不是表面活性剂 SDBS 的化学作用引起的。

表 2-21　SDBS 对灭菌与不灭菌的剩余污泥发酵产酸的影响　　　　（单位：mg COD/L）

样品		总 SCFAs				
		2 天	4 天	6 天	9 天	15 天
灭菌	空白（1#）	61.3	55.7	51.4	30.6	10.9
	SDBS（2#）	59.7	56.2	53.6	29.7	15.1
不灭菌	空白（3#）	21.8	86.9	234.1	110.2	19.3
	SDBS（4#）	317.9	993.8	1759.3	1137.6	408.3

6. SDBS 对污泥水解酶活力的影响

前已述及，脱离污泥表面并溶解到液相中的大分子有机物（如蛋白质和碳水化合物），先在微生物胞外水解为低分子量的有机物，而后再被微生物吸收同化。因此，本研究考察了剩余污泥在厌氧发酵过程中蛋白酶、α-葡萄糖苷酶、酸性磷酸酶和碱性磷酸酶四种水解酶活力的变化。其中，蛋白酶将蛋白质水解为多肽，α-葡萄糖苷酶专一水解葡萄糖分子中的 α-1,4-葡萄糖苷键，酸性磷酸酶与碱性磷酸酶水解磷酸单脂化合物并向溶液中释放磷。

图 2-57 为厌氧发酵第 2 天时不同的 SDBS 投加量对以上四种水解酶活力的影响（以相对酶活力表示），其中将空白实验中各种水解酶的相对活力记为 100%。在 SDBS 的作用下，蛋白酶的活力大幅度提高。当 SDBS 的投加量从 0.01 g/g SS 增加到 0.2 g/g SS 时，蛋白酶的相对活力由 137%增加到 438%。α-葡萄糖苷酶的相对活力在 SDBS 的作用下同样得到提高。当 SDBS 的投加量为 0.01 g/g SS 时，α-葡萄糖苷酶的相对活力与空白实验中相对酶活力的比值为 1.08；当 SDBS 的投加量增加到 0.05 g/g SS 时，这一比值增加为 1.27；随着 SDBS 的投加量继续增加，这一比值反而有所降低，但其仍高于空白实验中 α-葡萄糖苷酶的相对活力。对于酸性磷酸酶，较低的 SDBS 投加量有利于相对酶活力的提高。例如，在 0.01 g/g SS 和 0.02 g/g SS 的 SDBS 投加量下，酸性磷

酸酶的相对活力分别为 127%和 119%。然而，当 SDBS 的投加量高于 0.05 g/g SS 时，酸性磷酸酶的相对活力受到抑制，其相对活力从 0.05 g/g SS 时的 86.5%降低到 0.2 g/g SS 时的 37.1%。与蛋白酶相同，在 SDBS 的作用下碱性磷酸酶的相对活力同样得到提高，其相对活力由 0.01 g/g SS 时的 106%增加到 0.2 g/g SS 时的 128%。

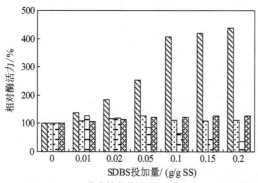

图 2-57 厌氧发酵第 2 天时不同 SDBS 投加量下水解酶的相对活力

图 2-58 给出了在整个厌氧发酵过程中以上四种水解酶相对活力随时间的变化。图 2-58 仅以 SDBS 投加量为 0.02 g/g SS 和 0.2 g/g SS 的两组实验数据为例，来说明水解酶相对活力随发酵时间的变化（在其他的 SDBS 投加量下，各种水解酶的相对活力具有与之相同的变化趋势），并以空白实验中水解酶活力随时间的变化作为参照对比。不论表面活性剂 SDBS 是否存在，蛋白酶、α-葡萄糖苷酶、酸性磷酸酶和碱性磷酸酶的相对活力都随着发酵时间的延长而逐渐降低。但在 SDBS 存在的条件下，剩余污泥中四种水解酶的相对活力随发酵时间延长而降低的幅度更大。对于蛋白酶，由于含有 SDBS 的剩余污泥的初始酶相对活力远高于空白实验中的初始酶相对活力[图 2-58（a）中第 2 天的数据]，即使在发酵的第 21 天，前者的蛋白酶活力仍高于后者。在较低的 SDBS 投加量（如 0.02 g/g SS）下，α-葡萄糖苷酶的相对活力在整个厌氧发酵过程中都高于空白实验中的酶相对活力；而在高 SDBS 投加量（如 0.2 g/g SS）下，原本增强的 α-葡萄糖苷酶的相对活力在发酵的第 3 天后已经低于空白实验中的酶活力[图 2-58（b）]。同样，对于 SDBS 投加量为 0.02 g/g SS 剩余污泥，原本增强的酸性磷酸酶和碱性磷酸酶的相对活力也分别在发酵的第 3 天和第 4 天后低于空白实验中的酶相对活力[图 2-58（c）和（d）]。

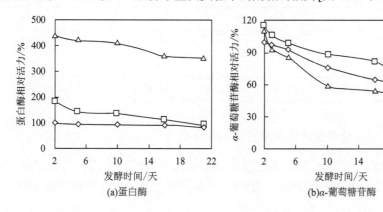

(a)蛋白酶   (b)α-葡萄糖苷酶

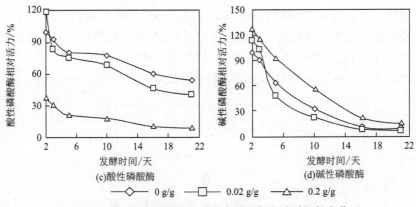

图 2-58　四种水解酶的相对活力随厌氧发酵时间的变化

本研究仅考察了 SDBS 对四种水解酶相对活力的影响以及水解酶活力随发酵时间的变化。当然，这并不能代表剩余污泥厌氧发酵过程中所有参与反应的水解酶的变化规律。但以上的实验结果仍可以说明一定剂量表面活性剂的存在确实增强了剩余污泥中某些水解酶的活力，从而有利于发酵液中有机物的水解。

7. SDBS 在厌氧发酵过程中的自身降解

为了考察表面活性剂 SDBS 在剩余污泥厌氧发酵过程中自身的降解情况，对污泥固体和发酵液中的 SDBS 进行了质量衡算。在反应器中投加 1.0 L 经沉降后的剩余污泥，污泥浓度约为 12000 mg/L；然后投加 SDBS，使其与剩余污泥干重的比值为 0.02。反应器放置在恒温（21±1）℃条件下。定期测定液相与固相中 SDBS 的含量。

表 2-22 给出了 SDBS 投加量为 0.02 g/g SS 时，不同厌氧发酵时间下液相与污泥固相中 SDBS 量的变化。从表 2-22 可以看出，在厌氧发酵的 21 天内，液相与固相中 SDBS 量的变化都很小。在厌氧发酵的 21 天内，反应器内 SDBS 的总量由 242.45 mg 降低到 239.40 mg，其降解率仅为 1.26%。因此，在 SDBS 的作用下，剩余污泥发酵产生的 SCFAs 主要来源于污泥中有机物的厌氧发酵，而并不是 SDBS 在厌氧条件下的自身降解。

表 2-22　厌氧发酵过程中 SDBS 在液相与污泥固相中含量的变化（SDBS 投加量为 0.02 g/g SS）

（单位：mg）

项目	发酵时间		
	1 天	5 天	21 天
液相	47.08	47.86	49.72
固相	195.37	194.03	189.68
总量	242.45	241.89	239.40

8. 表面活性剂促进剩余污泥发酵产酸的机理小结

本研究将剩余污泥的厌氧发酵过程分为以下几个步骤：首先，污泥中的颗粒态有机物脱离污泥表面并溶解到液相中。其次，溶解到液相中的大分子有机物在微生物产生的水解酶的作用下水解为可被微生物直接吸收利用的小分子有机物。再次，这些小分子有机物经过酸化作用转化为短链脂肪酸。最后，产生的短链脂肪酸在适当的条件下经过甲烷化过程而转化为甲烷。由以上的实验结果可知，表面活性剂 SDBS 对污泥厌氧发酵的前三个步骤均具有促进作用，而对于产甲烷过程则具有抑制作用，因此使得中间产物 SCFAs 得以大量积累。

2.3　腐殖酸调控城镇有机废物发酵产酸

腐殖酸（humic acids，HA）广泛存在于污泥、土壤、沉积物中，含有丰富的官能团。但不同腐殖酸在污泥厌氧发酵产酸过程所起的作用不同，以下对不同来源腐殖酸的理化性质进行了比较，并研究其促进污泥发酵产酸的机理。

2.3.1　腐殖酸对城镇有机废物厌氧发酵产酸影响

本研究所用污泥腐殖酸分别来自四种污泥，它们分别为上海市某污水处理厂的回流污泥、上海市某污水处理厂的消化污泥、实验室中性条件下厌氧发酵产酸污泥、实验室碱性条件下厌氧发酵产酸污泥，将四种污泥腐殖酸分别记为 WAS-HA1、WAS-HA2、WAS-HA3 和 WAS-HA4。其中，实验室厌氧发酵产酸所使用的剩余污泥是上海市某污水处理厂的回流污泥，将取回的新鲜剩余污泥在 4℃下沉降过夜，弃去上清液，用 1.5 mm 筛过滤去除其中的大颗粒杂质，再将过滤好的剩余污泥加入厌氧反应器中，发酵温度为（35±2）℃，中性条件 pH 控制在 7.0±0.2，碱性条件 pH 控制在 10.0±0.2，厌氧发酵 7 天后取发酵污泥离心后进行冷冻干燥，提取其中的腐殖酸。

1. 不同腐殖酸元素组成比较

腐殖酸的组成元素主要有 C、H、N、O，对不同腐殖酸样品进行元素分析，并通过元素分析结果计算腐殖酸中几种元素的摩尔比（H/C、O/C、C/N），结果如表 2-23 所示。从表 2-23 可以看出，四种污泥腐殖酸的元素组成及摩尔比接近，没有明显差异，含量最高的元素均为 C，占总量的一半以上，O 含量次之，随后是 H 含量和 N 含量。本研究提取的污泥腐殖酸 N 含量高于一般腐殖酸（如土壤、褐煤等）的 N 含量上限（6%），但其含量与文献报道的污泥腐殖酸接近；提取的污泥腐殖酸元素组成与文献报道的结果基本一致。两种商业腐殖酸（SHHA 和 SAHA）的 H 含量和 N 含量相差不大，C 含量和 O 含量之和占总量的 90%以上，但是 SHHA 中的 C 含量最高，而 SAHA 中 O 含量最高，C 含量次之，且灰分较多，这是由制备工艺不同导致的。

通过将污泥腐殖酸和商业腐殖酸的测定结果进行对比可以发现，污泥腐殖酸的 N 含量明显高于商业腐殖酸，污泥腐殖酸的 N/C 是商业腐殖酸的近十倍，这与市政污泥中主要有机物为蛋白质有关，蛋白质含量约占污泥中总 COD 的一半，腐殖酸中与氮相关的基团有酰胺基、亚硝基、氨基酸等。H/C 是定性反映腐殖酸芳香性的一个重要指标，它与腐殖酸的缩合度和腐殖化程度有关，H/C 越小说明腐殖酸中芳香性结构含量、缩合度和腐殖化程度越高，反之比值越大则说明其中脂肪性链式结构含量较多，腐殖化程度较低。从表 2-23 可以看出，两种商业腐殖酸的 H/C 都小于污泥腐殖酸，SHHA 的 H/C 最低，说明污泥腐殖酸的芳香性结构含量及腐殖化程度较商业腐殖酸低，且 SHHA 的芳香性基团含量较 SAHA 高。O/C 与腐殖酸中含氧官能团的高低有关，O/C 越高说明其中羧基、羰基等含氧基团多；对比各腐殖酸 O 含量及 O/C，可以发现污泥腐殖酸的 O 含量较商业腐殖酸低，且 O/C 也低于商业腐殖酸。由此可见，商业腐殖酸中羧基、羰基等含氧官能团较污泥腐殖酸多；商业腐殖酸 SAHA 的 O 含量与 O/C 高于 SHHA，因而其羧基、羰基等含氧官能团高于 SHHA。

表 2-23　不同腐殖酸元素组成

腐殖酸种类		含量/%				灰分/%	元素比		
		C	N	H	O		H/C	O/C	N/C
污泥腐殖酸	WAS-HA1	58.26	7.37	8.64	25.72	2.6	1.78	0.33	0.11
	WAS-HA2	55.07	7.99	7.41	29.53	2.3	1.61	0.40	0.12
	WAS-HA3	56.38	6.63	8.27	28.72	2.4	1.76	0.38	0.11
	WAS-HA4	57.62	6.32	8.56	27.50	2.8	1.78	0.36	0.094
商业腐殖酸	SHHA	57.38	1.06	3.36	38.21	7.89	0.70	0.50	0.016
	SAHA	37.92	0.68	3.45	57.95	34.65	1.08	1.15	0.015

注：所有数据是三次测定的平均结果。由于数值修约所致误差，加和不为100.00。

2. 腐殖酸浓度对污泥发酵产酸的影响

本研究设定多个腐殖酸浓度，分别为 0.03 g/g TCOD、0.1 g/g TCOD、0.3 g/g TCOD、0.5 g/g TCOD、0.8 g/g TCOD 和 1.0 g/g TCOD。将 7500 mL 浓缩剩余污泥等分到 25 个 600 mL 血清瓶反应器中，其中 1 号反应器为不添加任何腐殖酸的空白对照组，2～7 号反应器分别添加六种浓度的 WAS-HA1，8～13 号反应器分别添加六种浓度的 WAS-HA2，14～19 号反应器分别添加六种浓度的 SHHA，20～25 号反应器分别添加六种浓度的 SAHA。所有反应器样品的 pH 用 3 mol/L NaOH 溶液和 3 mol/L HCl 溶液进行调节并控制在中性条件（7.0±0.2），再用高纯氮气对血清瓶进行吹扫排出血清瓶和污泥中的氧气，迅速将血清瓶用橡胶塞密封。反应器置于恒温气浴摇床中，转速设定为 150 r/min，温度为（35±2）℃，在厌氧发酵 7 天时对发酵液中的短链脂肪酸进行测定，每一个条件至少设定三个平行实验。

不同浓度 WAS-HA1 对污泥厌氧发酵总短链脂肪酸产量的影响如图 2-59 所示。WAS-HA1 对污泥厌氧发酵产酸有显著促进作用，且随浓度的升高而逐渐增强。WAS-HA1 浓度为 0.03 g/g TCOD 时对污泥总短链脂肪酸产量的增加量较小，浓度为 0.1 g/g TCOD、0.3 g/g TCOD、0.5 g/g TCOD、0.8 g/g TCOD 和 1.0 g/g TCOD 时，相应的总短链脂肪酸产量依次为 882 mg COD/L、1384 mg COD/L、1987 mg COD/L、2412 mg COD/L 和 2772 mg COD/L，较空白对照组总短链脂肪酸产量提高率分别为 35%、112%、204%、270%和 325%。不同浓度 WAS-HA1 存在时，其对污泥短链脂肪酸组成的影响如图 2-60 所示。WAS-HA1 影响了污泥短链脂肪酸的组成，且短链脂肪酸组成受

WAS-HA1 浓度的影响。随着 WAS-HA1 浓度的升高，乙酸含量升高，丙酸含量和异戊酸含量下降，异丁酸含量小幅降低，正丁酸含量略有增加，正戊酸含量基本不变；空白组反应器中丙酸含量最高，约为 50%，其次为异戊酸（28%）和异丁酸（13%），乙酸、正丁酸和正戊酸的含量均较低（5% 左右）；WAS-HA1 浓度为 1.0 g/g TCOD 时，乙酸为 35%，丙酸为 26%，异戊酸为 19%，其余三种短链脂肪酸含量之和约为 20%。

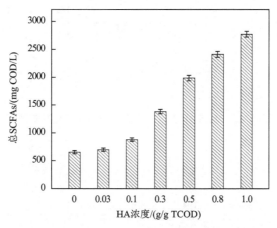

图 2-59　不同浓度 WAS-HA1 对污泥厌氧发酵总短链脂肪酸产量的影响

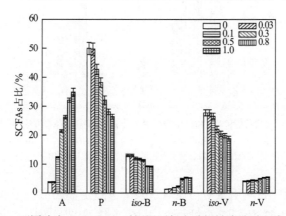

图 2-60　不同浓度 WAS-HA1 对污泥厌氧发酵短链脂肪酸组成的影响

0、0.03、0.1、0.3、0.5、0.8 和 1.0 分别代表腐殖酸投加量，单位为 g/g TCOD；A、P、iso-B、n-B、iso-V 和 n-V 分别代表乙酸、丙酸、异丁酸、正丁酸、异戊酸和正戊酸

由图 2-61 可见，WAS-HA2 对污泥厌氧发酵产酸也有显著促进作用，且对短链脂肪酸总量的促进作用随浓度的升高而逐渐增强，该现象与 WAS-HA1 浓度对污泥厌氧发酵产酸的影响一致。图 2-62 显示，WAS-HA2 影响了污泥短链脂肪酸的组成，且对污泥厌氧发酵短链脂肪酸组成的影响与 WAS-HA1 趋势一致。当 WAS-HA2 浓度为 1.0 g/g TCOD 时，短链脂肪酸中乙酸含量达到最高（约为 36%），丙酸含量为 24%，异戊酸含量为 20%，其余三种短链脂肪酸含量之和约为 20%。

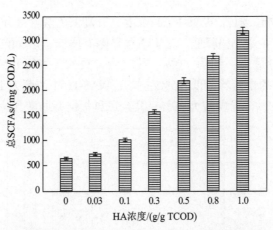

图 2-61　不同浓度 WAS-HA2 对污泥厌氧发酵总短链脂肪酸产量的影响

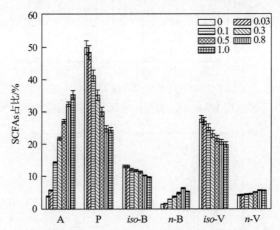

图 2-62　不同浓度 WAS-HA2 对污泥厌氧发酵短链脂肪酸组成的影响

0、0.03、0.1、0.3、0.5、0.8 和 1.0 分别代表腐殖酸投加量，单位为 g/g-TCOD；A、P、iso-B、n-B、iso-V 和 n-V 分别代表乙酸、丙酸、异丁酸、正丁酸、异戊酸和正戊酸

商业腐殖酸 SAHA 使用量对污泥厌氧发酵总短链脂肪酸产量和短链脂肪酸组成的影响结果分别如图 2-63 和图 2-64 所示。从图 2-63 和图 2-64 可以看出，在 0.03～1.0 g/g TCOD 的范围内，SAHA 对总短链脂肪酸产量和组成均无显著性影响。

不同浓度商业腐殖酸 SHHA 对污泥厌氧发酵总短链脂肪酸产量的影响如图 2-65 所示。SHHA 对污泥厌氧发酵产酸有显著促进作用，且总短链脂肪酸产量随 SHHA 的增加而增加，但当 SHHA 浓度从 0.8 g/g TCOD 增加到 1.0 g/g TCOD 时，总短链脂肪酸产量增幅变小。由图 2-66 可知，SHHA 影响了短链脂肪酸的组成；加入较多的 SHHA 后，丙酸含量、异丁酸含量和异戊酸含量下降，乙酸含量和正丁酸含量增加；SHHA 为 1.0 g/g TCOD 时，乙酸含量为 43%，丙酸含量为 15%，异戊酸含量为 18%，其余三种短链脂肪酸含量之和约为 24%。

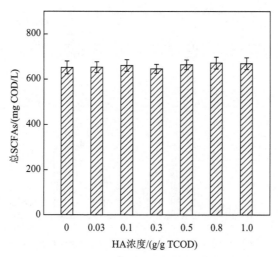

图 2-63　不同浓度 SAHA 对污泥厌氧发酵总短链脂肪酸产量的影响

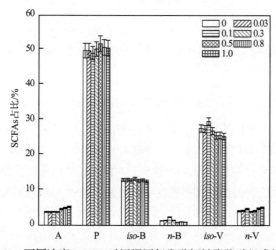

图 2-64　不同浓度 SAHA 对污泥厌氧发酵短链脂肪酸组成的影响

0、0.03、0.1、0.3、0.5、0.8 和 1.0 分别代表腐殖酸投加量，单位为 g/g TCOD；A、P、iso-B、n-B、iso-V 和 n-V 分别代表乙酸、丙酸、异丁酸、正丁酸、异戊酸和正戊酸

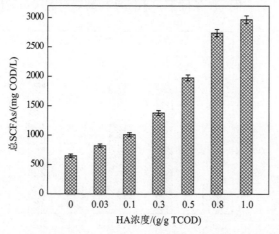

图 2-65　不同浓度 SHHA 对污泥厌氧发酵总短链脂肪酸产量的影响

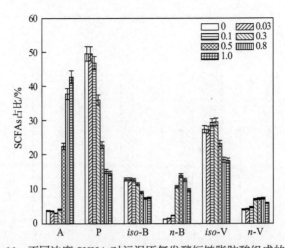

图 2-66　不同浓度 SHHA 对污泥厌氧发酵短链脂肪酸组成的影响

0、0.03、0.1、0.3、0.5、0.8 和 1.0 分别代表腐殖酸投加量，单位为 g/g TCOD；A、P、*iso*-B、*n*-B、*iso*-V 和 *n*-V 分别代表乙酸、丙酸、异丁酸、正丁酸、异戊酸和正戊酸

由此可见，两种商业腐殖酸对污泥厌氧发酵产酸的作用不同；SAHA 对短链脂肪酸产量和组成均无明显影响，而 SHHA 促进了污泥厌氧发酵产酸且短链脂肪酸产量和组成受 SHHA 浓度影响较大。

3. 不同 pH 条件下腐殖酸对污泥发酵产酸的影响

为了研究不同 pH 条件下腐殖酸对污泥厌氧发酵产酸的影响，本研究在 1.0 g/g TCOD 腐殖酸存在时，分别对四个 pH 条件（pH 7.0、pH 8.0、pH 9.0、pH 10.0）下污泥发酵厌氧产酸情况进行了研究。本研究分四组进行，每组 5 个 600 mL 血清瓶反应器；第一组 5 个反应器内 pH 均为 7.0，1 号反应器为不加腐殖酸的空白实验，2～5 号反应器分别加入浓度为 1.0 g/g TCOD 的 WAS-HA1、WAS-HA2、SHHA 和 SAHA 四种腐殖酸。第二组 5 个反应器：pH 均为 8.0；第三组 5 个反应器内 pH 均为 9.0；第四组 5 个反应器：pH 均为 10.0。这三组反应器中腐殖酸添加情况同第一组。厌氧发酵 7 天后取样对发酵液中的短链脂肪酸进行测定，每一个条件设定三个平行实验。

图 2-67～图 2-70 为不同 pH 条件下、不同腐殖酸对污泥厌氧发酵总短链脂肪酸产量

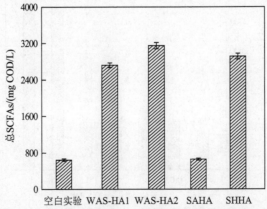

图 2-67　pH 为 7.0 时不同腐殖酸对污泥厌氧发酵总短链脂肪酸产量的影响

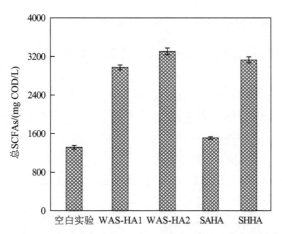

图 2-68　pH 为 8.0 时不同腐殖酸对污泥厌氧发酵总短链脂肪酸产量的影响

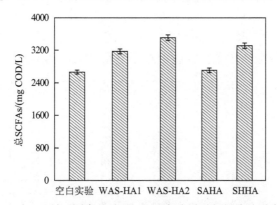

图 2-69　pH 为 9.0 时不同腐殖酸对污泥厌氧发酵总短链脂肪酸产量的影响

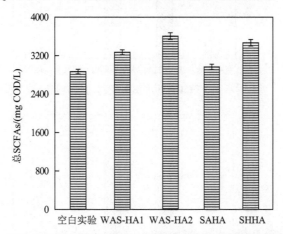

图 2-70　pH 为 10.0 时不同腐殖酸对污泥厌氧发酵总短链脂肪酸产量的影响

的影响。可见，SAHA 在研究的 pH 范围内对污泥发酵产酸均无显著性影响。WAS-HA1、WAS-HA2 和 SHHA 三种腐殖酸在中性条件下对污泥厌氧发酵总短链脂肪酸产量促进作用最强；碱性条件下这些腐殖酸对产酸的促进作用随着 pH 的升高逐渐减弱，这是因为碱性条件已经大幅度促进了污泥产酸。

4. 不同温度条件下腐殖酸对污泥发酵产酸的影响

为了考察腐殖酸在不同温度条件下对污泥产酸的影响，实验温度设定为中温（35±2）℃和常温（20±2）℃。本研究采用 10 个 600 mL 血清瓶反应器，分成两组，每组 5 个反应器。第一组 5 个反应器在中温条件下发酵，1 号反应器为不加腐殖酸的空白实验，2~5 号反应器分别加入浓度为 1.0 g/g TCOD 的 WAS-HA1、WAS-HA2、SHHA 和 SAHA 四种腐殖酸；第二组 5 个反应器在室温下发酵，反应器中腐殖酸添加情况同第一组。两组实验分别置于两个恒温气浴摇床中，转速设定为 150 r/min，温度分别为（35±2）℃和（20±2）℃，厌氧发酵 7 天后取样对发酵液中的短链脂肪酸进行测定，每一个条件至少设定三个平行实验。

如图 2-71 和图 2-72 所示，中温条件下，各反应器总短链脂肪酸产量较室温都有所提高，这与文献报道的温度提高有助于污泥厌氧发酵短链脂肪酸积累一致。室温和中温条件下，WAS-HA1、WAS-HA2 和 SHHA 对污泥厌氧发酵产酸均有显著促进作用，SAHA 对污泥厌氧发酵产酸无显著性影响。中温条件下空白实验总短链脂肪酸产量较室温条件下提高了 318 mg COD/L，WAS-HA1、WAS-HA2、SAHA 和 SHHA 在中温条件

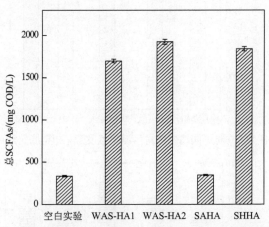

图 2-71　室温时不同腐殖酸对污泥厌氧发酵总短链脂肪酸产量的影响

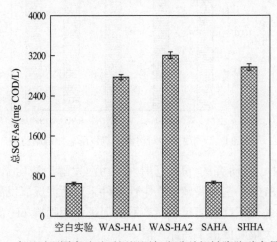

图 2-72　中温时不同腐殖酸对污泥厌氧发酵总短链脂肪酸产量的影响

下的产酸量较室温分别提高了 1074 mg COD/L、1283 mg COD/L、324 mg COD/L 和 1128 mg COD/L。

5. 不同污泥浓度条件下腐殖酸对污泥发酵产酸的影响

为了考察腐殖酸在不同污泥浓度条件下对污泥厌氧发酵产酸的影响，本研究通过对沉降过滤后的污泥进行稀释或浓缩得到不同浓度的污泥。本研究采用 15 个 600 mL 血清瓶反应器，分成三组，每组 5 个反应器。第一组 5 个反应器在污泥浓度为 5000 mg/L 条件下发酵产酸，1 号反应器为不加腐殖酸的空白实验，2~5 号反应器分别加入浓度为 1.0 g/g TCOD 的 WAS-HA1、WAS-HA2、SHHA 和 SAHA 四种腐殖酸；第二组 5 个反应器在污泥浓度为 10000 mg/L 条件下发酵产酸，反应器中腐殖酸添加情况同第一组；第三组 5 个反应器在污泥浓度为 15000 mg/L 条件下发酵产酸，反应器中腐殖酸添加情况同第一组。反应器置于恒温气浴摇床中，转速设定为 150 r/min，温度为（35±2）℃，厌氧发酵 7 天后取样对发酵液中的短链脂肪酸进行测定，每一个条件设定三个平行实验。从图 2-73～图 2-75 可以看出，污泥厌氧发酵总短链脂肪酸产量随污泥浓度的增加而增加。

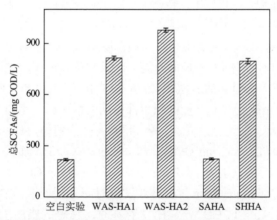

图 2-73　不同腐殖酸对污泥厌氧发酵总短链脂肪酸产量的影响（TSS≈5000 mg/L）

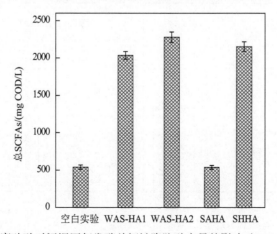

图 2-74　不同腐殖酸对污泥厌氧发酵总短链脂肪酸产量的影响（TSS≈10000 mg/L）

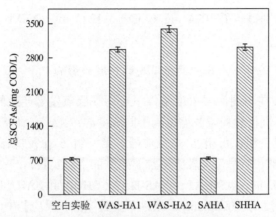

图 2-75　不同腐殖酸对污泥厌氧发酵总短链脂肪酸产量的影响（TSS≈15000 mg/L）

6. 不同发酵时间条件下腐殖酸对污泥发酵产酸的影响

本研究采用 5 个 600 mL 血清瓶反应器，1 号反应器为不加腐殖酸的空白实验，2～5 号反应器分别加入浓度为 1.0 g/g TCOD 的 WAS-HA1、WAS-HA2、SHHA 和 SAHA 四种腐殖酸。反应器置于恒温气浴摇床中，转速设定为 150 r/min，温度为（35±2）℃，在厌氧发酵不同时间取样，对发酵液中的短链脂肪酸进行测定，每一个条件设定三个平行实验。

由图 2-76 可以看出，空白实验和添加污泥腐殖酸的反应器中，总短链脂肪酸产量在发酵时间 1～5 天时随时间的延长而升高，5 天时达到最大，之后产酸量逐渐降低，这可能是由产甲烷菌活动引起的。从图 2-76（a）和（b）可知，两种污泥腐殖酸的加入使污泥厌氧发酵总短链脂肪酸产量的积累都得到大幅提高。空白实验总短链脂肪酸产量在发酵时间为 1 天、3 天、5 天、7 天和 9 天时分别为 413 mg COD/L、703 mg COD/L、790 mg COD/L、652 mg COD/L 和 228 mg COD/L；加入 1.0 g/g TCOD WAS-HA1 后总短链脂肪酸产量分别为 1252 mg COD/L、2349 mg COD/L、3022 mg COD/L、2772 mg COD/L 和 1765 mg COD/L，在最佳发酵时间 5 天时较空白实验总短链脂肪酸产量提高了 283%。1.0 g/g TCOD WAS-HA2 存在时，总短链脂肪酸产量随发酵时间的

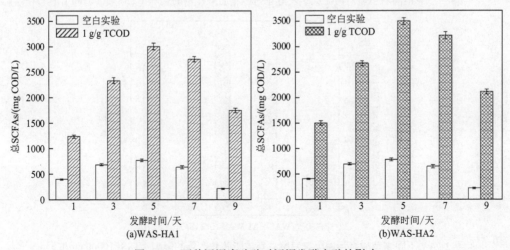

图 2-76　两种污泥腐殖酸对污泥发酵产酸的影响

变化趋势同 WAS-HA1，发酵时间为 5 天时获得最大产酸量 3485 mg COD/L，较空白实验最大总短链脂肪酸产量提高了 341%。由此可知，不同发酵时间条件下，WAS-HA1 和 WAS-HA2 两种污泥腐殖酸对污泥发酵产酸均有促进作用，且污泥腐殖酸的加入并没有改变污泥产酸最佳发酵时间（最佳发酵时间均为 5 天）。

由图 2-77（a）可以看出，添加商业腐殖酸 SAHA 的反应器的总短链脂肪酸产量随发酵时间的变化规律与空白实验一致，且在各发酵时间条件下 SAHA 对污泥总短链脂肪酸产量均无显著影响。从图 2-77（b）可知，加入 SHHA 后，不同发酵时间下都使污泥厌氧发酵总短链脂肪酸产量得到提高，污泥总短链脂肪酸产量在 1～7 天随发酵时间延长而增大，发酵时间为 9 天时的总短链脂肪酸产量与 7 天接近，因此，最佳发酵时间为 7 天。在发酵时间为 1 天、3 天、5 天、7 天和 9 天时，添加 SHHA 的反应器的总短链脂肪酸产量分别为 1032 mg COD/L、2048 mg COD/L、2588 mg COD/L、2967 mg COD/L 和 3008 mg COD/L，在最佳发酵时间 7 天时，其总短链脂肪酸产量较空白实验最大总短链脂肪酸产量提高了 276%。由此可知，两种商业腐殖酸相比，SAHA 对污泥最佳发酵时间和总短链脂肪酸产量均无明显影响；SHHA 使污泥的最佳发酵时间由 5 天变为 7 天，且显著促进了污泥厌氧发酵产酸。

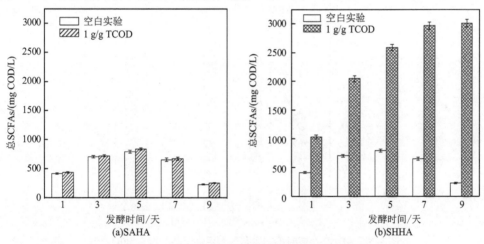

图 2-77　两种商业腐殖酸对污泥发酵产酸的影响

7. 表面活性剂存在时腐殖酸对污泥发酵产酸的影响

由于表面活性剂的广泛使用，生活污水和污水处理厂污泥中也存在一定量的表面活性剂。选取三种常见表面活性剂：SDBS、氯代十六烷基吡啶（cetyl pyridinium chloride，HPC）和吐温-80（Tween-80），依次为阴离子型、阳离子型和非离子型表面活性剂。本研究分四组，每组 5 个 600 mL 血清瓶反应器。第一组 5 个反应器不添加表面活性剂，1 号反应器为不加腐殖酸的空白实验，2～5 号反应器分别加入浓度为 1.0 g/g TCOD 的 WAS-HA1、WAS-HA2、SHHA 和 SAHA 四种腐殖酸；第二组 5 个反应器均添加 HPC，反应器中腐殖酸添加情况同第一组；第三组 5 个反应器均添加 SDBS，反应器中腐殖酸添加情况同第一组；第四组 5 个反应器均添加 Tween-80，反应器中腐殖酸添加情况同第一组。厌氧发酵 7 天后取样对发酵液中的短链脂肪酸进行测定。

由图 2-78～图 2-80 可知，三种表面活性剂的加入都对污泥发酵产酸有显著促进作用，且 HPC 和 SDBS 较 Tween-80 对污泥产酸的促进作用强。添加 HPC、SDBS 和

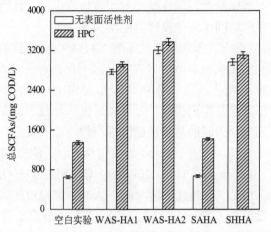

图 2-78 HPC 存在时不同腐殖酸对污泥厌氧发酵产酸的影响

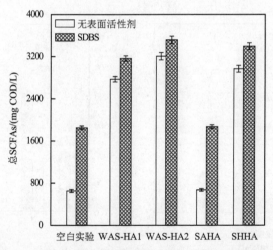

图 2-79 SDBS 存在时不同腐殖酸对污泥厌氧发酵产酸的影响

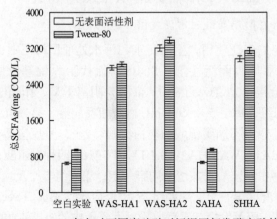

图 2-80 Tween-80 存在时不同腐殖酸对污泥厌氧发酵产酸的影响

Tween-80 后，总短链脂肪酸产量分别提高了 106%、184%和 45%。SAHA 实验组在表面活性剂存在时其总短链脂肪酸产量与空白实验组相比无显著性差异。表面活性剂存在时，添加 WAS-HA1、WAS-HA2 和 SHHA 的实验组总短链脂肪酸产量较空白实验组有所提高，但是与只添加相应腐殖酸时的污泥总短链脂肪酸产量相比无明显差异。

2.3.2　腐殖酸促进城镇有机废物发酵产酸机理

1. 腐殖酸在厌氧发酵条件下的生物可降解性研究

大量研究表明，腐殖酸是一种由不同成分且分子量较小的生物残体分解物自组装形成的超分子。一般认为腐殖酸性质比较稳定且难生物降解，但对于一些腐殖化程度较低的腐殖酸，如堆肥腐殖酸、垃圾填埋场腐殖酸等，其结构和元素组成等会随时间延长发生一定变化。研究者还发现，一些腐殖酸确实可以在微生物的作用下发生一定的分解，如土壤腐殖酸和有机废物腐殖酸。

为了阐明上述促进污泥发酵产酸用的腐殖酸是否会在厌氧条件下被微生物分解并转化为短链脂肪酸，进行了如下实验。以腐殖酸作为有机底物、剩余污泥作为接种微生物，在厌氧条件下发酵 7 天后测定反应器中的短链脂肪酸产量，结果如图 2-81 所示。仅接种剩余污泥不添加腐殖酸的空白实验组的总短链脂肪酸产量很低；以两种商业腐殖酸（SHHA 和 SAHA）为底物的实验组与空白实验组相比，总短链脂肪酸产量无明显区别，说明实验所用的两种商业腐殖酸在厌氧发酵条件下并不会被污泥中的微生物用于产生短链脂肪酸；两种污泥腐殖酸（WAS-HA1 和 WAS-HA2）作为有机底物时，与空白实验组相比出现了较高的短链脂肪酸积累，总短链脂肪酸产量在 1000 mg COD/L 左右，根据文献报道腐殖酸的理论 COD 当量约为 2.62 g COD/g HA，则相应的污泥腐殖酸被用于产酸的比例约为 7.6%，结合前面污泥腐殖酸存在时厌氧发酵产酸结果进行计算，得出两种污泥腐殖酸对总短链脂肪酸产量提高量的 85%左右来源于自身生物利用产酸。这可能与污泥腐殖酸的腐殖化程度低、性质不稳定有关，两种污泥腐殖酸结构中一些小分子的有机物可以被活性污泥微生物利用产生短链脂肪酸。

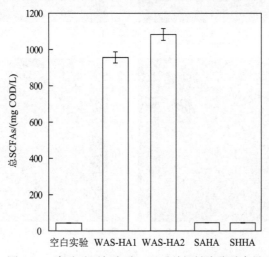

图 2-81　腐殖酸厌氧发酵 7 天后总短链脂肪酸产量

为了进一步了解污泥腐殖酸在污泥微生物作用前后其自身化学性质是否发生变化，将污泥腐殖酸微生物作用前后的荧光光谱特性进行了对比研究；同时为了排除污泥与腐殖酸相互之间的非生物作用设定了添加三氯甲烷（CHCl₃）的对照实验，荧光光谱测定结果如图 2-82 所示。添加了三氯甲烷的对照组中 WAS-HA1 在与污泥作用前后的荧光光谱并无明显差别，说明 WAS-HA1 与污泥的非生物接触并不会引起其荧光特性的改变。再将图 2-82（a）中 WAS-HA1 在污泥微生物作用前后的荧光光谱进行比较可以看出，经厌氧微生物作用后（WAS-HA1 End）Ex = 260～290 nm 且 Em = 330～370 nm处的荧光峰与反应前（WAS-HA1 Start）该处荧光峰相比荧光强度减弱，此处荧光峰与含有酪氨酸或色氨酸的类蛋白质有机物有关，其强度减弱说明在污泥微生物的厌氧作用下该部分物质含量降低；WAS-HA1 End Ex = 310～360 nm 且 Em = 420～470 nm 处的荧光峰与 WAS-HA1 Start 该处荧光峰相比荧光强度增加，该处荧光峰与腐殖酸类物质有关，其强度增加说明在污泥微生物的厌氧作用下该部分物质含量有所提高。从图 2-82（b）可以看出，WAS-HA2 的荧光光谱变化与 WAS-HA1 类似。由此可见，污泥腐殖酸性质在污泥微生物的厌氧作用下发生了一定的变化。

由图 2-83 的研究结果可知，商业腐殖酸在污泥微生物的厌氧作用下并不会被用于产生短链脂肪酸；通过进一步对比商业腐殖酸在微生物作用前后的荧光光谱特性，来研究商业腐殖酸在污泥微生物作用前后其自身化学性质是否也保持不变；同时为了排除污泥与商业腐殖酸相互之间的非生物作用，设定了添加三氯甲烷的对照实验，荧光光谱测

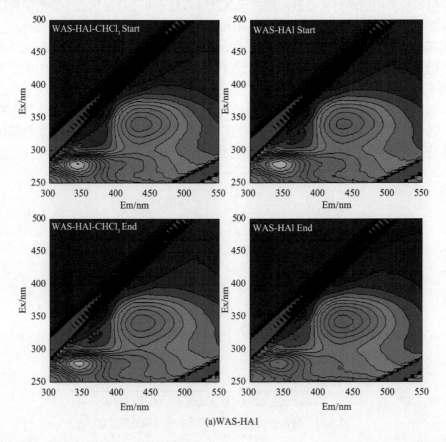

(a)WAS-HA1

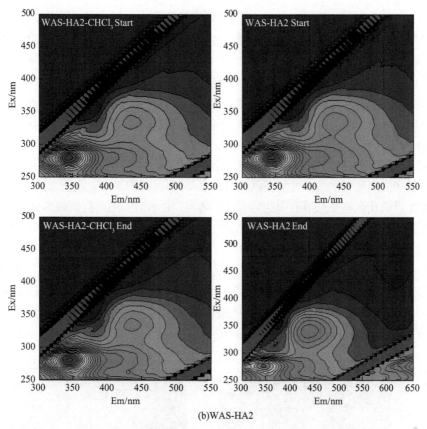

(b)WAS-HA2

图 2-82　污泥腐殖酸在生物降解实验前后的荧光光谱

定结果如图 2-83 所示。图 2-83（a）表明，添加了三氯甲烷的对照组和不添加三氯甲烷的实验组中 SHHA 在与污泥作用前后的荧光光谱都没有发生明显变化，说明 SHHA 与污泥的非生物接触和生物作用都没有使其自身荧光光谱特性发生改变；从图 2-83（b）可见，SAHA 的荧光光谱变化情况与 SHHA 类似。由此可见，商业腐殖酸的结构稳定，不会在厌氧条件下发生分解或被污泥微生物利用。

综上所述，污泥腐殖酸对剩余污泥厌氧发酵产酸的促进作用，主要是由于其自身可以作为微生物有机底物被分解利用；而商业腐殖酸并不会在厌氧条件下发生分解或微生物利用，其对剩余污泥厌氧发酵产酸的作用机理将在本书深入研究。

2. 腐殖酸对污泥有机物溶解及表面疏水性的影响

污泥絮体中颗粒性有机物的溶出是污泥发酵产酸的限速阶段，由于蛋白质和碳水化合物是污泥中主要的有机物（分别占总有机物含量的 54%和 8%左右），且它们的分解与污泥厌氧发酵短链脂肪酸的产生有关，溶出的有机物越多可以为产酸阶段提供更多的底物，相应的产酸量也会增多，因此为了研究腐殖酸对剩余污泥厌氧发酵颗粒有机物溶解的影响，本研究主要考察发酵液中蛋白质和碳水化合物的溶出。

SHHA 和 SAHA 两种腐殖酸对污泥溶解阶段蛋白质和碳水化合物的溶出作用见图 2-84。图 2-84（a）显示，SAHA 存在条件下发酵液中溶出的蛋白质含量与空白对照组相差不大；SHHA 使发酵液中溶出的蛋白质含量比空白对照组显著提高，且当 SHHA 投加量在 0.3～0.8 g/g TCOD 时蛋白质溶出量随投加量的增加而升高；当 SHHA 投加量为 0.8 g/g TCOD 时，蛋白质溶出量最大，提高了 75%左右；SHHA 投加量从 0.8 g/g COD 提高到 1.0 g/g TCOD 时，蛋白质溶出量不再升高。对于溶出的碳水化合物变化[图 2-84（b）]，它具有与图 2-84（a）类似的结果。由此可见，SHHA 的加入可以显著促进污泥溶解阶段蛋白质和碳水化合物的溶出，而 SAHA 的加入对污泥蛋白质和碳水化合物溶出的影响较小。

由文献可知，一些腐殖酸具有类似表面活性剂的作用，因为其结构中存在疏水性基团和亲水性基团，腐殖酸的两亲性特征以及其在水-气界面的积聚可以降低水的表面张力，因而可以增加有机化合物在水溶液中的溶解度。通过 ^{13}C NMR 图谱获得的 SHHA 和 SAHA 各含碳官能团含量可以计算出它们的亲水性（hydrophilic，HI）和疏水性（hydrophobic，HB）之比，计算公式 HI/HB = [（113～44）+（200～161）] /[（44～0）+（161～113）]，其中 113～44 代表 113～44 ppm[①]的峰面积百分含量，其余表述相同。由上述公式计算得出 SHHA 和 SAHA 的 HI/HB 分别为 0.34 和 0.42，说明 SHHA 的疏水性比 SAHA 强，相应的 SAHA 的亲水性较强。溶解性腐殖酸的水力学直径与其结构中疏水性基团和亲水性基团的分配有关，当溶解在水中的腐殖酸亲水性基团含量较高时其水力学直径较小。

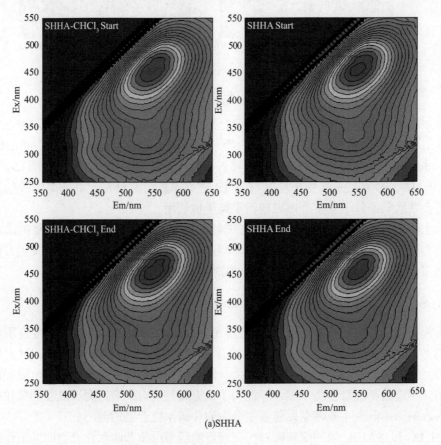

(a)SHHA

---

① 1ppm=10^{-6}。

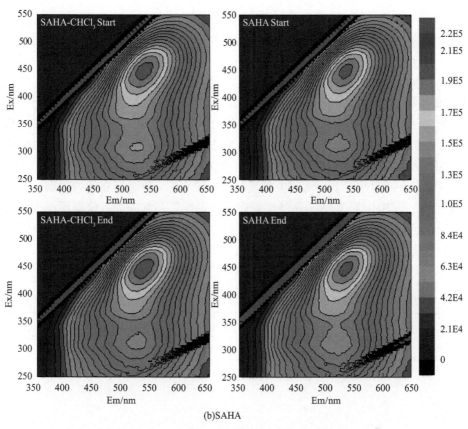

(b)SAHA

图 2-83　商业腐殖酸在生物降解实验前后的荧光光谱

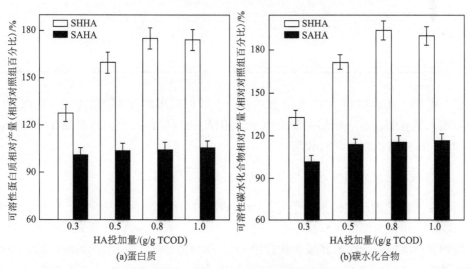

图 2-84　腐殖酸对污泥有机物溶出的影响

不加腐殖酸的对照组蛋白质和碳水化合物溶出量设为 100%

研究还发现，具有较强疏水性的物质更容易发生自组装（self-assembled）作用形成较大的水力学直径，从而更大限度地降低溶解系统的自由能。由此可见，SHHA 比 SAHA

形成的水力学直径更大，更易降低污泥-水体系中的自由能，使体系中的有机物得到较大限度的溶解。为了进一步验证腐殖酸对污泥的这一影响，对腐殖酸存在时污泥表面相对疏水性的变化进行了研究。SHHA 和 SAHA 在不同浓度条件下与污泥作用后对污泥表面相对疏水性的影响结果如表 2-24 所示。当 SHHA 浓度小于 0.8 g/g TCOD 时，随着 SHHA 加入量的增加，污泥表面相对疏水性逐渐降低；当 SHHA 浓度大于 0.8 g/g TCOD 时，污泥表面相对疏水性不再降低；当 SHHA 浓度为 0.8g/g TCOD 时的相对疏水性比空白实验下降了 20.21 个百分点；而 SAHA 的加入对污泥表面相对疏水性的改变作用较 SHHA 弱，SAHA 浓度为 1.0 g/g TCOD 时的相对疏水性相比空白实验仅降低了 7.16 个百分点。通常情况下，污泥中的蛋白质和碳水化合物吸附在污泥表面或是被污泥絮体包裹，由于 SHHA 具有明显的类表面活性剂性质，它的加入使得污泥表面相对疏水性降低，污泥絮体与水之间可以更好地接触，此时再在外部振荡的作用下，污泥中的大分子有机物更易脱离污泥进入水相，同时腐殖酸降低了水溶液系统的表面张力，使得那些脱离污泥的大分子有机物在水中的溶解度进一步增加。

表 2-24　不同浓度 SHHA 及 SAHA 对污泥表面相对疏水性的影响

实验	腐殖酸加入量/（g/g TCOD）	相对疏水性/%
空白实验	0	66.94
SHHA	0.3	59.33
	0.5	50.55
	0.8	46.73
	1.0	46.79
SAHA	0.3	65.28
	0.5	61.84
	0.8	60.49
	1.0	59.78

综上可知，SHHA 与 SAHA 相比，可以显著促进污泥有机物的溶出，其促进作用强弱与加入量有关，这一作用主要是由于 SHHA 可以使污泥表面相对疏水性降低，从而更利于污泥中有机物的释放和溶解。

3. 腐殖酸对污泥水解、水解酶活力及其稳定性的影响

污泥在溶解阶段产生的大分子有机物（如蛋白质和碳水化合物等），将作为水解阶段的底物进一步被水解酶水解成小分子物质。本研究通过 BSA 和葡聚糖配水，分别模拟溶解到发酵液中的蛋白质和碳水化合物来研究腐殖酸对水解阶段的影响，其中腐殖酸的加入量为 0.5 g/g TCOD，实验结果如图 2-85 所示。可见，SHHA 的加入使 BSA 和葡聚糖的降解率较空白组都有所提高，对 BSA 的降解率提高了 35%左右，对葡聚糖的降解率增加了 20%左右；SAHA 对 BSA 和葡聚糖的降解没有明显影响。由此可见，SHHA 的加入对污泥水解阶段产生了一定的促进作用，有助于为微生物提供更多的小分子有机物用于短链脂肪酸的生成。

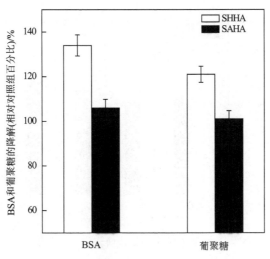

图 2-85　腐殖酸对污泥水解阶段的影响

　　腐殖酸对几种水解酶的影响结果如图 2-86～图 2-89 所示。由图 2-86 可知，在 SAHA 加入量为 0.5 g/g TCOD 时，对蛋白酶相对活性提高率约为 15%，其余浓度条件下与空白组相比没有明显差异。由图 2-87 可知，SHHA 使 α-葡萄糖苷酶相对活性得到提高，且其相对活性随 SHHA 投加量增加而升高（最大值较空白组提高了 64%）；SAHA 的加入对 α-葡萄糖苷酶相对活性略有促进，最大较空白组提高了 16%。图 2-88 表明，污泥厌氧发酵系统中加入 SHHA 可以使脂肪酶相对活性得到大幅提高，最大较空白组提高了 111%；SAHA 对脂肪酶相对活性也有一定的促进作用，最大促进了 20%。由图 2-89 可知，两种腐殖酸的加入都会抑制酸性磷酸酶相对活性，且抑制作用随腐殖酸浓度的增加而增强，这可能是在酸性条件下腐殖酸的溶解度较低，使得污泥厌氧发酵泥水混合液的黏稠度增大，阻碍了有机物与酸性磷酸酶的接触；SHHA 的加入提高了碱性磷酸酶相对活性，在 SHHA 浓度为 0.5 g/g TCOD 时碱性磷酸酶相对活性

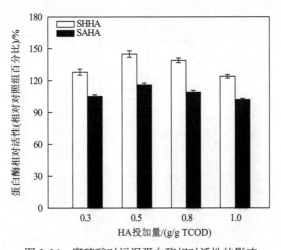

图 2-86　腐殖酸对污泥蛋白酶相对活性的影响

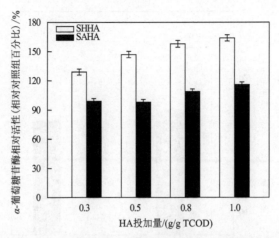

图 2-87　腐殖酸对污泥 α-葡萄糖苷酶相对活性的影响

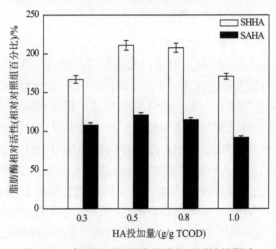

图 2-88　腐殖酸对污泥脂肪酶相对活性的影响

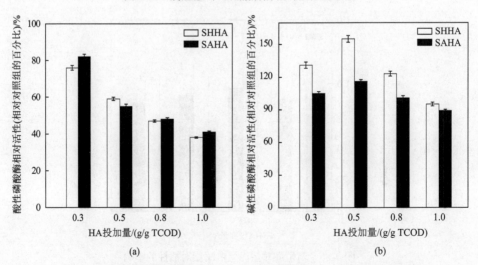

(a)　　　　　　　　　　　　　　　(b)

图 2-89　腐殖酸对酸性磷酸酶（a）和碱性磷酸酶（b）相对活性的影响

提高了 55%；SAHA 投加量为 0.5 g/g TCOD 时，对碱性磷酸酶的活性也有所促进（约提高了 14%）。综上可知，污泥发酵系统中加入 SHHA 可以使关键水解酶的相对活性得到提高，且其提高量与 SHHA 浓度有关；SAHA 对大部分水解酶的影响较 SHHA 弱。

污泥中的水解酶一般附着在污泥絮体的表面，它们在厌氧发酵系统中很容易离开污泥絮体进入溶液体系中，与污泥释放的金属离子结合，从而使其自身失去活性。研究发现，一些表面活性剂（如 Tween-80）可以用来保持酶在溶液体系中的生化反应活性，因为它们可以形成保护性胶团或使酶与水解底物之间更容易接触。此外，腐殖酸 SHHA 具有类似表面活性剂的性质并且有助于有机物的溶解，这一作用可增强水解酶与有机物的接触，从而有利于提高水解酶对有机物的水解作用。

胞外酶往往通过与有机或无机胶体结合来使自身活性维持稳定。例如，土壤中的胞外酶与腐殖化有机物的结合是维持其活性的前提条件。为了研究 SHHA 是否具有提高水解酶稳定性的作用，以蛋白酶为代表研究了 SHHA 和蛋白酶共同存在一定时间后其活性的变化，并与蛋白酶单独存在相同时间的活性进行对比。由图 2-90 可知，蛋白酶单独存在条件下其稳定性较差，在水溶液中 1 天后其酶活性降低了 30%左右，一周后其酶活性与初始酶活性相比下降了近 70%；向蛋白酶溶液中加入一定浓度的 SHHA 后其稳定性有所提高，蛋白酶活性的下降速度变慢，SHHA 投加量在 10～50 mg/L 时，蛋白酶的稳定性随 SHHA 浓度的升高而增大，在 50 mg/L 时其稳定性最强，蛋白酶和 SHHA 共同在水溶液中存在一周后其酶活性还保持在 50%以上。由此可见，一定浓度腐殖酸 SHHA 确实可以起到保护水解酶活性的作用，使水解酶的稳定性增强。

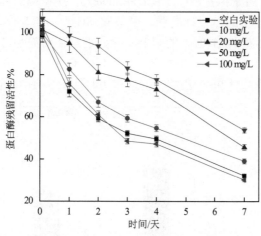

图 2-90　SHHA 对蛋白酶稳定性的影响

4. 腐殖酸对酸化阶段及酸化细菌产酸的影响

污泥水解阶段将溶解在液相体系中的蛋白质和碳水化合物水解为氨基酸和多糖等小分子有机物，这些小分子有机物再在酸化阶段被微生物转化为丙酮酸，进而用于生成短链脂肪酸，为此将混合氨基酸和葡萄糖用作配水底物来研究 SHHA 和 SAHA 对污泥酸化阶段的影响。由图 2-91 可以看出，与空白实验组相比，SHHA 的存在不仅促进混合氨基酸产酸，还可以提高单糖的总短链脂肪酸产量（SHHA 对两者的促进率分别为22.4%和 23.5%）；加入 SAHA 的实验组与空白实验组相比，总短链脂肪酸产量无明显不同。可见，腐殖酸 SHHA 对污泥酸化阶段有促进作用。

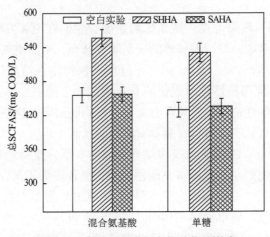

图 2-91　腐殖酸对水解产物酸化的影响

　　产酸菌在污泥酸化阶段起着重要作用，乙酸是污泥厌氧发酵产生的短链脂肪酸中的重要组分，因此，选取产乙酸菌为代表来研究腐殖酸对酸化细菌产酸的影响。本研究所用的两种模式产乙酸细菌都分离自污泥，其中产乙酸糖发酵菌 *Saccharofermentans acetigenes*（P6）属于厚壁菌门（Firmicutes），产乙酸嗜蛋白菌 *Proteiniphilum acetatigenes*（TB107）属于拟杆菌门（Bacteroidetes）；厚壁菌门和拟杆菌门都是污泥厌氧发酵微生物中较为丰富的微生物类群。腐殖酸 SHHA 和 SAHA 对产乙酸糖发酵菌（P6）和产乙酸嗜蛋白菌（TB107）的影响实验分别以葡萄糖和甘氨酸为酸化底物，实验结果如图 2-92 所示。SHHA 对两种产乙酸菌（P6 和 TB107）的乙酸产量相对于空白组都有促进作用；SAHA 对 P6 产乙酸的促进作用略低于 SHHA，而对 TB107 的乙酸产

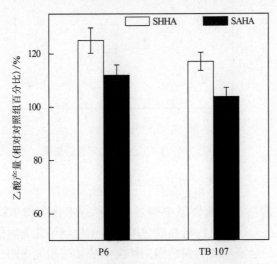

图 2-92　腐殖酸对两种模式产乙酸菌产酸的影响

量没有明显影响。在产乙酸糖发酵菌利用葡萄糖产乙酸过程中，糖酵解途径 3-磷酸甘油醛（glyceraldehyde-3-phosphate）转化为 3-磷酸甘油酸（3-phosphoglycerate）以及丙酮酸（pyruvate）转化为乙酰辅酶 A（acetyl-CoA）的过程中都有电子的生成；产乙酸嗜蛋白菌以氨基酸为底物产酸，氨基酸先转化为丙酮酸，再经一系列反应生成乙酸，也经历丙酮酸转化为乙酰辅酶 A 代谢并给出电子。如果上述反应体系中存在电子受体，则将有利于乙酸的产生。腐殖酸可以作为电子受体，其中的醌基团是腐殖酸结构中起该作用的主要官能团。根据前面腐殖酸的理化性质，两种商业腐殖酸中 SHHA 的芳香性高于 SAHA，表明 SHHA 中含有的醌基团比 SAHA 更丰富，因而 SHHA 表现出比SAHA 更强的电子接收能力，对促进乙酸菌产酸更有利。

5. 腐殖酸对污泥产甲烷阶段及其代谢过程的影响

酸化阶段产生的短链脂肪酸可以作为产甲烷菌的代谢基质，被其用于产甲烷，从而使短链脂肪酸得到消耗；当厌氧发酵系统所处条件不利于保持产甲烷菌活性时，则有利于短链脂肪酸的积累。两种腐殖酸 SHHA 和 SAHA 对污泥厌氧发酵过程中甲烷产量的影响如图 2-93 所示（发酵时间为 7 天）。尽管文献已经报道了腐殖酸对甲烷的生成有抑制作用，但图 2-93 表明，不是所有的腐殖酸都抑制产甲烷。加入 SAHA 的实验组与空白实验组相比，甲烷产量并无明显区别；而 SHHA 对甲烷的生成有抑制作用，且其抑制作用的强弱受污泥发酵系统中 SHHA 浓度的影响；随着 SHHA 浓度的增加，甲烷生成量显著降低，即 SHHA 浓度为 0.3 g/g TCOD、0.5 g/g TCOD、0.8 g/g TCOD 和 1.0 g/g TCOD 时，其对甲烷产量的抑制率分别为 14%、42%、85%和 97%。

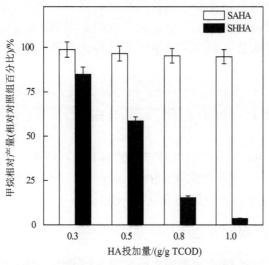

图 2-93　腐殖酸对污泥发酵过程中甲烷产量的影响

第3章 城镇有机废物转化为丙酸的调控方法与原理

丙酸是一种短链饱和脂肪酸，属于有机一元酸，化学式为 CH_3CH_2COOH，又名初油酸。常温常压下，丙酸是无色澄清油状液体，密度为 0.99 g/cm^3、熔点为 $-21.5℃$、沸点为 $141.1℃$，有难闻的酸败刺鼻气味，能与水、乙醇、氯仿和乙醚混溶。作为多行业的基础原料，丙酸是最重要的有机酸之一，在有机化学工业中具有重要地位，广泛用于食品添加剂、医药、农药、纺织、化学合成等行业。在食品行业，丙酸主要用作食品防腐剂和防霉剂，还可用作啤酒的黏性物质抑制剂以及硝酸纤维素溶剂和增塑剂。此外，丙酸也用于食品香料、医药、农药、防霉剂等的制造。

丙酸可以通过化学和生物两种方法合成。其中，生物发酵法具有操作简便、条件温和、成本低廉等特点。丙酸杆菌属可以利用六碳糖、五碳糖、蔗糖、麦芽糖、甘油等底物发酵获得丙酸。丙酸的产生是由丙酮酸发酵形成的，经糖酵解（embden-meyerhof-parnas，EMP）和伍德–沃克曼（Wood-Werkman，WW）代谢途径获得。以葡萄糖为底物的连续丙酸发酵，其末端发酵产物主要由丙酸、乙酸和少量丁酸组成，气体产生量很少。

世界石油价格的上涨导致化学法合成丙酸成本较高，消耗不可再生资源。以生物质废弃物为原料通过微生物发酵法制备丙酸更具优势。例如，将城市有机废物（如污水处理厂污泥、餐厨垃圾等）在室温和中温厌氧发酵，定向调控微生物代谢，大幅度提高有机废物转化效率和发酵液中丙酸含量，符合我国倡导的绿色低碳循环利用模式。

3.1 城镇有机废物室温发酵产丙酸

污泥或餐厨垃圾单独作为基质发酵产丙酸的效果不理想。污泥中水解酸化菌群丰度较高，可以提高餐厨垃圾有机质的溶出和水解；餐厨垃圾含有丰富的营养物质和充足的碳水化合物，可以弥补污泥发酵基质的单一性。

3.1.1 室温发酵产丙酸的方法

表 3-1 为污泥与餐厨垃圾联合发酵产丙酸的 5 种方法，表 3-2 为 5 种方法的发酵效果。方法 S-Ⅰ中，不接种丙酸杆菌产生的 SCFAs 在发酵第 8 天时稳定，丙酸浓度为（2.8±0.3）g COD/L，占总酸41.8%±2.5%。方法 S-Ⅱ是在 S-Ⅰ 的基础上接种丙酸杆菌（*Propionibacterium acidipropionici*）。方法 S-Ⅲ中污泥与餐厨垃圾发酵一段时间后，再接种丙酸杆菌，结果显示 S-Ⅲ 与 S-Ⅱ 没有显著差异。方法 S-Ⅳ旨在排除污泥菌群竞争问题，通过混合物的灭菌处理，消除其他微生物干扰，然而 S-Ⅳ 与 S-Ⅲ 没有显著差

异。方法 S-Ⅴ 与上述方法不同之处是灭菌前增加离心操作，将发酵基质悬浮物质和上清液分离，一方面去除大部分与丙酸杆菌竞争底物的微生物；另一方面减少基质中可能对丙酸杆菌存在抑制性的固体或胶体物质，有利于后续丙酸发酵。由表 3-2 可知，方法 S-Ⅴ，即联合发酵两阶段工艺，在发酵 5 天后，产酸量趋于稳定，其中丙酸浓度为（5.8±0.4）g COD/L，丙酸占总酸比例为 63.4%±3.7%，丙酸浓度及丙酸比例均有显著提高。

表 3-1　污泥与餐厨垃圾联合发酵提高丙酸含量的策略

方法	方法简介
S-Ⅰ	污泥与餐厨垃圾联合发酵（发酵参数Ⅰ：T=21℃，pH=8）
S-Ⅱ	污泥与餐厨垃圾联合发酵并接种丙酸杆菌 Propionibacterium acidipropionici（发酵参数Ⅱ：T=30℃，pH=7）
S-Ⅲ	①污泥与餐厨垃圾联合发酵（发酵参数Ⅰ）；②将 Propionibacterium acidipropionici 接种至上阶段的混合液中继续发酵（发酵参数Ⅱ）
S-Ⅳ	①污泥与餐厨垃圾联合发酵（发酵参数Ⅰ）；②将混合液灭菌后接种 Propionibacterium acidipropionici 并继续发酵（发酵参数Ⅱ）
S-Ⅴ	①污泥与餐厨垃圾联合发酵（发酵参数Ⅰ）；②将混合液离心，对上清液灭菌，将 Propionibacterium acidipropionici 接种至上清液继续发酵（发酵参数Ⅱ）

表 3-2　各种方案中丙酸含量及丙酸占总酸比例的对比

方案	丙酸含量/（g COD/L）	丙酸占总酸比例/%
S-Ⅰ	2.8±0.3	41.8±2.5
S-Ⅱ	2.9±0.3	42.2±2.8
S-Ⅲ	3.3±0.4	39.7±3.0
S-Ⅳ	3.1±0.4	41.6±3.3
S-Ⅴ	5.8±0.4	63.4±3.7

3.1.2　室温发酵产丙酸影响因素研究

方法 S-Ⅴ 联合发酵两阶段工艺中涉及了影响发酵的诸多因素，包括餐厨垃圾组分、餐厨垃圾与污泥比例、pH 调控方法、调碱药剂、pH 间歇调控值、第一阶段发酵时间、丙酸杆菌菌种及其接种量、厌氧操作方法等。

1. 餐厨垃圾组分

污泥与餐厨垃圾是联合发酵两阶段工艺的发酵底物，底物性质的不同对发酵效果影响较大。污泥主要为城市生活污水处理厂产生的剩余污泥，成分稳定，主要由蛋白质组成；餐厨垃圾主要由米饭、肉类和蔬菜类物质组成，其组成波动较大。

图 3-1 对比了米糊、肉糜、菜泥、厨余垃圾四类底物对发酵产丙酸的影响。R1（米糊）是组成餐厨垃圾的关键成分，主要是大量碳水化合物，发酵后丙酸浓度为 5.6 g

COD/L，丙酸比例为 71.0%。R2（肉糜）作为餐厨垃圾的一类重要组分，包括蛋白质、油脂、碳水化合物等，发酵后丙酸浓度为 6.3 g COD/L，丙酸比例为 68.5%。R3（菜泥）是餐厨垃圾的另一重要组分，发酵后的丙酸浓度仅为 0.5 g COD/L，丙酸比例为 47.5%，该组分对产丙酸贡献较低。R4（厨余垃圾）是食堂厨房的食品废弃物，成分较复杂，有机质含量较高，发酵后丙酸浓度为 5.9 g COD/L，丙酸比例为 65.8%。可见，餐厨垃圾中米糊和肉糜对第二阶段产丙酸贡献较高，而蔬菜类物质因含纤维素较多，对第二阶段产丙酸贡献较低。在后文研究中，如果没有特殊说明，均取用以米糊和肉糜为主的餐厨垃圾。

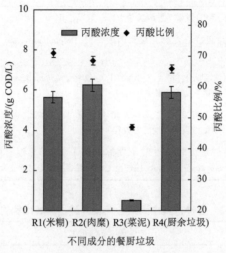

图 3-1　第一阶段不同餐厨垃圾组分对第二阶段产丙酸的影响

2. 餐厨垃圾与污泥比例

餐厨垃圾与污泥混合物不同混合比例的配制方法见表 3-3，在室温下厌氧搅拌 120 r/min，发酵 3 天后，获得上清液，按上述方法发酵产丙酸。由图 3-2 可见，VS_f/VS_s 为 0.7 时，丙酸比例为 59%；VS_f/VS_s 为 2.5～9.5 时，丙酸比例为 66%～68%（VS_f/VS_s 为 6.0 时的丙酸比例达到峰值）；VS_f/VS_s 为 17.5 时，丙酸比例为 45%。VS_f/VS_s 在 2.5～9.5 范围，第二阶段丙酸浓度相对较高。

表 3-3　餐厨垃圾与污泥配置比

编号	VS_f/VS_s（餐厨垃圾与污泥混合比）/（g/g）	剩余污泥/mL	餐厨垃圾/mL	自来水/mL	初始 TCOD/（g/L）
1	0.7	660	75	165	24.89
2	2.5	320	130	450	25.08
3	6.0	150	150	600	25.12
4	9.5	100	155	645	24.78
5	17.5	58	165	677	25.35

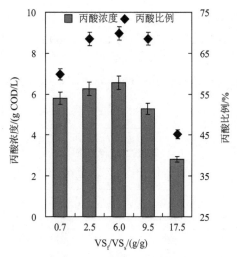

图 3-2　第一阶段餐厨垃圾与污泥混合比对第二阶段产丙酸的影响

3. pH 调控方法

反应器 1 仅调节初始 pH 至 8.0（整个发酵过程不控制 pH），发酵 3 天后获得上清液，进行第二阶段发酵，丙酸浓度为 3.8 g COD/L，丙酸比例为 64.8%（图 3-3）；反应器 2 为 pH 恒定调控（pH 为 7.8～8.2），发酵 3 天后获得上清液，进行第二阶段发酵，丙酸浓度为 2.5 g COD/L，丙酸比例仅为 40.1%；反应器 3 为 pH 间歇调控，调控频率 6 h/次，pH 调至 8.0，发酵 3 天后，获得上清液，进行第二阶段发酵，丙酸浓度为 5.9 g COD/L，占比为 68.8%。相较于初始和恒定调控 pH，间歇调控 pH 可获得更高的丙酸产量。

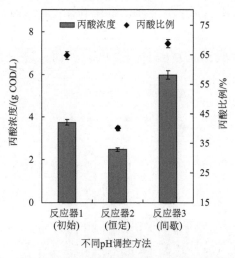

图 3-3　第一阶段 pH 调控方法对第二阶段产丙酸的影响

4. 调碱药剂

图 3-4 为使用 NaOH（R-Na）、KOH（R-K）及 Ca(OH)$_2$（R-Ca）间歇调控 pH 为 8

对丙酸浓度及丙酸比例影响的结果。使用 R-Na 和 R-Ca 时，丙酸产量无显著性差异，丙酸浓度为 6.0~6.1 g COD/L，丙酸比例为 68.8%~69.9%；使用 R-K 时，丙酸浓度略微下降，为 5.0 g COD/L。R-Ca 成本相对较低，常应用于工程调碱，且有助于污泥脱水，然而溶解度较低；R-Na 是常用的调碱药剂，成本适中，溶解性好，建议在小试研究中使用。

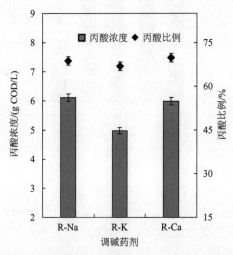

图 3-4　第一阶段发酵不同调碱药剂对第二阶段产丙酸的影响

5. pH 间歇调控值

使用 3 mol/L NaOH 及 3 mol/L HCl 间歇调控发酵 pH 为 4.0±0.2、5.0±0.2、6.0±0.2、7.0±0.2、8.0±0.2、9.0±0.2、10.0±0.2，发酵周期为 3 天，获得上清液，进行第二阶段产丙酸发酵，结果如图 3-5 所示（其中 B 代表空白，即不调 pH）。随着第一阶段 pH 增加，丙酸浓度逐渐提高，当 pH 为 8 时，丙酸浓度达到最高值，为（6.5±0.3）g COD/L，丙酸比例为 67.5%±2.1%。然而，进一步提高 pH，丙酸浓度降

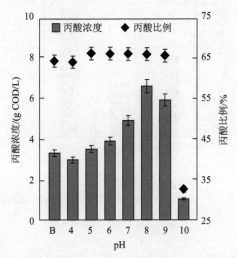

图 3-5　第一阶段不同发酵 pH 对第二阶段产丙酸的影响

低。当 pH 小于或等于 9 时，丙酸比例较为接近，为 66%～68%。当 pH 为 10 时，丙酸比例显著下降。可见，第一阶段 pH 在酸性、中性和强碱性（pH 为 10）发酵时，第二阶段丙酸产量较低，而在弱碱性（pH 为 8～9）时丙酸产量相对较高。

6. 第一阶段发酵时间

第一阶段发酵一定时间后，获得上清液，进行第二阶段产丙酸发酵，结果如图 3-6 所示。第一阶段发酵时间为 1 天时，第二阶段丙酸浓度为 4.4 g COD/L，丙酸比例为 64.1%；延长第一阶段发酵时间为 2～3 天时，第二阶段丙酸浓度提升至 6.4～6.5 g COD/L，丙酸比例提升至 67%～68%；当第一阶段发酵时间为 4 天时，第二阶段丙酸浓度仅为 3.2 g COD/L，丙酸比例显著下降至 50.4%。因此，第一阶段发酵时间为 2～3 天时，第二阶段丙酸产量较高。

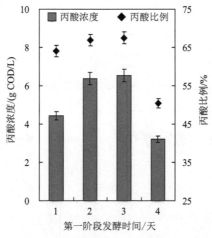

图 3-6　第一阶段发酵时间对第二阶段产丙酸的影响

7. 丙酸杆菌菌种

第二阶段发酵是重要的产丙酸阶段，涉及选取产丙酸菌种。分别选取丙酸杆菌 *Propionibacterium acidipropionici* ATCC4875、费氏丙酸杆菌 *P. freudenreichii* CICC10019 和詹氏丙酸杆菌 *P. jensenii* SICC 1.256，接种量为 10%。由图 3-7 可见，将餐厨垃圾与污泥联合发酵的上清液作为二阶段发酵底物时，*P. acidipropionici* 发酵 5 天后，丙酸浓度为 6.0 g COD/L，丙酸比例 68.8%；*P. freudenreichii* 发酵 6 天后，丙酸浓度为 4.6 g COD/L，丙酸比例为 62.5%。*P. jensenii* 发酵 6 天后，丙酸浓度为 5.8 g COD/L，丙酸比例为 67.2%。

8. 丙酸杆菌接种量

如图 3-8（a）所示，底物利用速率随着接种量提高而增加，离心利用浓缩菌液方法，接种量从 10%提高到 200%过程中，丙酸浓度分别在第 4 天、第 3 天、第 2 天及第 1 天时达到稳定产丙酸阶段。丙酸菌种接种量越低，前期的延滞期越长，这是由于接入上清液中的微生物量越少，微生物需要更多的时间适应新的环境。如图 3-8（b）所示，丙酸比例在第 2 天达到峰值，接种量对丙酸比例的影响较小。接种量高带来菌种需求量增多，富集菌种的培养基消耗量亦增多，而低接种量具有经济效益。

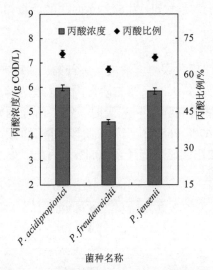

图 3-7　不同菌种对第二阶段产丙酸的影响

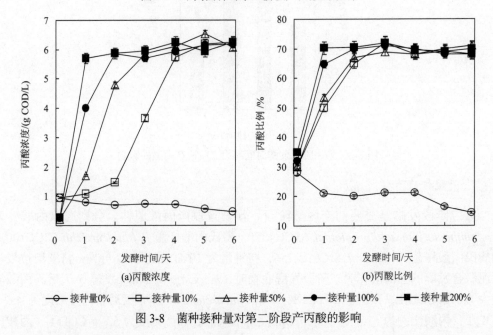

(a)丙酸浓度　　　　　　　　　　(b)丙酸比例

○— 接种量0%　□— 接种量10%　△— 接种量50%　●— 接种量100%　■— 接种量200%

图 3-8　菌种接种量对第二阶段产丙酸的影响

9. 厌氧操作方法

比较了以下三种操作：采用厌氧手套箱进行严格厌氧操作（即严格厌氧 B1），用 N_2 吹脱（吹嘴中塞入灭菌棉球）血清瓶上部空间并塞紧橡胶瓶塞（即简化厌氧 B2），将接种好的血清瓶直接用橡胶瓶塞塞紧（即兼性厌氧 B3）。由图 3-9 可见，B1（严格厌氧）和 B2（简化厌氧）产丙酸的浓度及丙酸比例无显著差异，B3（兼性厌氧）丙酸浓度和丙酸比例都显著降低。丙酸杆菌属于兼性厌氧菌，在有氧条件下，丙酸杆菌虽然可以生长，但产丙酸功能受到抑制。因此，第二阶段发酵产丙酸需要保持严格厌氧环境，可采用 N_2 吹脱简化厌氧操作。

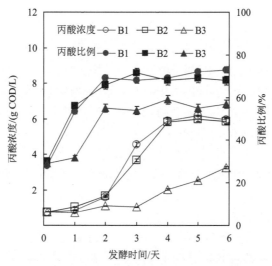

图 3-9　厌氧操作方法对第二阶段产丙酸的影响

根据上述研究结果，开发出一种可显著提高丙酸产量的新工艺，即餐厨垃圾与污泥联合丙酸杆菌两阶段发酵工艺（图 3-10），它包括第一阶段发酵（即餐厨垃圾与污泥联合发酵数日，将发酵混合液离心获得上清液并灭菌）及第二阶段发酵（即将发酵上清液接入丙酸杆菌继续发酵）。

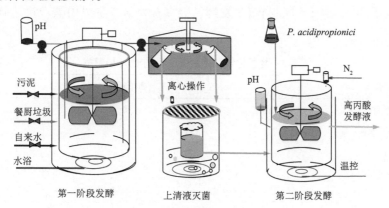

图 3-10　污泥与餐厨垃圾联合丙酸杆菌两阶段发酵工艺示意图

3.1.3　室温发酵产丙酸关键因素优化

1. 多因素响应面的模型构建

室温条件下，pH、基质混合比、发酵时间对第二阶段产丙酸具有显著影响，而生物厌氧发酵各参数之间影响复杂。本节着重论述在室温条件下，联合发酵关键的影响因素（pH、基质混合比、发酵时间）对产丙酸效能的交互影响规律，并优化发酵参数。响应面分析方法（response surface methodology，RSM）可以对工艺进行多因素综合分析。将工艺视为一个"黑箱"系统，将关键影响因素作为"黑箱"的输入参数，将关注的响应值作为"黑箱"的输出参数，不需考虑发生机理，利用响应面的中心复合设计原理进行模拟预测。

响应面优化应用于联合发酵工艺，是将目标发酵产物作为输出值，即第二阶段发酵稳定后的丙酸浓度和丙酸比例。RSM 可以将几种不同的工艺参数综合考虑，将 pH、基质混合比、发酵时间作为 RSM 输入值，采用三因素五水平（three-variable-five-level）进行 RSM 设计实验，实验因素中心水平计为代码 0（预测最佳值），高低值代码为 ±1，轴向代码为 ±1.68。将上述获得的 pH、基质混合比、发酵时间的最佳值作为 RSM 的预测最佳值（代码 0），即 pH 8.0、发酵时间 3.0 天、基质混合比 6.0。为了便于 RSM 对基质混合比的合理设置，参数均匀分布，将餐厨垃圾与污泥混合比换算成 C/N，换算关系见表 3-4。将 pH 上移至 8.5 便于涵盖更宽的碱性条件，所以代码 0 值取值为：C/N 12.5、pH 8.5、发酵时间 3.0 天。代码与参数范围见表 3-5。为了降低实验随机误差，实验序号由软件随机安排（表 3-6）。

准备 20 个 1.2 L 一阶段厌氧反应器，20 个 100 mL 血清瓶作为第二阶段产丙酸反应器。如表 3-4 所示，取适量的餐厨垃圾与污泥至 1.2 L 广口瓶中（C/N 见表 3-5 参数 A），加自来水补至 0.9 L，TCOD 控制为（25.0±1.0）g/L，搅拌器转速为 120 r/min，发酵温度为室温（21±1）℃，使用 3 mol/L NaOH 及 3 mol/L HCl 作为 pH 调节药剂间歇控制（pH 见表 3-5 参数 B），发酵一段时间后（发酵时间见表 3-5 参数 C）结束第一阶段发酵。将发酵混合液离心获得 50 mL 上清液，置于 100 mL 血清瓶中高温灭菌冷却后，于超净台中接种 5 mL $P.\ acidipropionici$ 富集液，用 N_2 吹脱血清瓶上部空间，将血清瓶置于 30℃摇床，控制 pH 7 发酵。表 3-6 为第二阶段丙酸产量达到稳定时所需的时间。

表 3-4　餐厨垃圾和污泥混合比与 C/N 换算表

混合比	数值对应表				
干重质量比/（g/g）	0.8	2.0	4.2	8.3	12.5
挥发性干重质量比/（g/g）	1.1	2.8	6.0	12.0	17.8
C/N	8.9	10.5	12.5	14.5	16.1
餐厨垃圾体积/mL	97	131	149	159	163
污泥体积/mL	503	269	151	81	52
自来水体积/mL	300	500	600	660	685

表 3-5　第一阶段各独立参数实验代码及实验范围安排

实验代码	独立参数取值范围		
	A（C/N）	B（pH）	C（发酵时间）/天
−1.68	8.9	6.80	1.3

实验代码	独立参数取值范围		
	A（C/N）	B（pH）	C（发酵时间）/天
−1	10.5	7.50	2.0
0	12.5	8.50	3.0
1	14.5	9.50	4.0
1.68	16.1	10.20	4.7

表 3-6 第二阶段产丙酸发酵时间

实验序号	实验因素代码			第二阶段发酵时间/h
	A-C/N	B-pH	C-发酵时间	
1	1.68	0	0	90
2	1	−1	−1	120
3	0	0	−1.68	100
4	−1.68	0	0	80
5	−1	−1	−1	80
6	0	0	0	80
7	1	1	−1	100
8	0	0	1.68	80
9	−1	1	−1	100
10	0	0	0	120
11	0	0	0	120
12	0	1.68	0	120
13	0	−1.68	0	100
14	−1	−1	1	120
15	0	0	0	120
16	0	0	0	120
17	1	−1	1	100
18	1	1	1	100
19	−1	1	1	100
20	0	0	0	100

2. 多因素响应面的数据拟合

表 3-7 为 20 组 CCD 实验的响应值及相应的响应值模拟数值。该响应值的取值时间均来自表 3-6。通过对表 3-7 进行数值分析，可以回归分析出三个参数（A-C/N、B-pH、C-发酵时间）对两个响应值的关系。通过 ANOVA 分析残差和显著性差异，可以获得联合发酵工艺 RSM 的可信度；通过软件回归的等高图，可以更直观地分析各参数之间相互影响的规律和交互性。

表 3-7　CCD 实验响应值及模拟值

实验序号	实验因素代码			响应值 R			
				丙酸浓度/（g COD/L）		丙酸比例/%	
	A-C/N	B-pH	C-发酵时间	实际值	模拟值	实际值	模拟值
1	1.68	0	0	2.79	3.43	46.6	42.9
2	1	−1	−1	6.41	5.75	65.2	65.1
3	0	0	−1.68	4.20	5.59	63.2	70.1
4	−1.68	0	0	6.39	5.78	58.7	56.99
5	−1	−1	−1	6.00	6.04	58.6	56.2
6	0	0	0	7.67	7.05	65.5	66.2
7	1	1	−1	4.21	3.17	54.6	51.3
8	0	0	1.68	2.43	1.08	50.9	38.7
9	−1	1	−1	5.60	4.91	61.2	58.6
10	0	0	0	6.81	7.05	68.1	66.2
11	0	0	0	7.12	7.05	64.5	66.2
12	0	1.68	0	1.40	2.08	35.3	34.7
13	0	−1.68	0	5.64	4.99	58.3	53.5
14	−1	−1	1	2.60	3.62	45.0	52.1
15	0	0	0	6.67	7.05	67.1	66.2
16	0	0	0	6.90	7.05	63.5	66.2
17	1	−1	1	1.89	2.56	36.3	42.7
18	1	1	1	0.30	0.23	11.8	18
19	−1	1	1	2.1	2.74	39.8	43.7
20	0	0	0	7.12	7.05	67.3	66.2

利用表 3-7 对实际值和模拟值进行线性拟合，可以得到图 3-11 实际值与模拟值的

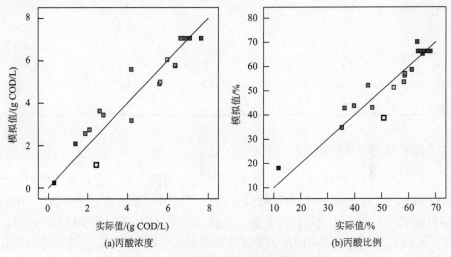

(a)丙酸浓度　　　　　　　　(b)丙酸比例

图 3-11　响应值的实际值与模拟值分布图

分布差异图，评估预测效果。图 3-11（a）中，丙酸浓度多分布于 2~7 g COD/L，实际值和模拟值基本团聚在中间线附近。当实际值较低时（2~4 g COD/L），模拟值较高；当实际值较高时（6~8 g COD/L），模拟值与实际值匹配度较高。图 3-11（b）中的丙酸比例多分布在 40%~70%，模拟值与实际值均匀分布在中间线附近，匹配度较高。

残差是指实际值与模拟值（拟合值）之间的差，即实际观察值与回归估计值的差。通过残差所提供的信息，分析出数据的可靠性、周期性或其他干扰。在实验过程中，实验人员的操作差异或偶然因素可能造成数据不可靠，即出现异常数据。通过相关系数或 F 检验证实回归方程可靠，也不能排除数据存在上述问题。而通过残差分析可解决这一问题，异常数据是指与其他数据有明显差异的数据，因此异常数据的残差会相对较大。当发现异常数据时应及时剔除，用剩余数据重新建立回归方程，以提高回归方程的质量。

图 3-12 为本次实验丙酸浓度的残差分析，表明没有可作废的数据。而在丙酸比例残差分析中，仅有一个数据相对偏离残差线，但绝对偏差较小，可忽略不计。因此，本次实验的所有数据都可以用于回归分析。

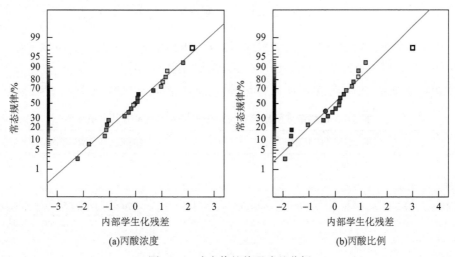

(a)丙酸浓度　　　　　　　　(b)丙酸比例

图 3-12　响应值的普通残差分析

3. 多因素响应面的参数分析

通过回归分析，Design expert 软件建议对丙酸浓度及丙酸比例两个响应值进行二次模型模拟，通过采用多项式模型，获得的回归分析参数见表 3-8。丙酸浓度的响应充足精确度为 9.671，丙酸比例的响应充足精确度为 11.330，该数值均大于 4，满足信号互扰要求，说明该模型可以用于精确预测。同时，丙酸浓度的响应值变异系数（coefficient variation，CV）为 21.14，丙酸比例的响应值变异系数为 12.01，该数值在生物发酵系统中相对较低，说明联合发酵工艺应用二次模型的可靠性强。

表 3-8　二次回归数值模拟参数表

项目	模拟模型		R^2	调整 R^2	预测 R^2	响应充足精确度	CV/%
	F	P					
$R_{丙酸浓度}$	10.25	0.0006	0.9022	0.8142	0.2935	9.671	21.14
$R_{丙酸比例}$	10.74	0.0008	0.89	0.80	0.22	11.330	12.01

　　Design expert 软件对各因素 C/N（A）、pH（B）、发酵时间（C）进行二次模型模拟，回归后见式（3-1）和式（3-2）。通过式（3-1）和式（3-2）可以模拟没有试验过的参数，软件利用回归进行预测。在表 3-9 中，pH 和发酵时间（B、C）的相乘系数为正值，系数取值较小，其他系数均为负值，A、B、C 参数取值均在–1.68～1.68，参数同负同正都会在二次阶乘上减弱丙酸浓度数值，因此无法简单地从二次模型中推测出参数影响规律。需要进一步进行数值分析（ANOVA）和 3D 等高图分析。

$$R_{丙酸浓度} = 7.05 - 0.70A - 0.87B - 1.34C - 0.36AB - 0.19AC$$
$$+ 0.064BC - 0.86A^2 - 1.24B^2 - 1.31C^2 \tag{3-1}$$

$$R_{丙酸比例} = 66.15 - 4.18A - 5.59B - 9.33C - 4.06AB$$
$$- 4.59AC - 2.71BC - 5.73A^2 - 7.79B^2 - 4.17C^2 \tag{3-2}$$

式中，$R_{丙酸浓度}$ 为第二阶段发酵产丙酸浓度值，g COD/L；$R_{丙酸比例}$ 为第二阶段发酵产丙酸占总酸的比例，%；A 为第一阶段 C/N，表征餐厨垃圾与污泥混合比，g/g；B 为第一阶段发酵 pH；C 为第一阶段发酵时间，即获得第一阶段发酵上清液的时间，天。

表 3-9　丙酸浓度及比例二次模型系数 ANOVA 方差分析

因素	响应值一（丙酸浓度）				响应值二（丙酸比例）			
	系数	标准差	F	P	系数	标准差	F	P
截距	7.05				66.15			
A,C/N	−0.70	0.27	6.72	0.0268	−4.18	1.76	5.65	0.039
B,pH	−0.87	0.27	10.31	0.0093	−5.59	1.76	10.12	0.010
C,发酵时间	−1.34	0.27	24.72	0.0006	−9.33	1.76	28.16	0.000
AB	−0.36	0.35	1.05	0.3293	−4.06	2.30	3.13	0.107
AC	−0.19	0.35	0.29	0.5990	−4.59	2.30	3.99	0.074
BC	0.064	0.35	0.033	0.8600	−2.71	2.30	1.39	0.265
A^2	−0.86	0.26	10.83	0.0081	−5.73	1.71	11.19	0.007
B^2	−1.24	0.26	22.39	0.0008	−7.79	1.71	20.74	0.001
C^2	−1.31	0.26	25.08	0.0005	−4.17	1.71	5.94	0.035

　　三个参数的数值分析（ANOVA）见表 3-9。系数如式（3-1）和式（3-2）所示，截距反映了响应值的背景值。对丙酸浓度和丙酸比例有影响的是 A、B、C、A^2、B^2、C^2，交互影响主要为 AB 和 AC。对于丙酸浓度的分析，各参数之间的交互影响不显著；对于丙酸比例分析，具有显著影响的是 AB 和 AC，即 C/N 和 pH、C/N 和发酵时间对丙酸比例具有交互影响。

4. 多因素响应面的结果分析

图 3-13 为影响参数响应面 3D 等高图，固定某个参数不变，通过改变另外两个参数观察各响应值的变化。

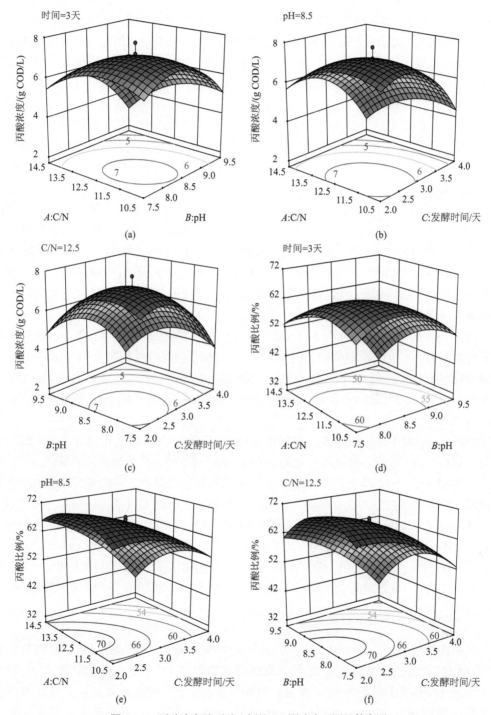

图 3-13　丙酸浓度及丙酸比例的 3D 影响表面图及等高图

图 3-13（a）～（c）为丙酸浓度作为响应值的影响情况，图 3-13（d）～（f）为丙酸比例作为响应值的影响情况。其中图 3-13（a）和 3-13（d）是固定发酵时间为 3 天时，通过改变 C/N 和 pH 预测出响应值的曲面。图 3-13（b）和 3-13（e）是固定 pH 为 8.5 时，通过改变 C/N 和发酵时间预测出响应值的曲面。图 3-13（c）和 3-13（f）是固定 C/N 为 12.5 时，通过改变 pH 和发酵时间预测出响应值的曲面。

图 3-13（a）表明，发酵时间为 3 天实验条件下，当 pH<8.5 时，C/N 对丙酸浓度的影响较小；C/N 为中值时（11.5～12.5），丙酸浓度可达到最高值；当 pH>8.5 时，C/N 对丙酸浓度的影响较大，即较低的 C/N 有利于第二阶段丙酸的产生。此外，较高的 pH 不利于第二阶段丙酸的产生。如图 3-13（d）所示，丙酸比例呈现出相似的变化，即弱碱性环境下，C/N 对第二阶段丙酸比例影响较小；而在强碱性环境下，较低的 C/N 有利于提高第二阶段丙酸比例。上述分析表明，C/N 与 pH 对丙酸比例具有显著的交互影响。

从图 3-13（b）可见，pH 为 8.5 条件下，当发酵时间较短时（<3.0 天），C/N 对丙酸浓度的影响较小；C/N 为中值时（11.5～12.5），丙酸浓度较高；当发酵时间取值较大时（>3.5 天），C/N 对丙酸浓度的影响较大，即较低的 C/N 有利于第二阶段丙酸的产生。此外，发酵时间越长，丙酸浓度越低。在发酵时间为 2.0～2.5 天时，可获得最高的丙酸浓度。图 3-13（e）中，丙酸比例变化规律与图 3-13（b）不同，C/N 取中值 12.5 左右时，较短的发酵时间有利于提高丙酸比例；延长发酵时间后，较高的 C/N 不利于提高丙酸比例；C/N 较低，丙酸比例降低程度也相对较低。可见，C/N 与发酵时间对丙酸比例有显著的交互影响。

图 3-13（c）显示，C/N 为 12.5 条件下，当发酵时间较短时（<3.0 天），pH 对丙酸浓度的影响较小；当发酵时间较长时（>3.5 天），pH 在弱碱性范围（7.5～8.5）对丙酸浓度的影响较小，但在 pH>8.5 时对丙酸浓度的影响较大；在碱性发酵条件下（pH>8.5），较短的发酵时间有利于提高丙酸浓度；在弱碱性（7.5～8.5）条件下，发酵时间为 2.5 天时，丙酸浓度较高。如图 3-13（f）所示，丙酸比例变化规律与图 3-13（c）不同，pH 取中值（8.3）时，较短的发酵时间有利于提高丙酸比例；当发酵时间较长时，较高的 pH 不利于提高丙酸比例；pH 在 8.0～8.5 时，丙酸比例达到峰值。

图 3-13（a）～（c）等高线上展现出对称状的环形山图像，丙酸浓度峰值出现在中心区域，三个参数之间的交互影响不显著。发酵参数取值在 C/N 为 11～14、pH 为 7～9 和发酵时间为 2.0～3.5 天时，第二阶段的丙酸浓度相对较高。因此，最高的丙酸浓度应出现在上述三个参数的重叠区域内。图 3-13（d）～（f）等高线显示，当 pH 升高时，丙酸比例显著下降。表 3-9 表明，C/N × pH 和 C/N ×发酵时间具有显著的交互影响。为了获最高的丙酸比例，发酵时间应该为 2.0～2.5 天，C/N 及 pH 均取中值（12.5 及 8.5）左右。

5. 多因素响应面的参数优化

响应面影响叠加图是 RSM 软件中分析多个响应值的优化方法，通过叠加两组响应面（丙酸浓度及丙酸比例）的等高图所得。如图 3-14 所示，在确定的 C/N 取值下，设定 pH 和发酵时间为 x、y 变量，观察在覆盖面上如何接近最优点。最优阈值预设范围为丙酸浓度≥7.2 g COD/L、丙酸比例≥69%，图 3-14 阴影部分为响应值最佳

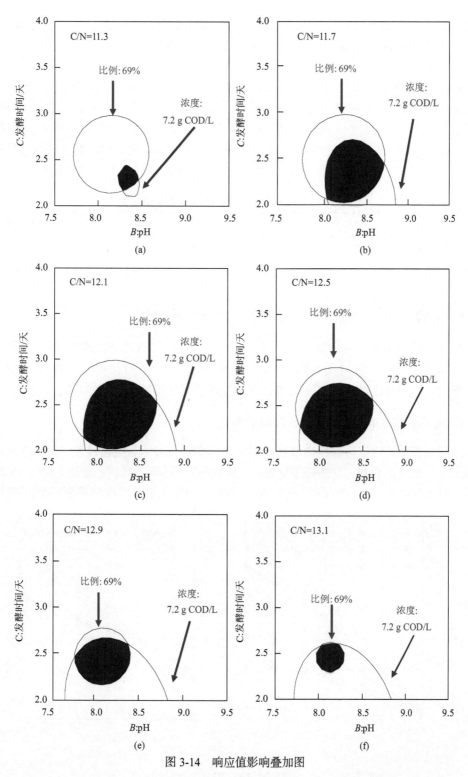

图 3-14 响应值影响叠加图

值。图 3-14 (a) ~ (f) 为 C/N 介于 11.3~13.1 时, 最优响应值区间 (阴影) 变化趋势。图 3-14 (b) ~ (d) 出现较大面积的阴影区域表明, C/N 取值在 11.7~12.5

取得较满意的响应值概率较高。降低或者增加 C/N 会降低获得最优值的概率。RSM 计算出最大的阴影面积和该阴影中心点作为最优的发酵参数：C/N=12.1（VS_f/VS_s 约为 6.0）、pH 8.2 及发酵时间 2.4 天。

　　表 3-10 为最佳参数下运行的真实发酵结果与最优模拟发酵结果的对比。在第二阶段最优的发酵参数（C/N 为 12.1、pH 为 8.2、发酵时间为 2.4 天）下，丙酸浓度的模拟最优值为 7.6 g COD/L，丙酸比例的模拟最优值为 70.6%；丙酸浓度的真实值为（7.1±0.6）g COD/L，丙酸比例的真实值为 68.4%±0.8%。丙酸浓度的真实值与模拟值相差 6.6%，丙酸比例的真实值与模拟值相差 3.1%，模拟值与真实值较为接近。

表 3-10　最优参数的发酵模拟值与真实值比较

项目	C/N	pH	发酵时间/天	丙酸浓度/（g COD/L）	丙酸比例/%
模拟最优参数	12.1	8.2	2.4	7.6	70.6
真实发酵参数	12.1±0.3	8.2±0.2	2.4±0.1	7.1±0.6	68.4±0.8

3.1.4　城镇有机废物发酵产丙酸的第一阶段过程分析

　　第二阶段发酵基质来自第一阶段上清液溶解性物质，本节将对第一阶段发酵参数 pH、基质混合比、发酵时间对第一阶段溶解性物质的影响进行研究，了解发酵过程各类溶解性物质的变化过程，探究关键的中间代谢产物及其对产丙酸的影响。

1. 发酵参数对第一阶段有机物溶出的影响

　　发酵过程涉及污泥与餐厨垃圾基质的溶出、水解、酸化等生化过程，SCOD 是所有溶解态有机物质的总和，它表征了从颗粒态有机物质到水溶态物质的变化。图 3-15（a）表明，SCOD 浓度随发酵时间的变化情况，第一阶段 SCOD 浓度随着发酵时间延长逐

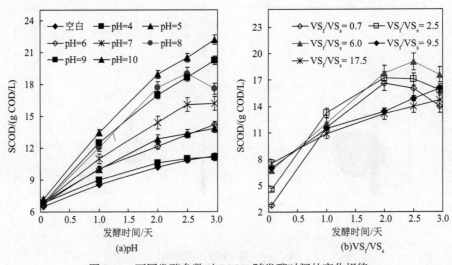

(a)pH　　　　　　　　　　　　(b)VS_f/VS_s

图 3-15　不同发酵参数对 SCOD 随发酵时间的变化规律

渐增大；发酵 pH 越高，SCOD 浓度越大，说明高 pH 条件对污泥和餐厨垃圾的溶出具有促进作用。图 3-15（b）显示，VS_f/VS_s 越大（餐厨垃圾占比大），SCOD 物质初始溶出越多（VS_f/VS_s 为 17.5 时达到 7.56 g COD/L），反之溶出越少（VS_f/VS_s 为 0.7 时仅为 2.75 g COD/L）。溶出的 SCOD 浓度越大，第二阶段产丙酸的潜力越大。

2. 发酵参数对一阶段溶解物分子量的影响

发酵溶解性物质的分子量分布可以通过凝胶色谱分析，凝胶色谱图中停留时间越长，分子量越小；相对强度（specific intensity，SI）越大，表明该部分物质的占比越大。

图 3-16（a）为不同 pH 控制下 VS_f/VS_s 为 6.0、室温发酵 2.5 天时的上清液有机物分子量分布图。在 pH 为 10 条件下发酵时，溶解态物质分子量相对较大，分子量分布大多在 2000000；pH 为 8 时的上清液有机物分子量较 pH 为 9 及 pH 为 7 时更小，分子量分布多小于 100000；酸性条件和不控制 pH 的上清液分子量比较接近，大多分布在 500000，比 pH 为 8 时的分子量大。图 3-16（b）为 pH=8、室温发酵 2.5 天时不同 VS_f/VS_s 上清液有机物分子量分布图。从图 3-16（b）可以看出，随着 VS_f/VS_s 的增加（即餐厨垃圾占比的增加），分子量分布从 500000 趋向小分子物质的 50000。图 3-16（c）为室温下 pH=8、VS_f/VS_s 为 6.0 条件下，上清液有机物分子量分布随发酵时间变化。发酵时间越短，分子量大小分布越狭窄；随着发酵时间延长，低分子量的溶解态有机物分布增加，水解更充分，且平均分子量变小。

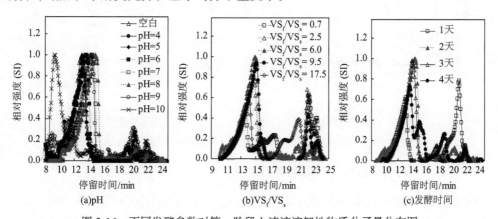

图 3-16　不同发酵参数对第一阶段上清液溶解性物质分子量分布图

3. 发酵参数对第一阶段溶解性多糖及蛋白质的影响

由图 3-17 可见，碱性条件下溶出的多糖和蛋白质比酸性条件下高，而且碱性 pH 越高，溶出的多糖和蛋白质越多；多糖和蛋白质的溶出与消耗是一个动态平衡的生物化学过程，当消耗小于溶出时，表现出溶解性物质量的增加，反之则观察到溶解性物质量的减少。

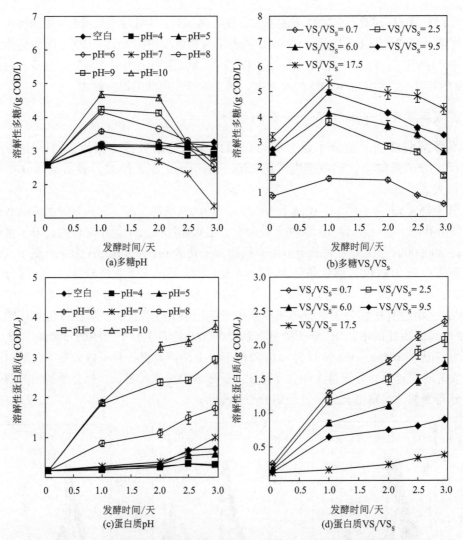

图 3-17　不同发酵参数下溶解性多糖及溶解性蛋白质随发酵时间的变化

4. 发酵参数对第一阶段有机酸和醇的影响

溶出的多糖和蛋白质在发酵过程中转化为 SCFAs、乳酸、乙醇等代谢产物。图 3-18（a）显示，pH 为 6～7 时，乙醇含量较高（2.31 g COD/L）。图 3-18（c）表明，pH 为 6～8 时，微生物利用水解产物产酸效能较高。图 3-18（e）显示乳酸随发酵 pH 的变化情况。当 pH 控制在 9、10 时，乳酸在发酵 2 天内产生较慢，出现了产乳酸滞后现象，并在发酵 3 天后出现乳酸浓度上升；当 pH 为 7 和 8 时，乳酸增长速率快，分别在第 2 天和第 2.5 天时达到峰值，分别为 7.5g COD/L 和 10.9 g COD/L，随后急剧下降。图 3-18（b）中，混合组分 VS_f/VS_s 为 2.5 时，乙醇含量最高。图 3-18（d）显示，发酵 3 天时，VS_f/VS_s 为 0.7 的 SCFAs 产量最高；随着 VS_f/VS_s 的增加，来自污泥组分的微生物量不足，这可能是 SCFAs 产量下降的一个原因。由图 3-18（f）可知，VS_f/VS_s 低对乳酸也产生影响；VS_f/VS_s 为 6.0 时，乳酸在第 2.5 天时达到最高峰。

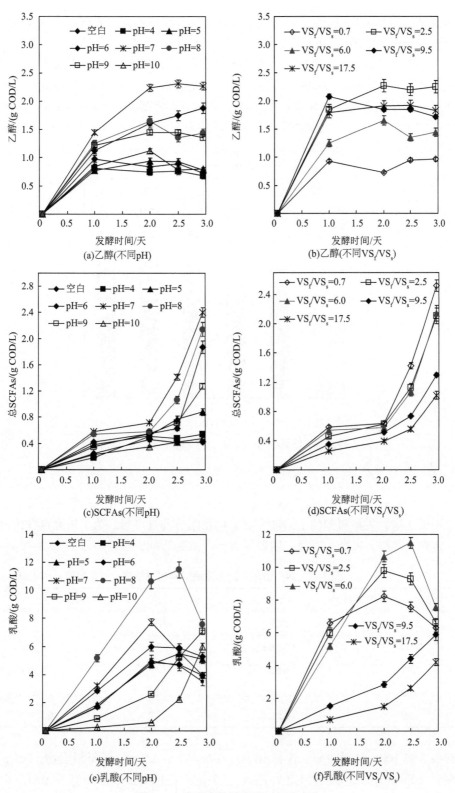

图 3-18　发酵产物随发酵时间的变化

通过对 pH 为 8.0、室温、VS_f/VS_s 为 6.0 的第一阶段溶解性发酵产物随发酵时间的碳平衡进行分析，由图 3-19 可知，多糖在 1 天内快速溶出，并缓慢消耗；蛋白质浓度逐渐增加，表明污泥作为发酵底物进入溶出过程；乳酸在发酵 3 天内逐渐积累，并在 4 天时迅速消耗，同时伴随 SCFAs 生成；乙醇浓度在整个发酵过程保持相对稳定。在发酵 3 天时，多糖和蛋白质占 SCOD 的 26%，SCFAs 和乙醇约占 SCOD 的 10%，乳酸约占 SCOD 的 60%。显然，乳酸是发酵 3 天后的主要溶解性有机物。

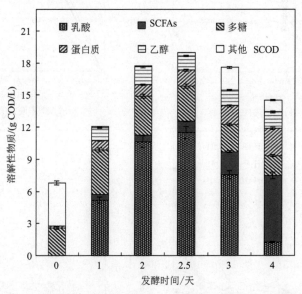

图 3-19　溶解性有机物质随第一阶段发酵时间的变化规律

5. 第一阶段发酵产物对产丙酸的影响

表 3-11 为第一阶段在最佳参数（pH 为 8.2、VS_f/VS_s 为 6.0、温度为 20℃、发酵时间为 2.5 天）时，发酵得到的上清液主要有机物组分及其含量。为了研究这些组分（蛋白质、多糖、乳酸、乙醇）对第二阶段发酵产丙酸的影响，进行了以下实验。

表 3-11　第一阶段发酵上清液中有机物组成　　（单位：g COD/L）

多数有机物		少数有机物	
名称	浓度	名称	浓度
蛋白质	1.7±0.1	二糖	0.3±0.03
多糖	3.6±0.2	乙酸	0.5±0.03
乳酸	11.7±0.7	丙酸	0.1±0.02
乙醇	1.5±0.1	丁酸	0.1±0.02

准备 8 只 100 mL 血清瓶，含有 50 mL 寡培养基：0.5 g/L 酵母浸出物，0.5 g/L 酶水解酪素（fluka），2.5 g/L $K_2HPO_4·H_2O$，1.5 g/L KH_2PO_4，0.05 g/L $MnSO_4$，10 g/L $CaCO_3$。寡培养基可以提供生物生长需要的必要物质，但又不足以提供充足的发酵底

物，可以排除培养基作为丙酸发酵底物的干扰。BAS 可作为蛋白质的模式物，葡聚糖可作为多糖的模式物。8 只血清瓶中分别溶入以下物质：10 g COD/L 乳酸（简称 L），10 g COD/L 葡聚糖（简称 D），10 g COD/L BSA（简称 B），10 g COD/L 乙醇（简称 E），10 g COD/L 乳酸+4 g COD/L 葡聚糖（简称 L+D），10 g COD/L 乳酸+4 g COD/L BSA（简称 L+B），10 g COD/L 乳酸+4 g COD/L 乙醇（简称 L+E），10 g COD/L 乳酸+2 g COD/L 葡聚糖+2 g COD/L BSA+2 g COD/L 乙醇（简称 L+D+B+E）。用 3 mol/L KOH 和 3 mol/L HCl 调节配水培养基的 pH 至 7.0，灭菌，冷却后待用。将 400 mL *P. acidipropionici* 富集液按 3000 r/min 离心 3 min 后弃去上清液，用已灭菌的 0.01 mol/L 磷酸缓冲盐溶液（phosphate buffer solution，PBS）冲洗悬浮下层菌泥制成浓缩菌液，再离心，用 40 mL 1× PBS 冲洗下层菌泥，并分别接种 5 mL 浓缩菌液至 8 只血清瓶中。离心操作的目的是去除富集培养基的残留底物，排除培养基对丙酸发酵的干扰。将 8 只血清瓶置于 30℃恒温摇床，培养 5 天后测定其产丙酸的量。

由图 3-20 可见，单独含葡聚糖、BSA、乙醇的系统，产丙酸量显著低于乳酸的系统。同时，补加了葡聚糖、BSA 和乙醇的乳酸复合底物的系统，产丙酸量与单独的乳酸系统无显著差异（方差分析结果见表 3-12）。显然，乳酸是第二阶段产丙酸的重要底物，而多糖、蛋白质、乙醇对第二阶段产丙酸的影响可以忽略不计。乳酸作为第一阶段和第二阶段的重要纽带，下面将进一步深入研究乳酸对产丙酸的影响机理。

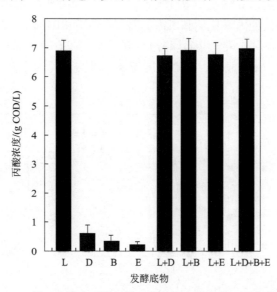

图 3-20　第一阶段主要溶解性有机物为底物发酵 5 天产丙酸量

表 3-12　复合底物乳酸配水发酵液与单独乳酸配水发酵液产丙酸特性的显著性分析

有机物组合	项目	$F_{observed}$	$F_{significance}$	$P_{(0.05)}$
L+D	丙酸浓度	0.24	7.71	0.65
	丙酸比例	0.17	7.71	0.70
L+B	丙酸浓度	0.01	7.71	0.91
	丙酸比例	0.29	7.71	0.62

续表

有机物组合	项目	$F_{observed}$	$F_{significance}$	$P_{(0.05)}$
L+E	丙酸浓度	0.13	7.71	0.73
	丙酸比例	0.01	7.71	0.93
L+D+B+E	丙酸浓度	0.35	7.71	0.58
	丙酸比例	0.12	7.71	0.74

6. 发酵中间产物乳酸浓度对产丙酸的影响

准备 5 只 100 mL 血清瓶，血清瓶中含有 50 mL 寡培养基。5 只血清瓶中分别溶入以下浓度的乳酸：5 g COD/L、10 g COD/L、15 g COD/L、20 g COD/L、25 g COD/L。用 3 mol/L KOH 和 3 mol/L HCl 调节配水培养基的 pH 至 7.0，灭菌，冷却后分别接入 5 mL *P. acidipropionici* 富集液。N_2 吹脱血清瓶上部空间后，用橡皮塞塞住瓶口，将血清瓶置于 30℃恒温摇床，pH 控制为 7.0，每日测定 SCFAs 量及乳酸浓度。

如图 3-21（a）所示，当初始乳酸浓度低于 15 g COD/L 时，随着乳酸浓度的增加，最终达到稳定时的丙酸浓度依次增加，产丙酸延滞时间增加；乳酸浓度大于 15 g COD/L 后，乳酸菌适应期分别为 4 天（20 g COD/L 乳酸）及 6 天（25 g COD/L 乳酸）。图 3-21（b）表明，乳酸初始浓度为 5 g COD/L、10 g COD/L、15 g COD/L 和 20 g COD/L 时，达到峰值的丙酸比例和所需的时间分别为 81.1%（2 天）、79.8%（3 天）、77.6%（4 天）和 69.4%（5 天）。当乳酸初始浓度为 25 g COD/L 时，发酵 7 天后丙酸比例逐渐升高。图 3-21（c）显示，乳酸浓度越高，乳酸消耗速率越低，表现出较明显的乳酸抑制现象。

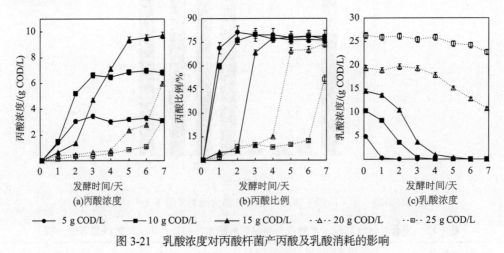

图 3-21　乳酸浓度对丙酸杆菌产丙酸及乳酸消耗的影响

7. 发酵中间产物 *L*-乳酸、*D*-乳酸光学混合体对产丙酸的影响

乳酸有两个旋光异构体：*L*-乳酸[或（*S*）-乳酸]及 *D*-乳酸[或（*R*）-乳酸]。其中，*L*-乳酸是生物学上重要的异构体。本节研究不同光学活性的乳酸配比对产丙酸的影响。准备 5 只 100 mL 血清瓶，血清瓶中含有 50 mL 寡培养基。5 只血清瓶中分别溶入 10 g

COD/L、9 g COD/L、7.5 g COD/L、5 g COD/L、0 g COD/L 的 *L*-乳酸以及 0 g COD/L、1 g COD/L、2.5 g COD/L、5 g COD/L、10 g COD/L *D*-乳酸。5 只血清瓶的光学活性（optical activity，OA）值分别为 100%（代表 100% *L*-乳酸）、90%、50%、0%及−100%（代表 100% *D*-乳酸）。用 3 mol/L KOH 和 3 mol/L HCl 调节溶液 pH 至 7.0～7.1，灭菌，冷却后分别接入 5 mL *P. acidipropionici* 富集液。用 N_2 吹脱血清瓶上部空间，用橡皮塞塞住瓶口，并将血清瓶置于 30℃恒温摇床。

图 3-22（a）显示，*L*-乳酸的光学活性（即 OA 值）降低，丙酸浓度下降；100% *D*-乳酸实验组的丙酸浓度比 100% *L*-乳酸实验组下降了 44.5%。图 3-22（b）表明，丙酸比例均在第 2 天达到最高值。将各实验组稳定后的丙酸浓度与丙酸比例分别与纯 *L*-乳酸（OA=100%）的实验组进行显著性分析，其中丙酸浓度具有显著差异的有 OA= 50%、

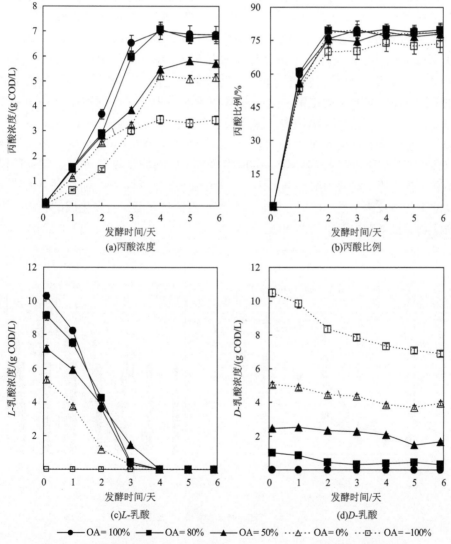

图 3-22　不同手性比例的乳酸对 *P. acidipropionici* 产丙酸及乳酸消耗的影响

0%、−100%；丙酸比例具有显著差异的是 OA=−100%。如图 3-22（c）所示，L-乳酸比例越高，乳酸消耗越快。图 3-22（d）为 D-乳酸消耗情况，其利用率显著低于 L-乳酸。可见，L-乳酸更容易被 $P.\ acidipropionici$ 利用。

3.2　城镇有机废物中温发酵产丙酸

3.2.1　温度影响城镇有机废物发酵产丙酸规律

餐厨垃圾与污泥按照 VS_f/VS_s 为 6.0 配置，加入适量自来水，初始 TCOD 为 25 g/L。将该混合物置于 4 个相同的 1.2 L 厌氧发酵搅拌罐中，水浴控制恒定温度分别为 20℃（空白）、35℃（中温）、50℃及 65℃（高温），用 5 mol/L NaOH 或 5 mol/L HCl 将 pH 控制在 8.2±0.4，发酵 4 天。其中，2.5 天时取出混合物在 8000 r/min 离心 5 min，获得 50 mL 第一阶段发酵上清液，进行第二阶段发酵产丙酸。

图 3-23 表明，中温条件下（35℃），丙酸浓度维持在 4.5～5.0 g COD/L，丙酸比例在 50% 左右，第二阶段没有新增丙酸的发酵迹象。室温组（20℃）和高温组（50℃）丙酸浓度没有显著差异（均在第二阶段发酵 4 天时获得稳定的丙酸浓度，为 6.8～7.2 g COD/L），但丙酸比例有明显差异，室温可以获得 69.8% 的丙酸，而高温仅获得 63.5% 的丙酸。继续升高温度至 65℃，第二阶段丙酸浓度下降至 5.4 g COD/L，丙酸比例下降至 60.5%（第二阶段 SCFAs 中含有 10.0% 的丁酸、1.7% 的戊酸）。可见，第一阶段高温发酵不利于提高第二阶段丙酸比例，第一阶段中温发酵不利于第二阶段提高丙酸浓度。联合发酵工艺涉及两个发酵阶段，目标发酵产物丙酸是在第二阶段生成的，因此第一阶段发酵产物直接影响第二阶段产丙酸。

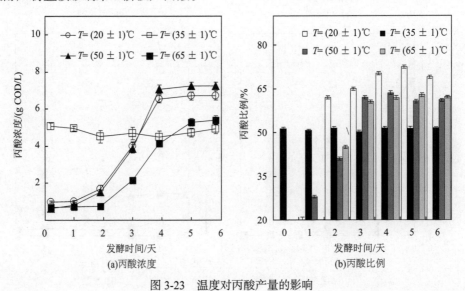

图 3-23　温度对丙酸产量的影响

3.2.2　温度影响城镇有机废物发酵的机制

1. 温度对第一阶段溶解性有机物的影响

图 3-24（a）为不同发酵温度时，SCOD 浓度随发酵时间的变化规律。发酵温度在 35℃时，SCOD 浓度在第 2 天时达到最高值，为 20.1 g COD/L，占 TCOD 的 80%，大部分颗粒性有机物质溶出到发酵体系中；发酵温度为 50℃和 65℃时，SCOD 浓度在第 1 天时达到最高值，分别为 19.6 g COD/L 和 22.5 g COD/L，占 TCOD 的 78%～90%。室温实验组，SCOD 浓度缓慢增加，第 2.5 天时达到峰值。研究者发现温度对污泥水解发酵具有显著影响，通过控制温度可以改变污泥发酵类型。提高温度可以增强微生物活性，促进发酵底物的溶出、水解。中温及高温发酵优势明显，可增加 SCOD 的溶出率。特别对于嗜热菌和嗜温菌，可显著提高微生物体内水解酶活性及生化反应速率。图 3-24（b）为不同温度下，发酵 2.5 天时，上清液有机物分子量分布图。大分子有机物分子量分布在 23000～420000 g/mol，提高温度，发酵有机物分子量变小。继续提高温度到高温发酵，分子量在 100000 g/mol 的有机物占比增高，表明高温预处理可进一步强化有机物的转化。

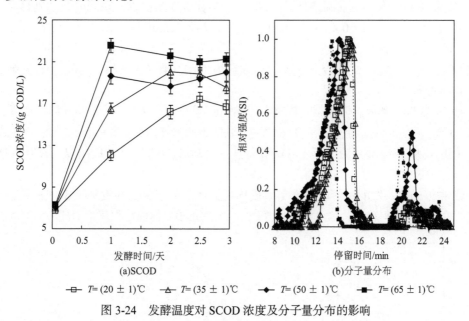

(a)SCOD　　　　　　　(b)分子量分布

　─□─ T=(20 ± 1)℃　　─△─ T=(35 ± 1)℃　　─◆─ T=(50 ± 1)℃　　─■─ T=(65 ± 1)℃

图 3-24　发酵温度对 SCOD 浓度及分子量分布的影响

2. 温度对第一阶段溶解性多糖、蛋白质、乙醇的影响

图 3-25（a）和（b）表明，高的温度更有利于蛋白质和多糖的溶出；当时间超过 1 天后，溶解性多糖浓度随时间延长而降低，可能是产酸微生物快速将其降解所致。图 3-25（c）显示，乙醇在不同温度下的变化规律。乙醇在中温发酵及室温对照中产量较多，在高温发酵中产量较少。

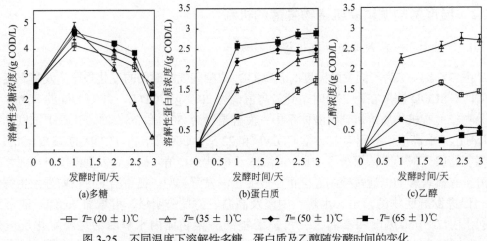

图 3-25　不同温度下溶解性多糖、蛋白质及乙醇随发酵时间的变化

3. 温度对第一阶段产乳酸的影响

图 3-26 显示室温（20℃）、中温（35℃）、高温（50℃及 65℃）发酵对乳酸、L-乳酸和 D-乳酸的影响。在室温条件下（20℃），L-乳酸逐渐积累，在 2d 时达到最高，此时 L-乳酸浓度为（9.4±0.4）g COD/L。随后，L-乳酸逐渐消耗，D-乳酸逐渐增加，发酵至 3d 时，D-乳酸浓度达到最大值，为（3.7±0.2）g COD/L，此时的 L-乳酸为（3.4±0.2）g COD/L。L-乳酸、D-乳酸浓度约为 1∶1（即 OA=0%），随后，L-乳酸、D-乳酸均迅速被消耗。

如图 3-26 所示，中温发酵时，乳酸迅速增加，在 0.5 d 获得最大值，为（7.5±1.5）g COD/L。随后，在 1 d 之内，乳酸迅速消耗殆尽。其中，L-乳酸在中温发酵条件下迅速达到最大值，在 0.5 d 获得最大值，为（6.0±0.8）g COD/L；D-乳酸也在较短时间内达到最大值，为（1.6±0.4）g COD/L。

高温（50℃）发酵时，乳酸产率呈现出先低后高的现象。在发酵 2 d 时 L-乳酸迅速增加，在 3 d 时获得稳定，浓度为（14.5±0.5）g COD/L，并稳定积累不消耗。而产 D-乳酸

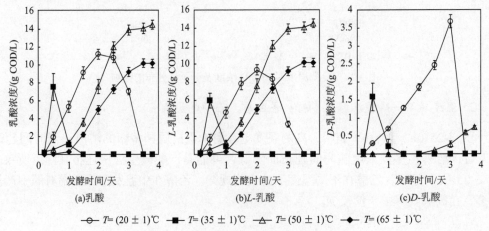

图 3-26　发酵温度对各乳酸浓度的影响

的延滞时间相对 L-乳酸长，2.5 d 时才出现了少量的 D-乳酸，为（0.12±0.02）g COD/L。室温（20℃）和高温（50℃）发酵第一阶段上清液中乳酸浓度及 L-乳酸浓度类似。高温发酵初期，产乳酸具有延滞性，大量乳酸在 3 d 时生成。在更高温度下（65℃），出现了长时延滞，乳酸在 3 d 后迅速增加，随后在 3.5 d 稳定至 10.2 g COD/L，没有检测出 D-乳酸，这似乎表明，高温条件更适合 L-乳酸菌的生长。

4. 温度对第一阶段产挥发性脂肪酸的影响

图 3-27 表明，中温（35℃）条件下第一阶段产生了大量的 SCFAs。其中主要是乙酸和丙酸，在发酵 2.5 d 时分别占 SCFAs 的 44.3%和 48.7%。研究者发现中温发酵是产酸菌最优生存环境，污泥与餐厨垃圾联合发酵过程中，乳酸的消耗速率快。当第一阶段停止反应时（4 d），大部分乳酸转化为 SCFAs，其中丙酸浓度约为 5.5 g COD/L，乙酸浓度约为 5.0 g COD/L。丙酸、乙酸通过上清液转入第二阶段。第二阶段丙酸浓度基本维持在 5.5 g COD/L。这表明该部分丙酸并非丙酸杆菌代谢产生，而是第一阶段上清液中的丙酸。由于第一阶段发酵上清液中无剩余乳酸底物，即没有足够的产丙酸基质，第二阶段无新增丙酸产生。

高温（50℃）条件下，在 2.5 d 时 SCFAs 浓度仅 2.3 g COD/L，其中含有大量的丁酸（0.88 g COD/L，占第一阶段 SCFAs 的 38.3%）及戊酸（0.42 g COD/L，占第一阶段 SCFAs 的 18.3%），此部分丁酸、戊酸将进入第二阶段，不被消耗，占第二阶段 SCFAs 的 11.5%，造成丙酸比例下降。

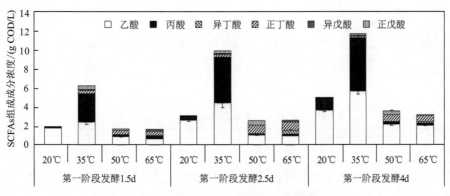

图 3-27　发酵温度对 SCFAs 的影响

5. 温度对第一阶段微生物活性的影响

污泥与餐厨垃圾中均含有与乳酸代谢相关的微生物，将污泥与餐厨垃圾作为底物分别研究，模拟乳酸分别在两种底物环境下的消耗情况，可了解消耗乳酸的微生物代谢机理。准备 4 只血清瓶（600 mL 体积）分别接种 50 mL 剩余污泥及 450 mL 发酵配水溶液。另准备相同的 4 只血清瓶，其中加入 50 mL 餐厨垃圾及 450 mL 相同的发酵配水溶液。发酵配水溶液组成：10 g/L 乳酸、2.5 g/L $K_2HPO_4·H_2O$、1.5 g/L KH_2PO_4，通过加入 5 mol/L HCl 或 5 mol/L NaOH 调节 pH 至 8.2±0.2。通过 N_2 吹脱血清瓶上部空间，排出顶部空气后，用橡胶塞塞住瓶口隔绝外部空气。将 8 只血清瓶放置在 4 个不同温控水浴摇床（摇床转速 250 r/min）中，温度分别控制在 20℃、35℃、50℃及 65℃，发酵时间为 2 d，发酵结束后，测定乳酸浓度、SCFAs 浓度，以及以下几种酶活性：乙酸激酶（acetate kinase，AK）、琥珀酰辅酶 A 转移酶（succinyl coenzyme A transferase，CoAT）、乳酸脱氢酶（lactate dehydrogenase，LDH）、NAD 依赖性-乳酸脱氢酶（independent NAD- lactate dehydrogenase，i-LDH）。

表 3-13 表明，污泥作为底物时，乳酸在室温条件下消耗率达到 98.4%；当温度升高至 35℃，乳酸完全消耗；继续升高温度，乳酸消耗率显著下降，分别为 2.4%（50℃）及 2.3%（65℃）。在 50℃时，产 SCFAs 的酶活性小于 35℃同时 L-乳酸大量积累（图 3-26）；LDH 酶活性在中温条件（35℃）时最高，说明在 35℃最适宜乳酸菌的生长和代谢。

表 3-13　温度对乳酸消耗、SCFAs 合成及酶活性的影响

项目	50 mL 污泥 + 450 mL 配水				50 mL 餐厨垃圾 + 450 mL 配水			
	20℃	35℃	50℃	65℃	20℃	35℃	50℃	65℃
乳酸消耗率/%	98.4	100	2.4	2.3	−14	−37	−8	−4
乳酸浓度/（g COD/L）	0.2	0	7.6	7.7	11.4	13.7	10.8	10.4
乙酸生成量/（g COD/L）	2.3	2.7	0.7	0.5	0.2	0.5	0.1	—
丙酸生成量/（g COD/L）	3.3	5.1	0.3	0.3		0.1		
丁酸生成量/（g COD/L）	0.0	0.6	0.3	0.2	—	—	—	—
戊酸生成量/（g COD/L）	0.0	0.0	0.1	0.1	—	—	—	—
AK/（U/100 mg VSS）	2.871	7.214	1.387	1.297		0.002		—
CoAT/（U/100 mg VSS）	3.531	7.113	1.004	0.456		0.043		—
LDH/（U/100 mg VSS）	4.473	8.343	5.291	4.4	0.298	0.411	0.382	0.257
i-LDH/（U/100 mg VSS）	0.198	0.111	0.002	0.002	0.131	0.313	0.004	0.006

注："—"指低于检测限或未检测出。

图 3-28 为乳酸生成和消耗代谢途径。为了在第二阶段获得良好的产丙酸效果，需要限制第一阶段乳酸消耗，降低非丙酸的 SCFAs 产生。从现有技术出发，可以控制发酵时间，当第一阶段产乳酸达到最大值时，立刻停止。但是中温条件下，乳酸消耗快，较难控制。在高温条件下，虽然乳酸可以稳定积累，L-乳酸纯度高，但容易造成丁酸、戊酸的生成。如何快速并稳定地积累 L-乳酸，抑制 SCFAs 生成，是发酵调控的改进方向。据此，可以尝试采用 50℃对污泥与餐厨垃圾进行短时热预处理，再将混合物降温至中温并快速发酵。该方法有望弥补中温-高温的缺点，并发挥中温-高温各自优势：一方面利用了高温抑制乳酸消耗、中温促进乳酸产率的优势，另一方面解决了高温下乳酸产生速率慢、中温导致乳酸快速消耗的问题。本书将验证不同高温短时预处理的可行性。

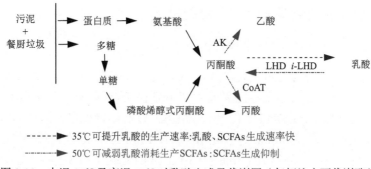

------▶ 35℃可提升乳酸的生产速率:乳酸、SCFAs生成速率快

------▶ 50℃可减弱乳酸消耗生产SCFAs:SCFAs生成仰制

图 3-28　中温 35℃及高温 50℃时乳酸生成及代谢图（仅标注主要代谢酶）

3.2.3　短时热预处理促进中温发酵产丙酸的方法

以上研究表明，50℃热预处理可以抑制乳酸消耗，35℃时的乳酸生成效率高。为此进行了以下实验，以期通过控制不同阶段的温度实现高效产丙酸的目的。

将 4 个 1.2L 厌氧反应器依次在 50℃下运行 1h、2.5h、4h 和 5.5h（反应器命名为 R-1h、R-2.5h、R-4h 及 R-5.5h），随后 4 个反应器均在 35℃条件运行 80h，用 5mol/L NaOH 及 5 mol/L HCl 将 pH 调节至 8.2±0.4。每隔 12h 测定乳酸含量。在第一阶段发酵 48h 后，进行第二阶段产丙酸发酵，测定 SCFAs 浓度。

第一阶段发酵 48h 后，4 种上清液分别接种丙酸杆菌并进行第二阶段发酵。图 3-29 显示，4 个反应器第二阶段发酵 5d 后 SCFAs 浓度分别为（12.1±0.5）g COD/L、（12.4±0.5）g COD/L、（15.3±0.7）g COD/L、（13.6±0.6）g COD/L，丙酸浓度分别为（7.2±0.2）g COD/L、（8.6±0.3）g COD/L、（10.7±0.5）g COD/L、（9.4±0.4）g COD/L。可见，R-4h 反应器热预处理 4h 后，获得更高丙酸量。

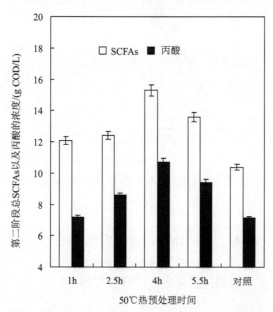

图 3-29　热预处理时间对丙酸产量的影响（对照组为室温发酵效果）

3.2.4 热预处理促进中温发酵产丙酸的机理

1. 热预处理时间对第一阶段乳酸的影响

图 3-30 显示，污泥与餐厨垃圾在 35℃联合发酵前先在 50℃分别预处理 1h 与 2.5h（即反应器 R-1h 与 R-2.5h），L-乳酸浓度可以分别在 36h 及 35h 时达到（16.2±0.9）g COD/L 及（14.1±0.6）g COD/L。但是，L-乳酸并没有维持稳定，而是迅速消耗，特别是 R-1h 反应器中，L-乳酸在 60h 时消耗殆尽。R-4h 及 R-5.5h 的 L-乳酸可以分别在 33h 及 44h 时获得最大浓度，分别为（16.6±0.5）g COD/L 及（15.3±0.4）g COD/L。不仅如此，L-乳酸在后续发酵过程中没有消耗。

通过该方法获得的 L-乳酸浓度显著高于在室温条件下最优参数时获得的 L-乳酸浓度（8~9 g COD/L，且 OA=100%）。虽然反应器 R-1h 及 R-4h 的 L-乳酸最大浓度相近，但是 R-1h 的 L-乳酸浓度达峰值后快速消耗。发酵易受餐厨垃圾组分、pH 调控间歇时间、反应器尺寸、搅拌均匀度等因素影响，较难预测 R-1h 的 L-乳酸浓度达峰值时间。相反，R-4h 更符合操作的简便性，L-乳酸浓度达峰值后，不被消耗，更利于对反应系统进行控制。

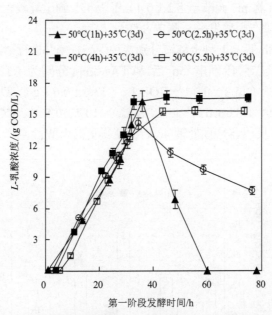

图 3-30 50℃热预处理时间对 L-乳酸的影响（D-乳酸未检出）

2. 热预处理时间对第一阶段乳酸发酵动力学的影响

在 R-1h、R-2.5h、R-4h 及 R-5.5h 第一阶段发酵期间，每隔 12h 测定乳酸含量进行乳酸动力学研究。图 3-30 为 L-乳酸浓度随发酵时间变化情况。E_a 为单位时间单位基质生成 L-乳酸的量，即 L-乳酸的比生成率，计算公式如下：

$$E_a = \frac{[L\text{-}乳酸]}{[\text{TCOD}] \times [发酵时间]} \quad\quad (3\text{-}3)$$

式中，E_a 为 L-乳酸的比生成率，g COD/（g COD·d）。

　　两类因素影响 L-乳酸的比生成率，一个是 L-乳酸的产生作用 L_p；一个是 L-乳酸的消耗（L_c）。当 L_p 强于 L_c 时，L-乳酸呈现积累。4 个反应器中，L-乳酸的生成符合较好的一次线性动力学回归模型，如图 3-31 所示。R-4h 具有最高的 E_a。在 R-5.5h 中，E_a 下降，原因是长时间的预处理对 L-乳酸的生成产生副作用。在 R-1h 及 R-2.5h 中，E_a 下降是因为高温预处理时间太短，无法抑制 L-乳酸消耗；在 R-4h 及 R-5.5h 反应约 40h 后，L_p 的强度与 L_c 的强度相当；在 R-1h 及 R-2.5h 反应器中，L_c 的作用占了主导，表现出 L-乳酸的消耗。

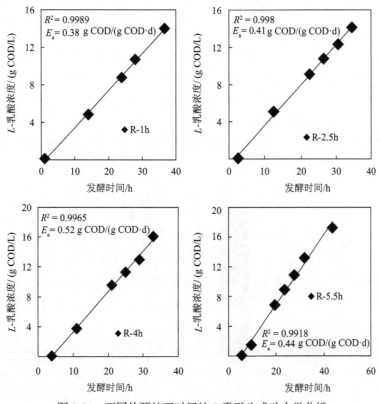

图 3-31　不同热预处理时间的 L-乳酸生成动力学分析

3.3　基于 Ca(OH)₂ 调控的城镇有机废物中温发酵产丙酸

　　联合发酵方法的研究中发现 NaOH 或 Ca(OH)₂ 没有显著差异。NaOH 是实验室常用的调碱药剂，溶解性高，便于 pH 的调节控制。Ca(OH)₂ 成本更便宜，有助于提高污泥的脱水性能，利于泥水分离。本书开发的联合发酵工艺涉及第一阶段上清液的获取及灭菌等操作方法。在实际应用中，泥水分离常采用重力沉淀及离心脱水，实现大部分微生物与水相的分离。为了促进泥水分离，并降低药剂成本，可用 Ca(OH)₂ 作为调碱药剂。热预处理污泥与餐厨垃圾中温发酵可以进一步提高丙酸产量。本节继续利用 3.2 节介绍的变温热预处理发酵工艺，将调碱药剂换为石灰，并优化泥水分离澄清方法，代替机械离心和高温灭菌等复杂操作。

3.3.1　发酵混合液固液分离的方法

1. NaOH 及 Ca(OH)$_2$ 对联合发酵混合液脱水性能比较

本节对比 NaOH 和 Ca(OH)$_2$ 调节污泥与餐厨垃圾联合发酵，在最佳发酵条件下，将污泥与餐厨垃圾在 50℃热预处理 4 h 后，中温（35℃）发酵 2 d，用 5 mol/L NaOH 及 5 mol/L HCl 调节 pH 为 8.2±0.4，反应器编号为 R-Na；用 Ca(OH)$_2$ 乳浊液及 5 mol/L HCl 调节 pH 为 8.2±0.4，反应器编号为 R-Ca。发酵结束后，测定两个反应器中混合物的毛细吸水时间 CST。静置沉淀 80 min，观察混合物沉淀情况，记录混合物沉淀体积比。

图 3-32（a）为污泥与餐厨垃圾混合物的 CST，Ca(OH)$_2$ 作为调碱药剂的 CST 比 NaOH 小，表明其泥水脱水性能强于采用 NaOH 的实验组。使用重力沉淀法可以获得较好的泥水分离效果，图 3-32（b）为污泥与餐厨垃圾重力沉淀效果，Ca(OH)$_2$ 作为调碱药剂时，20 min 内，可获得约 80%的上层液体；而 NaOH 作为调碱药剂时，约 40 min 后可获得 20%的上层清液，且泥水界限模糊。因此，在实验室需要借助离心操作实现泥水分离。

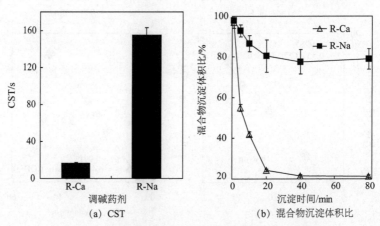

（a）CST　　　　　　　　（b）混合物沉淀体积比

图 3-32　不同调碱药剂对发酵混合物脱水性能的影响

2. 脱水后的液体混凝沉淀方法

上述 R-Ca 反应器中混合物重力沉淀后，上层液体仍然浑浊，存在部分厌氧微生物与发酵底物等浑浊物质，如果直接利用，会影响第二阶段产丙酸效果。本节主要研究进一步澄清污泥与餐厨垃圾发酵上层液体的方法。通常，FeCl$_3$ 及聚合氯化铝（polyaluminium chloride，PAC）是在工程上常用的混凝药剂，PAM 是常用的助凝剂。分别取 R-Ca 通过重力沉淀后获得的上层液体，在 500 mL 烧杯中，进行混凝沉淀实验。FeCl$_3$ 混凝方法：首先加入 5 mL、50 mL、100 mL 3% FeCl$_3$ 后，以 200 r/min 搅拌 2 min，加入 5 mL 0.1 % PAM 以 300 r/min 搅拌 20 s，再以 100 r/min 搅拌 3 min，静置观察絮体产生情况。PAC 混凝方法：首先加入 5 mL、10 mL、20 mL PAC，以 200 r/min 搅拌 2 min，加入 5 mL 0.1% PAM 以 300 r/min 搅拌 20 s，再以 100 r/min 搅拌 3 min，静置观察絮体产生情况。NaOH 混凝方法：上清液分别取出 150 mL 至 3 只 250 mL 烧杯中加入 1 mL、2 mL、5 mL 3 mol/L NaOH，以 200 r/min 搅拌 2 min，加入 0.5 mL 0.1% PAM 以 300 r/min 搅拌 20 s，再以 100 r/min 搅拌 3 min，静置观察絮体产生情况。

　　图 3-33 为三种不同药剂：$FeCl_3$、PAC、NaOH 进行混凝沉淀后的最佳效果图。图 3-33（a）泥水分离后的上层液体依然浑浊，存在部分未脱稳的小颗粒。图 3-33（b）显示，投加 $FeCl_3$ 的溶液颜色变红棕色，没有显著的脱稳絮体出现，混凝效果不佳。图 3-33（c）显示，投加 PAC 可以脱稳溶液，但是获得的上清液仅 45%～50%。图 3-33（d）中，投加 2 mL 3 mol/L NaOH（投加量 0.16%）以及 PAM（投加量为 0.0003%）可实现絮体的脱稳和快速沉淀，获得约 80%的上清液。上清液中存在 Ca^{2+}，投加 NaOH 后，溶液出现了 $Ca(OH)_2$ 饱和絮体，并附着连接架构小粒径的悬浮颗粒物，形成较大絮体，通过 PAM 助凝形成脱稳絮体，通过重力自然沉淀，得到较清的上层液体。

(a)上层浑浊液体　　　　　(b)$FeCl_3$+PAM　　　　　(c)PAC+PAM　　　　　(d)NaOH+PAM

图 3-33　不同絮凝药剂深度混凝沉淀效果

3.3.2　分离后的上清液产丙酸的方法

　　将 R-Ca 通过重力沉淀后获得的上层液体进行如下操作，方案（Ⅰ）对照方案：取沉淀后的上层浑浊液体作为对照组实验；方案（Ⅱ）离心方案：将方案（Ⅰ）中的浑浊液按 8000 r/min 离心 10 min，获得上清液；方案（Ⅲ）混凝方案：将方案（Ⅰ）中的浑浊液加入 NaOH + PAM 混凝沉淀[图 3-33（d）]获得的上清液，图 3-34 为该方案的示意图；方案（Ⅳ）灭菌方案：将方案（Ⅰ）中的浑浊液直接灭菌；方案（Ⅴ）离心+灭菌方案：将方案（Ⅱ）离心获得的上清液进行灭菌；方案（Ⅵ）混凝+灭菌方案：将方案（Ⅲ）混凝沉淀获得的上清液进行灭菌。将以上获得的 6 种发酵液各 50 mL 装入 6 只 100 mL 血清瓶中，进行第二阶段产丙酸发酵。

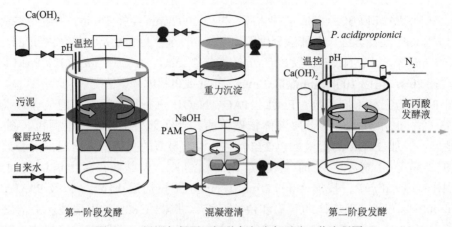

图 3-34　污泥与餐厨垃圾联合发酵产丙酸工艺流程图

表 3-14 显示各类方案对产丙酸的效果。方案（Ⅰ）为对照组，上层浑浊液体直接接种丙酸杆菌，丙酸浓度为（5.5±0.5）g COD/L，占 SCFAs 的 40.0%±1.8%。方案（Ⅱ）是上层混合液体离心，但不灭菌，获得丙酸浓度为（8.9±0.2）g COD/L，占 SCFAs 的 66.6%±3.6%。方案（Ⅲ）将上层浑浊液体直接混凝不灭菌，能获得丙酸浓度为（8.7±0.5）g COD/L，占 SCFAs 的 64.7%±1.2%。方案（Ⅳ）是将上层浑浊液体直接灭菌并接种，能获得丙酸浓度为（10.0±0.2）g COD/L，占 SCFAs 的 70.0%±1.3%。方案（Ⅴ）是离心加灭菌的操作方案，可获得丙酸浓度为（9.8±0.2）g COD/L，占 SCFAs 的 70.8%±1.1%。方案（Ⅵ）是用混凝代替机械离心，并对上清液进行灭菌，获得丙酸浓度为（10.0±0.19）g COD/L，占 SCFAs 的 70.2%±1.2%。

表 3-14　混凝、离心、灭菌方案对产丙酸的影响

编号	中间操作	丙酸浓度/（g COD/L）	SCFAs/（g COD/L）	丙酸比例/%
方案（Ⅰ）	对照	5.5±0.5	13.7±0.54	40.0±1.8
方案（Ⅱ）	离心	8.9±0.2	13.2±0.32	66.6±3.6
方案（Ⅲ）	混凝	8.7±0.5	13.6±0.54	64.7±1.2
方案（Ⅳ）	灭菌	10.0±0.2	14.3±0.49	70.0±1.3
方案（Ⅴ）	离心+灭菌	9.8±0.2	13.7±0.50	70.8±1.1
方案（Ⅵ）	混凝+灭菌	10.0±0.19	14.3±0.51	70.2±1.2

表 3-15　混凝、离心、灭菌方案对第二阶段发酵效果显著性数值分析

	比较对象	$F_{observed}$	$F_{significance}$	$P_{(0.05)}$
	丙酸浓度	1.71	5.14	0.259
方案（Ⅳ~Ⅵ）	SCFAs	1.77	5.14	0.247
	丙酸比例	1.88	5.14	0.232
	丙酸浓度	48.6	7.71	0.002
方案（Ⅱ、Ⅴ）	SCFAs	10.69	7.71	0.031
	丙酸比例	2.32	7.71	0.202

续表

	比较对象	$F_{observed}$	$F_{significance}$	$P_{(0.05)}$
	丙酸浓度	0.13	7.71	0.015
方案（Ⅲ、Ⅵ）	SCFAs	3.01	7.71	0.157
	丙酸比例	32.84	7.71	0.004
	丙酸浓度	0.02	7.71	0.898
方案（Ⅱ、Ⅲ）	SCFAs	0.87	7.71	0.402
	丙酸比例	0.90	7.71	0.395
	丙酸浓度	68.37	7.71	0.001
方案（Ⅰ、Ⅲ）	SCFAs	0.05	7.71	0.82
	丙酸比例	386.67	7.71	0.00004

表 3-15 数值显著性分析表明，方案（Ⅳ～Ⅵ）没有显著性差异（$P>0.05$），混凝完全可以代替机械离心。方案（Ⅱ）和方案（Ⅴ）在丙酸浓度和 SCFAs 产量上有显著差异（$P<0.05$），在丙酸比例上没有显著性差异（$P=0.202$），说明仅离心操作而不灭菌会降低丙酸产量，但对丙酸比例影响不大。方案（Ⅲ）与方案（Ⅵ）对比，丙酸浓度和丙酸比例有显著差异（$P<0.05$），SCFAs 产量没有显著性差异（$P=0.157$），说明仅混凝而不灭菌对丙酸浓度和丙酸比例均有影响，但对 SCFAs 产量影响不大。方案（Ⅱ）与方案（Ⅲ）在 SCFAs 产量、丙酸浓度、丙酸比例上均没有显著差异。不进行任何操作的方案（Ⅰ）与方案（Ⅲ）在 SCFAs 产量上没有显著性差异，但对丙酸浓度及丙酸比例有显著差异，方案（Ⅰ）无法达到良好的第二阶段发酵效果，说明进行混凝或者离心是必要的操作。而混凝和离心都可去除大部分微生物，根据以上分析，混凝方法可代替离心操作。其中方案（Ⅳ～Ⅵ）灭菌操作可将上清液依然悬浮的微生物杀灭，为获得更高纯度的丙酸提供条件。

采用图 3-34 所示的工艺流程图搭建放大尺寸的发酵设备：在工作体积为 100 L 厌氧反应罐（直径为 0.50 m，有效高度为 0.55 m，搅拌速率为 35 r/min）配制：15 L 餐厨垃圾、15 L 剩余污泥，加 60 L 自来水稀释 TCOD 至 20～30 g/L，将反应器温度升高至 50～55℃，预处理 4 h 后，调节温度为 30～35℃，通过石灰乳及浓 HCl 调节 pH 至 8.2±0.5，厌氧反应 2 d 后，将反应器静置 30～60 min，排出下层混合物约（18±1）L（约占反应体积的 20%）。将（72±1）L 的上层浑浊液体通过离心泵注入混凝反应罐。匀速投加 1 L 3 mol/L NaOH（投加量为 0.16%），快速搅拌（搅拌速率为 65 r/min）5 min，再中速搅拌（搅拌速率为 45 r/min）10 min；随后，匀速投加 0.2 L 0.1% PAM（投加量为 0.0003%），快速搅拌（搅拌速率为 65 r/min）1 min 后，慢速搅拌（搅拌速率<25 r/min）20 min；停止搅拌，静置沉淀 1 h，获得澄清上清液约（58±1）L。将上清液输送至产丙酸厌氧反应器（工作容积 70 L，直径为 0.4 m，有效高度为 0.55 m，搅拌速率为 45 r/min），接入 6 L 丙酸杆菌富集液后发酵，其间用石灰乳调节 pH 至 6.5～7.0，在 30℃发酵 5 d，丙酸浓度趋于稳定。

获得丙酸浓度为（8.2±0.7）g COD/L，丙酸比例为 64.5%± 1.3%，SCFAs 浓度为（12.7±1.1）g COD/L。通过物料衡算，获得联合发酵工艺丙酸产量，具体参数及发酵效果见表 3-16。石灰调节污泥与餐厨垃圾，可以获得良好的重力沉淀效果，代替了原来的机械离心及高温灭菌。通过发酵 0.183 kg VSS 的污泥及 1.98 kg TCOD 的餐厨垃圾，第一阶段发酵 2 d 后，可获得 90 L（15.4±0.7）g COD/L 的 L-乳酸（OA=98%～100%）混合物。通过重力沉淀、混凝澄清操作后，可以回收（58±1）L 上清液，在产丙酸发酵罐中继续发酵 5 d 后，可以获得丙酸产率 $\gamma_{Propionic-VSS}$（污泥计）为 2.87 kg COD/kg VSS 污泥，$\gamma_{Propionic-TCOD}$（餐厨垃圾计）为 0.26 kg COD/kg COD 餐厨垃圾。丙酸产生速率（污泥计）$\eta_{Propionic}$ 为 400 mg COD/（g VSS 污泥·d），SCFAs 产生速率为 620 mg COD/（g VSS 污泥·d）。

石灰调理污泥与餐厨垃圾混合发酵产丙酸，产量相对实验室同等条件时下降了 5.6%[实验室丙酸浓度为（8.7±0.5）g COD/L]。搅拌尺寸放大后，物质接触效率低于实验室发酵效果。但是，通过石灰调理后的联合发酵，省去了离心、灭菌等操作，为该技术工程化推广提供了技术支持。

表 3-16 Ca(OH)$_2$ 调控城镇有机废物污泥与餐厨垃圾发酵产丙酸技术参数及发酵效果

项目	计算过程
发酵底物体积 V_S	15 L 污泥（12.2 g VSS/L）+15 L 餐厨垃圾（TCOD 132 g/L）
发酵底物质量 M_{S1}	0.183 kg VSS 污泥
发酵底物质量 M_{S2}	1.98 kg TCOD 餐厨垃圾
发酵产物体积 V_{F1}	90 L（补加 60 L 自来水）
L-乳酸浓度 C_{Lactic}	（15.4±0.7）g COD/L（OA = 98%～100%）
能耗 N_T	50℃处理 4 h，35℃ 发酵 48 h
第一阶段发酵时间 T_1	52 h（4 h+48 h）
上层浑浊液体体积 V_{S1}	72 L（发酵后重力沉淀，回收率 80%，$V_{F1} \times 80\%$）
NaOH 投加量	0.144 kg（投加质量比 0.16%×V_{F1}）
PAM 投加量	0.00027 kg（投加质量比 0.0003%×V_{F1}）
上清液体积 V_{S2}	58 L（混凝沉淀浑浊液，回收率 80%，$V_{S1} \times 80\%$）
丙酸杆菌富集液 V_P	6 L（接种量 10%～15%，V_{S2}× 10%～15%）
培养基碳源质量 M_C	0.06 kg 葡萄糖（10 g/L×V_P）
第二阶段发酵时间 T_2	5 d
产丙酸浓度 $C_{Propionic}$	（8.2±0.7）g COD/L
丙酸杆菌比例 $P_{Propionic}$	64.5%±1.3 %
SCFAs 浓度 C_{SCFAs}	（12.7±1.1）g COD/L
SCOD 浓度	（22.1±1.5）g COD/L
产丙酸总量 $M_{Propionic}$	0.52 kg COD[$C_{Propionic} \times （V_{S2} + V_P）$]
产 SCFAs 总量 M_{SCFAs}	0.81 kg COD[$C_{SCFAs} \times （V_{S2} + V_P）$]
丙酸产率 $\gamma_{Propionic-VSS}$	2.87 kg COD/kg VSS 污泥（$M_{Propionic} / M_{S1}$）
丙酸产率 $\gamma_{Propionic-TCOD}$	0.26 kg COD/kg COD 餐厨垃圾（$M_{Propionic} / M_{S2}$）

项目	计算过程
丙酸产率 $\gamma_{\text{Propionic-葡萄糖}}$	8.67 kg COD/kg 葡萄糖（$M_{\text{Propionic}}/M_{\text{C}}$）
SCFAs 产率 $\gamma_{\text{SCFAs-VSS}}$	4.43 kg COD/kg VSS 污泥（$M_{\text{SCFAs}}/M_{\text{S1}}$）
SCFAs 产率 $\gamma_{\text{SCFAs-TCOD}}$	0.41 kg COD/kg COD 餐厨垃圾（$M_{\text{SCFAs}}/M_{\text{S2}}$）
SCFAs 产率 $\gamma_{\text{SCFAs-葡萄糖}}$	13.5 kg COD/kg 葡萄糖（$M_{\text{SCFAs}}/M_{\text{C}}$）
丙酸产生效率 $\eta_{\text{Propionic}}$	400 mg COD/（g VSS 污泥·d）[$\gamma_{\text{Propionic-VSS}}/(T_1+T_2)$]
SCFAs 产生效率 η_{SCFAs}	620 mg COD/（g VSS 污泥·d）[$\gamma_{\text{SCFAs-VSS}}/(T_1+T_2)$]

第 4 章 城镇有机废物转化为乳酸的调控方法与原理

乳酸是一种天然有机酸,化学式是 $C_3H_6O_3$,含有羟基,属于 α-羟酸。纯的乳酸是无色的透明液体,无气味,具有吸湿性,相对密度为 1.21 g/cm^3、熔点为 18℃、沸点为 122℃,能与水、乙醇和甘油混溶,水溶液呈酸性,不溶于三氯甲烷、二硫化碳和石油醚。乳酸作为最重要的有机酸之一,可以转化为丙交酯、聚乳酸(polylactic acid,PLA)、SCFAs 和中链羧酸等,在食品、制药、化工等领域应用广泛。2020 年乳酸全球市场份额达到 60 亿美元,其消费量约占有机酸消费总量的 15%,每年以 15.5%的速率增长。

乳酸存在 L-乳酸和 D-乳酸两种同分异构体,其中,乳酸光学活性(OA)越高,其经济价值越高,可以作为聚 L-乳酸(poly L-lactic acid,PLLA)的前体材料。PLLA 是一种可生物降解塑料材料,可以代替传统石油基塑料,对于"无塑城市"的建设具有重要意义。此外,PLLA 具有良好的生物相容性,广泛应用于外科手术缝合线、牙科、眼科、药用控释系统、人造皮肤、人造血管、骨和软组织缺损部分填充剂、生物可吸收支架等医药学领域。

乳酸可以通过化学和生物发酵两种方法合成,其中 90%以上乳酸是通过纯培养发酵获得的。生物发酵法工艺简单,原料充足,是目前比较成熟的乳酸生产方法。然而,生物发酵需要消耗大量葡萄糖、蔗糖等昂贵的碳源,同时面临维护和灭菌成本高等问题。近年来,以城镇有机废物为原料,通过混合菌群发酵产乳酸,实现城镇有机废物的高值资源化,引起国内外广泛关注。作者通过调控厌氧发酵过程,提出一系列提高有机废物转化效率和乳酸产量的方法,本章将对这些方法及其原理进行详细介绍。

4.1 pH 与温度调控城镇有机废物发酵产乳酸

4.1.1 影响城镇有机废物发酵产乳酸因素

1. 影响乳酸产生的主要因素

在室温[(20±1)℃]、中温[(35±1)℃]和高温[(50±1)℃]分批发酵反应器中,考察空白(不调节 pH)与不同 pH(7、8、9、10 和 11)对剩余污泥与餐厨垃圾联合发酵产乳酸的影响,其中,餐厨垃圾与剩余污泥的配比为 6∶1(VSS$_{FW}$/VSS$_{WAS}$=6∶1),混合物的 TCOD 为(38.3±0.9)g/L。

不同温度和 pH 条件下,乳酸产量随发酵时间的变化如图 4-1 所示。发酵第 1～第 3 天,以乳酸生成为主,乳酸产量随着发酵时间的延长逐渐增加。除温度为 50℃、pH

为 11 外，乳酸产量随发酵时间的变化符合零级反应动力学，反应速率常数如表 4-1 所示。空白组的 pH 为 3.6±0.2，乳酸产量相对较低（在室温、中温和高温时，空白组乳酸最大产量分别为 6.1 g COD/L、2.7 g COD/L 和 2.2 g COD/L）。

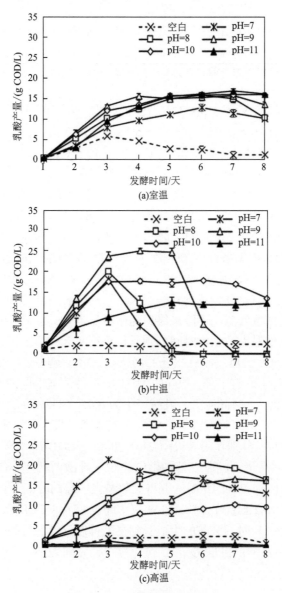

图 4-1　pH 对乳酸产量的影响

表 4-1　室温、中温和高温发酵时 pH 对乳酸反应速率常数的影响

pH	室温		中温		高温	
	k	R^2	k	R^2	k	R^2
7	2.51	0.9514	8.49	0.9998	10.12	0.9626
8	3.33	0.9666	9.34	0.9961	5.37	0.9876

续表

pH	室温		中温		高温	
	k	R^2	k	R^2	k	R^2
9	5.24	0.9688	11.39	0.9976	4.50	0.9513
10	3.85	0.9294	7.90	0.9958	2.08	1.0000
11	4.05	0.9762	3.81	0.9683	0.48	0.8782

注：k是根据发酵第 1～第 3 天乳酸产量线性增长速率确定的反应速率常数，单位为 g COD/（L·d）。

图 4-1（a）为室温条件下，pH 对产乳酸的影响。发酵前 3 天乳酸的生成速率由高到低依次为 pH 9 > pH 10 > pH 8 > pH 11 > pH 7；发酵 3 天后，乳酸增长速率下降。当 pH 为 7 时，乳酸产量在第 6 天达到最大值，为（13.1±0.8）g COD/L；当 pH 为 8～11 时，乳酸产量显著高于 pH 为 7 时的乳酸产量，在发酵 5 天时产量较高，各组乳酸产量差异较小，pH 为 11 时乳酸产量较高，为（17.2±0.2）g COD/L；随着发酵的继续进行，pH 为 7、8 和 9 时乳酸产量呈下降趋势，而 pH 为 11 时乳酸产量相对稳定。因此，室温发酵产乳酸的最佳 pH 为 11、时间为 5 天，乳酸产率为 0.45 g COD/g TCOD。

图 4-1（b）表明，中温条件下 pH 为 7、8 和 9 时乳酸生成速率和最大产量随 pH 升高而增大，分别在第 3 天[（18.4±0.6）g COD/L]、第 3 天[（20.3±0.4）g COD/L]和第 4 天[（25.5±0.6）g COD/L]达到乳酸最大产量；随着发酵的继续进行，乳酸消耗速率高于生成速率，乳酸浓度急剧下降最终消耗殆尽。当 pH 为 10 和 11 时，乳酸生成速率降低，并且获得乳酸最大产量的时间分别延长至第 4 天和第 5 天，同时最大产量分别降低至（18.0±0.5）g COD/L 和（12.7±1.4）g COD/L。随着发酵的继续进行，乳酸产量在 pH 为 10 的条件下略有下降，在 pH 为 11 的条件下基本保持不变。因此，中温发酵产乳酸的最佳 pH 为 9、时间 4 天，乳酸产率为 0.67g COD/g TCOD。

由图 4-1（c）可知，高温条件下乳酸的生成速率和最大产量随 pH 的升高逐渐降低。当 pH 为 7 和 8 时，分别在第 3 天[（21.0±0.3）g COD/L]和第 6 天[（20.1±0.9）g COD/L]达到乳酸最大产量；随着发酵的继续进行，乳酸消耗速率高于生成速率，乳酸浓度逐渐下降。当 pH 为 9 和 10 时，获得乳酸最大产量的时间延长至第 7 天，同时最大产量分别降低至（16.2±0.6）g COD/L 和（10.0±0.5）g COD/L，且发酵后期乳酸并未被消耗。当 pH 为 11 时，乳酸的生成受到显著抑制，乳酸最大产量仅（1.1±0.1）g COD/L。因此，高温发酵产乳酸的最佳 pH 为 7、时间为 3 天，乳酸产率为 0.55 g COD/g TCOD。

2. 影响 L-乳酸产生的主要因素

L-乳酸的光学活性（OA）直接决定其使用价值，它与 L-乳酸和 D-乳酸的浓度有关，即 L-乳酸的光学活性 OA=（[L-乳酸]–[D-乳酸]）/乳酸。因此，需要关注两种乳酸同分异构体在发酵期间的变化。图 4-2 为餐厨垃圾和剩余污泥联合发酵时，不同温度和 pH 条件下 L-乳酸产量的变化。可见，不同温度条件下，L-乳酸产量随 pH 和发酵时间的变化趋势与乳酸类似；室温发酵产 L-乳酸的最佳 pH 为 11、发酵时间为 7 天；中

温发酵产 *L*-乳酸的最佳 pH 为 10、发酵时间为 4 天；高温发酵产 *L*-乳酸最佳 pH 为 8、发酵时间为 5 天。

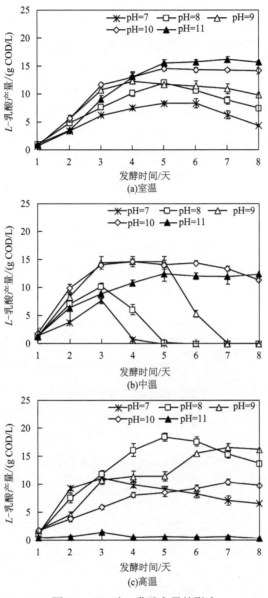

图 4-2　pH 对 *L*-乳酸产量的影响

在室温条件下，由图 4-3（a）可知，当 pH 为 7 时，*L*-乳酸的 OA 随发酵时间的延长而显著降低。当 pH 为 8 时，发酵第 1～第 3 天，*L*-乳酸的 OA 随发酵时间的延长显著降低；当发酵至第 4 天时，OA 略有提高，随着发酵的继续进行，发酵第 4～第 7 天时，*L*-乳酸的 OA 显著降低。当 pH 为 9、10 和 11 时，*L*-乳酸的 OA 随发酵时间的延长（第 4～第 8 天）而缓慢降低，且当 pH 为 10 和 11 时，*L*-乳酸的 OA 显著高于其他 pH 条件下的 OA。

　　中温条件下，当 pH 为 7、8 和 9 时，发酵第 1～第 3 天，L-乳酸的 OA 随发酵时间的延长逐渐降低，由于发酵后期乳酸被消耗殆尽，因此无法计算 L-乳酸的 OA；当 pH 为 10 时，发酵第 1～第 3 天，L-乳酸的 OA 随发酵时间延长逐渐降低，此后 L-乳酸的 OA 基本维持稳定；当 pH 为 11 时，整个发酵过程 L-乳酸 OA 基本稳定在 100%[图 4-3（b）]。

　　根据图 4-3（c），高温条件下，当 pH 为 7 时，发酵第 1～第 3 天，L-乳酸的 OA 由 100%降至 2.7%±0.2%，随后逐渐稳定；当 pH 为 8 时，发酵第 1～第 3 天，L-乳酸的 OA 稳定在 100%，随后，L-乳酸的 OA 逐渐降低至 71.50%±0.84%；当 pH 为 9、10 和 11 时，由于 D-乳酸的生成被完全抑制，L-乳酸的 OA 可到达 100%，且保持稳定。

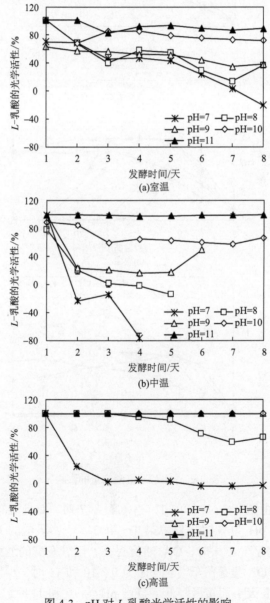

图 4-3　pH 对 L-乳酸光学活性的影响

表 4-2 为不同温度下 L-乳酸和 D-乳酸的最大产量及对应的 pH、发酵时间和 OA。与室温发酵相比，中温条件下获得 D-乳酸最大产量所需的发酵时间较短，表明中温发酵可以加快 D-乳酸的产生。此外，在相同温度条件下，强碱性发酵显著降低 D-乳酸产量，这是由于 D-乳酸脱氢酶（D-LDH）活性被抑制。

表 4-2　不同温度下 L-乳酸和 D-乳酸的最大产量及对应的 pH、发酵时间和光学活性

条件		最佳 pH	发酵时间/天	浓度/（g COD/L）	光学活性/%
室温	L-乳酸	11	7	15.90±0.53	85.28±0.53
	D-乳酸	8	7	6.70±0.27	−12.37±0.68
中温	L-乳酸	10	4	14.84±0.50	65.06±0.98
	D-乳酸	7	3	10.56±0.28	14.72±2.89
高温	L-乳酸	8	5	18.08±0.63	91.20±0.67
	D-乳酸	7	3	10.22±0.19	−2.71±0.24

注：乳酸、L-乳酸及 D-乳酸的数据是对应实验条件下的最大值，因而有可能出现乳酸不等于 L-乳酸与 D-乳酸之和。表 4-4 同。

3. 温度和 pH 对产乳酸及 L-乳酸手性的交互影响

研究过程中发现，温度和 pH 对产乳酸及 L-乳酸手性存在交互影响，因此通过 RSM 进一步优化发酵参数。本研究基于单因素的实验结果，利用 Design expert 8.05 软件设计实验，将因素 A（pH）和因素 B（温度）作为自变量，目标发酵产物乳酸、L-乳酸和 D-乳酸的最大产量作为响应值，在五水平上进行响应面实验，参数的取值范围见表 4-3。

表 4-3　响应面分析中独立参数取值范围

参数	实验代码	单位	独立参数取值范围				
pH	A	—	7	8	9	10	11
温度	B	℃	5	20	35	50	65

实验以随机次序进行，表 4-4 为乳酸、L-乳酸及 D-乳酸在 13 组实验中各自获得最大浓度的实际值及最大浓度的发酵时间，利用 Design expert 8.05 软件对响应值与各个因素进行多元回归拟合，得出 A（pH）和 B（温度）对三个响应值的数学关系，并建立二次多项式回归模型[式（4-1）～式（4-3）]，据此获得乳酸、L-乳酸及 D-乳酸的预测值。

$$R_{乳酸}=25.27-1.78A+1.03B-2.67AB-2.57A^2-5.18B^2 \quad\quad （4-1）$$

$$R_{L-乳酸}=25.27+0.37A+1.50B-2.67AB-1.17A^2-2.36B^2 \quad\quad （4-2）$$

$$R_{D-乳酸}=9.82-2.33A-0.54B-0.67AB-1.39A^2-2.72B^2 \quad\quad （4-3）$$

式中，$R_{乳酸}$为乳酸产量的预测值，g COD/L；$R_{L\text{-}乳酸}$为L-乳酸产量的预测值，g COD/L；$R_{D\text{-}乳酸}$为D-乳酸产量的预测值，g COD/L。

表 4-4　实际值及预测值

序号	响应值								
	乳酸			L-乳酸			D-乳酸		
	实际值/（g COD/L）	发酵时间/天	预测值/（g COD/L）	实际值/（g COD/L）	发酵时间/天	预测值/（g COD/L）	实际值/（g COD/L）	发酵时间/天	预测值/（g COD/L）
1	25.52	4	25.27	14.84	4	15.67	10.67	4	9.82
2	25.06	5	25.27	14.10	5	15.67	10.00	4	9.82
3	26.11	4	25.27	15.05	5	15.67	11.01	4	9.82
4	10.04	7	14.10	10.04	7	11.25	0	—	2.67
5	20.14	6	22.98	18.08	5	16.02	3.88	7	7.67
6	17.67	6	15.59	11.73	5	7.50	6.7	7	8.40
7	25.88	4	25.27	16.10	4	15.67	10.94	5	9.82
8	1.51	8	2.47	1.37	8	3.21	0.05	2	0.02
9	25.79	4	25.27	15.25	4	15.67	10.88	5	9.82
10	12.83	8	11.42	12.61	5	11.73	0.12	4	−0.41
11	18.23	7	17.37	14.72	7	13.77	3.51	7	4.08
12	9.54	6	6.59	9.54	6	9.21	0	—	2.14
13	18.41	3	18.53	7.85	3	10.24	10.56	3	8.91

　　根据回归分析结果绘制相应的响应曲面图，其坡度陡峭程度反映交互效应的强弱趋势。图 4-4（a）和（b）表明，响应曲面中 A（pH）和 B（温度）的曲线均较陡，等高线呈椭圆形，说明 pH 和温度对乳酸和 L-乳酸均有较大的影响，且 pH 和温度之间的交互作用对乳酸和 L-乳酸产量的影响显著；图 4-4（c）中，等高线图 A（pH）轴向等高线比 B（温度）轴向等高线密集，说明 pH 对 D-乳酸产量影响更显著，而温度对其影响较小。此外，响应面图中 A（pH）的曲线较陡，尤其是 pH 在 8～11 范围内，随着 pH 升高，D-乳酸产量急剧下降，说明强碱性条件对 D-乳酸产量影响显著。通过 Design expert 8.05 软件的预测，得到乳酸和 L-乳酸最大产量的最佳条件为温度 38.1℃、pH 8.5，对应的乳酸和 L-乳酸产量的预测值分别为 25.8 g COD/L 和 15.7 g COD/L，此时 D-乳酸产量的预测值为 10.1 g COD/L。根据最佳条件，将发酵条件调整为温度 38℃和 pH 8.5 进行验证实验，发现在该条件下乳酸、L-乳酸和 D-乳酸最大产量的实际值分别为 26.1 g COD/L、16.3 g COD/L 和 9.7 g COD/L，与预测值接近。

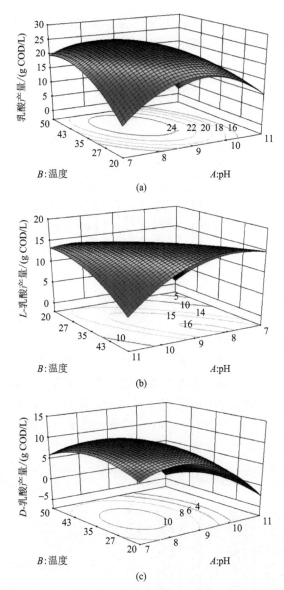

图 4-4　pH 和温度对乳酸（a）、L-乳酸（b）和 D-乳酸（c）最大产量影响的响应曲面图及等高线图

4.1.2　城镇有机废物定向发酵产乳酸的代谢过程分析

1. 底物的溶解

城镇有机废物难溶于水，可以用其 VSS 的减少来反映溶解情况。如图 4-5 所示，室温条件下，随着 pH 从 7 升高到 9，VSS 减少量显著提高；继续升高 pH，VSS 的减少量并未显著提高。中温条件下，当 pH 为 8 和 9 时，两组的 VSS 减少量差异较小，并且高于 pH 为 7 时的 VSS 减少量；随着 pH 升高至 10 和 11，VSS 减少量显著提高。高温条件下，当 pH 为 7、8 和 9 时，各组 VSS 减少量差异较小；随着 pH 升高至 10 和 11，VSS 减少量显著提高，说明中温和高温条件下强碱性 pH 可实现底物的快速溶出。

同时，当 pH 为 9 时，室温和中温条件下 VSS 减少量相近。其他 pH 时，VSS 减少量随着温度的升高显著提高，说明提高温度可以加速底物溶出过程，这为后续乳酸生成提供更多的底物（如碳水化合物和蛋白质）。

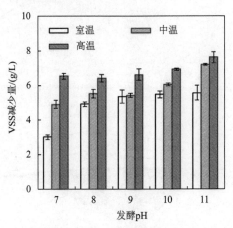

图 4-5　pH 对发酵第 1 天不同温度下 VSS 减少量的影响

如图 4-6（a）所示，在室温条件下，当 pH 为 7、8 和 9 时，各组溶解性碳水化合物浓度差异较小；随着 pH 升高至 10 和 11，溶解性碳水化合物浓度略有降低。在中温和高温条件下，随着 pH 的升高，溶解性碳水化合物浓度略有增加；当 pH 为 7、8 和 9 时，中温条件下溶解性碳水化合物浓度较低；当 pH 为 10 和 11 时，溶解性碳水化合物浓度随着温度的升高而增加。由图 4-6（b）可见，高温和强碱性条件可以促进发酵初始阶段蛋白质的溶出。

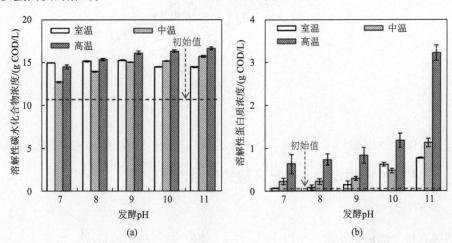

图 4-6　pH 对发酵第 1 天不同温度下溶解性碳水化合物（a）和溶解性蛋白质（b）的影响

2. 底物的水解

如图 4-7（a）所示，在室温条件下，当 pH 为 7 和 8 时，α-葡萄糖苷酶相对活性差异不大；当 pH 为 9、10 和 11 时，α-葡萄糖苷酶相对活性约为 pH 为 7 和 8 时的 2 倍。在中温和高温条件下，α-葡萄糖苷酶相对活性随 pH 的升高而显著提高，当 pH 为 11

时，α-葡萄糖苷酶相对活性约是 pH 为 7 时的 5 倍，说明强碱性发酵可加速多糖水解。此外，除了 pH 为 7 时，在其他 pH 条件下，α-葡萄糖苷酶相对活性均随温度的升高而显著提高，说明提高温度可加速多糖水解。如图 4-7（b）所示，当 pH 从 7 提高到 11 时，在室温和中温条件下，蛋白酶相对活性分别从 32.5% 和 42.2% 增加到 44.5% 和 49.1%。高温条件下，当 pH 为 7 和 8 时，蛋白酶相对活性都为 47.6%；当 pH 为 11 时，蛋白酶相对活性逐渐增加到 100%，说明 pH 越高，蛋白质水解越快，并且高温、碱性能显著加速蛋白质水解。

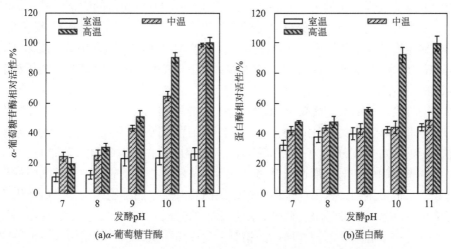

(a)α-葡萄糖苷酶　　　　　　　　　　(b)蛋白酶

图 4-7　pH 对发酵第 2 天不同温度下水解酶相对活性的影响

3. 乳酸脱氢酶相对活性

乳酸的产生需要 NAD-依赖型乳酸脱氢酶（n-LDH）参与，图 4-8 为不同温度下 pH 对 n-LDH 相对活性的影响。在室温条件下，当 pH 为 11 时更利于乳酸的生成；在中温条件下，当 pH 从 7 提高到 9 时，n-LDH 相对活性逐渐提高，然而当 pH 逐渐升高至 10 和 11 时，n-LDH 相对活性受到严重抑制；在高温条件下，n-LDH 相对活性随 pH 升高

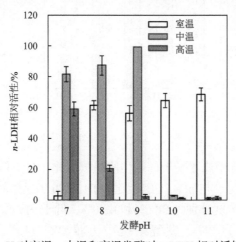

图 4-8　pH 对室温、中温和高温发酵时 n-LDH 相对活性的影响

迅速降低，所以在中温强碱性和高温强碱性条件下，底物的溶出和水解作用更强，但 *n*-LDH 相对活性偏低，限制了乳酸的生成。因此，中温条件下 pH 为 9 以及高温条件下 pH 为 7 更利于乳酸的生成。

4. 产乳酸过程的微生物菌群

图 4-9 为发酵系统中门水平上的微生物组成变化。各反应器细菌群落主要由厚壁菌门（Firmicutes）、拟杆菌门（Bacteroidetes）和变形菌门（Proteobacteria）组成，这 3 类菌门与厌氧发酵过程密切相关，能够产生大量与水解和发酵相关的酶，促进底物的水解和酸化。室温时，随着 pH 的升高，厚壁菌门的相对丰度从 47.1%提高到 88.7%，变形菌门的相对丰度从 41.3%降低到 2.8%；当 pH 为 9 时，拟杆菌门的相对丰度为 26.7%，远高于 pH 为 7 和 11 时的相对丰度。中温时，随着 pH 的升高，厚壁菌门的相对丰度从 23.1%提高到 97.7%，拟杆菌门的相对丰度从 75.0%降低到 0.1%；当 pH 为 9 时，变形菌门的相对丰度为 29.1%，远高于 pH 为 7 和 11 时的相对丰度。高温时，当 pH 为 7 和 9 时，厚壁菌门相对丰度均超过 98.3%，是绝对的优势菌门；当 pH 为 11 时，厚壁菌门和变形菌门的相对丰度分别为 74.5%和 10.1%。因此，在室温和中温条件下，随着 pH 的升高，厚壁菌门的相对丰度逐渐升高；在高温条件下，各反应器中厚壁菌门的相对丰度也远高于其他微生物，这可能是由于厚壁菌门具有较厚的细胞壁结构，可产生芽孢，能更好地适应高温和碱性环境。此外，随着 pH 的升高，在室温条件下变形菌门相对丰度逐渐降低，在中温条件下拟杆菌门的相对丰度逐渐降低，这可能是因为变形菌门和拟杆菌门细胞壁较薄，不适宜在强碱性环境中生存。

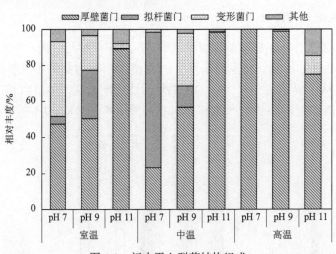

图 4-9　门水平上群落结构组成

图 4-10 为发酵系统中属水平上的微生物组成变化。各发酵条件下微生物群落组成和丰度差异较大。室温时，与 pH 11 组相比，pH 7 和 9 组样品中微生物多样性和丰度较高，乳酸菌的总相对丰度分别为 38.0%和 42.0%，低于 pH 为 11 时乳酸菌的相对丰度（81.9%）；当 pH 为 11 时，发酵系统中大量富集只产生 *L*-乳酸的肠球菌属（*Enterococcus*，81.4%），因此 *L*-乳酸的产量和光学活性较高；当 pH 为 7 和 9 时，*L*-乳

酸菌的总相对丰度分别为 25.5%和 19.5%，这与其乳酸和 L-乳酸产量及其光学活性较低一致。

在中温条件下，当 pH 为 9 时，乳酸菌总相对丰度（38.7%）高于 pH 7 组（4.9%）和 pH 11 组（28.1%）的相对丰度，有利于乳酸的产生。梭菌属（*Clostridium*）、嗜热菌属（*Caloramator*）、丰蒂切拉属（*Fonticella*）、单胞菌属（*Dysgonomonas*）、链球菌属（*Streptococcus*）、拟杆菌属（*Bacteroides*）、普氏菌属（*Prevotella*）、肠杆菌属（*Enterobacter*）和韦荣球菌属（*Veillonella*）与 SCFAs 的生成相关。其中 *Veillonella* 可将乳酸转化为 SCFAs，*Caloramator* 也会消耗乳酸，因此，产 SCFAs 功能菌不仅会与乳酸菌竞争底物，还会消耗乳酸，这与 pH 为 7 和 9 时，乳酸浓度急剧降低及 SCFAs 浓度迅速上升一致。此外，当 pH 为 11 时，样品中微生物多样性较低，优势菌属为厌氧分枝菌属（*Anaerobranca*，37.3%）、未定义梭菌科（U_F_Clostridiaceae，31.3%）和肠杆菌属（28.0%）。其中，*Anaerobranca* 能够以碳水化合物和蛋白质为发酵底物生成乙酸，其生长过程需 Na+ 参与，本研究中系统 pH 是通过 NaOH 溶液调节的，发酵液中存在大量 Na+，这是 *Anaerobranca* 在强碱性发酵系统中占优势的原因之一。此外，*Anaerobranca* 和梭菌科（Clostridiaceae）具有很强的水解能力，这也是在中温条件下，当 pH 为 11 时，水解酶的相对活性较高的原因之一。

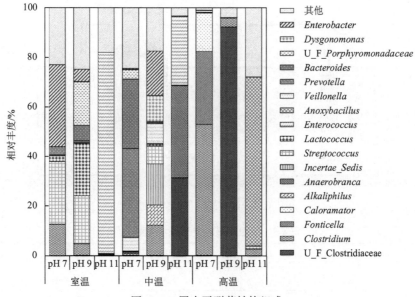

图 4-10　属水平群落结构组成

在高温条件下，发酵系统中的微生物多样性相较于室温和中温条件较低；当 pH 为 7 时，样品中的优势菌属为梭菌属（*Clostridium*，53.0%）、丰蒂切拉属（*Fonticella*，29.5%）和嗜热菌属（*Caloramator*，15.5%），其中梭菌属（*Clostridium*）和嗜热菌属（*Caloramator*）参与复杂有机底物降解产生乳酸和 SCFAs；当 pH 为 9 时，优势菌属为未定义梭菌科（U_F_Clostridiaceae，92.2%）；当 pH 为 11 时，优势菌属为杆菌属（*Anoxybacillus*，68.0%），其在高温强碱性条件下表现出更高的蛋白酶相对活性，这可能是 pH 11 时的水解效率较高的原因。

4.2　阴极电发酵调控城镇有机废物发酵产乳酸

4.2.1　阴极电压影响城镇有机废物产乳酸效能

阴极电发酵（cathodic electro-fermentation，CEF）温度为 50℃、pH 为 7，发酵底物为餐厨垃圾与剩余污泥混合物[VSS 比为 6∶1（g/g）、总悬浮固体为（46.7±0.6）g/L、总化学需氧量为（48.4±3.5）g/L、溶解性化学需氧量为（7.6±1.5）g/L]。如图 4-11 所示，CEF 由阳极室、盐桥、阴极室、外接电源、参比电极和电压表组成。本研究中阴极室作为发酵室，对应的阳极室作为离子平衡室。发酵室为有效体积为 1000 mL 的玻璃反应器，电发酵系统阴极和阳极由盐桥（内部为充满饱和氯化钾的琼脂）连接；外接电源系统的正极和负极均采用多孔石墨棒电极（10 mm×100 mm），使用 0.0～15.0 V 的实验用电源及 Ag-AgCl 参比电极[E=197mV（25℃）]；电压表用于测定参比电极与被测电极之间的电压。实验组参比电极与被测电极之间的电压设置如表 4-5 所示。其中，空白组为断路状态。值得注意的是，电压控制为 0 mV 的实验组，参比电极与被测电极之间的电压为 0 mV，该实验组仍然处于通电状态。

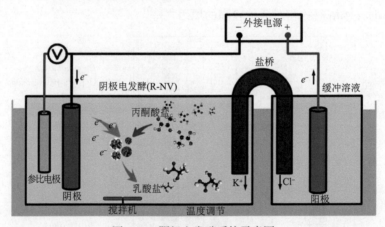

图 4-11　阴极电发酵系统示意图

表 4-5　阴极双室电发酵系统发酵条件

项目	编号				
	空白	V-0	V-100	V-300	V-500
电压/mV	—	0±1	−100±1	−300±1	−500±1

图 4-12 为不同阴极电压条件下乳酸产量变化和对应的 L-乳酸 OA。图 4-12（a）表明，V-100 组乳酸产量最高（32.7 g/L），其次为 V-0 组（29.8 g/L），空白组乳酸产量最低（12.3 g/L）。此外，空白组 L-乳酸 OA 仅为 3.6%，外加电压显著提高 L-乳酸 OA，其中 V-100 组的 L-乳酸 OA 达 42.3%。图 4-12（b）显示，V-100 组乳酸产率最高[0.66 g/（L·h）]，其次为 V-0 组[0.45 g/（L·h）]，空白组乳酸产率最低[0.14 g/（L·h）]。显然，适当的阴极电压可有效提高乳酸的产生速率。

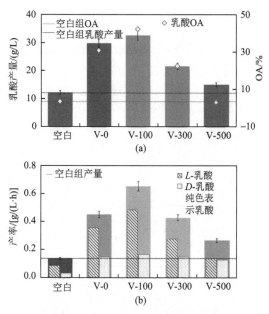

图 4-12　阴极电发酵对乳酸发酵的影响

4.2.2　阴极电发酵调控城镇有机废物产乳酸代谢过程分析

1. 水解酶的相对活性

如表 4-6 和 4-7 所示，不同阴极电压条件下，与空白相比，阴极电压对葡萄糖苷酶相对活性和蛋白酶相对活性无显著影响，即对水解影响不大。

表 4-6　不同 CEF 的 α-葡萄糖苷酶的差异

编号	电压/mV	差异率/%		
		24h	48h	72h
空白	—	100	137	131
V-0	0	96	121	111
V-100	−100	103	124	115
V-300	−300	99	146	125
V-500	−500	105	131	120

表 4-7　不同 CEF 的蛋白酶的差异

编号	电压/mV	差异率/%		
		24h	48h	72h
空白	—	100	88	90
V-0	0	101	106	92
V-100	−100	90	116	108
V-300	−300	98	108	107
V-500	−500	99	115	111

2. 糖酵解及产酸

丙酮酸是碳水化合物糖酵解的产物，可进一步转化为乳酸或 SCFAs。由图 4-13 可知，发酵 72 h 内，空白组丙酮酸最高积累量达 155.4 mg/L，而电发酵组的丙酮酸最高积累量为 53.6～87.5 mg/L。此外，空白组与 CEF 各组 SCFAs 产量无显著性差异（图 4-14），表明电发酵可促进丙酮酸转化生成乳酸。

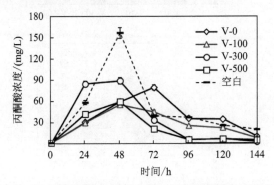

图 4-13　不同阴极电压对中间产物丙酮酸浓度的影响

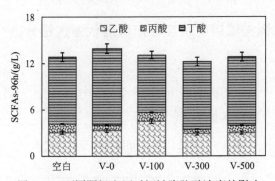

图 4-14　不同阴极电压对短链脂肪酸浓度的影响

3. 微生物菌群分析

CEF 系统可营造出还原性生境，对微生物群落产生影响。如图 4-15 所示，空白组、

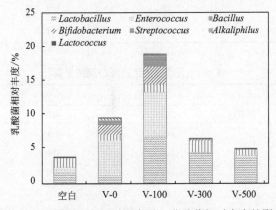

图 4-15　不同阴极电压对属水平上乳酸菌相对丰度的影响

V-0 组、V-100 组、V-300 组和 V-500 组乳酸菌相对丰度分别为 3.94%、9.57%、18.95%、6.57%和 5.10%，表明 V-100 组电发酵可有效富集产乳酸功能菌群，与乳酸的产量保持一致。例如，空白组乳酸菌 *Enterococcus* 相对丰度为 0.84%，电发酵后其相对丰度分别为 5.10%（V-0 组）、6.61%（V-100 组）、0.08%（V-300 组）、0.18%（V-500 组）；空白组乳酸菌 *Lactobacillus* 相对丰度为 1.55%，电发酵反应后，V-0 组无显著变化（1.22%），V-100 组、V-300 组和 V-500 组分别上升至 6.79%、4.50%和 3.91%。可见，电发酵可实现乳酸菌的定向富集。

4.3　零价铁调控城镇有机废物发酵产乳酸

4.3.1　零价铁影响城镇有机废物产乳酸的因素

1. pH

所用剩余污泥[VSS（10±3）g/L]、餐厨垃圾[VSS（190±10）g/L]，按餐厨垃圾与污泥 VSS 比为 6∶1 配制，混合底物 TCOD 为 42.6 g/L，发酵温度为 20℃，发酵体系中投加零价铁（5 g/L），按照表 4-8 进行实验。由图 4-16（a）可见，R-Fe、R-Fe-7、R-Fe-10 发酵体系中 *L*-乳酸产量高于空白发酵体系，且在 4 天时基本达到稳定，顺序为 R-Fe-10> R-Fe-7> R-Fe>空白，pH 的升高有利于产 *L*-乳酸。图 4-16（b）表明，发酵 4 天后各组 *D*-乳酸产量基本保持稳定，从大到小排序为 R-Fe>R-Fe-7>空白>R-Fe-10，其中

表 4-8　pH 影响零价铁投加下城镇有机废物发酵产乳酸的实验设计

编号	零价铁/（g/L）	pH	TSS/（g/L）	VSS/TSS/%	TCOD/（g/L）
空白	0	不调	46.23	92.14	42.27
R-Fe	5	不调	46.43	92.11	42.28
R-Fe-7	5	7	46.17	93.29	42.67
R-Fe-10	5	10	46.87	93.15	42.45

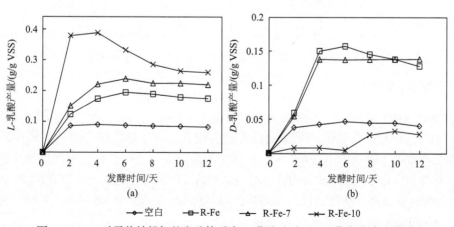

图 4-16　pH 对零价铁投加的发酵体系中 *L*-乳酸（a）和 *D*-乳酸（b）的影响

R-Fe 组的 D-乳酸产量为 0.166 g/g VSS，较空白组提高了 0.117 g/g VSS，R-Fe-10 组的 D-乳酸受到严重抑制，这与碱性条件下不利于 D-乳酸生产有关；发酵 6 天时各组 D-乳酸 OA 基本达到最大值，其中 R-Fe 组最高（为–8.0%），其次为 R-Fe-7 组和空白组，而 R-Fe-10 组最低（–97.0%）。因此，投加零价铁促进产 D-乳酸，且不需要调控发酵的 pH。

2. 温度

按照表 4-9 进行实验。如图 4-17（a）所示，L-乳酸产生量在 6 天时的顺序为 R-35-Fe>R-50-Fe>R-35>R-20-Fe>R-50>R-20，35℃和零价铁投加有利于 L-乳酸产生。图 4-17（b）表明，D-乳酸产量在发酵第 6 天的顺序为 R-50-Fe>R-35-Fe>R-20-Fe>R-50>R-35>R-20，50℃和零价铁投加有利于 D-乳酸的产生。

表 4-9　温度影响城镇有机废物发酵产 D-乳酸的实验设计

编号	发酵温度/℃	零价铁量/（g/L）	TSS/（g/L）	VSS/TSS/%	TCOD/（g/L）
R-20	20	0	46.43	92.23	42.34
R-20-Fe	20	5	46.35	92.11	42.38
R-35	35	0	46.39	93.31	42.56
R-35-Fe	35	5	46.36	93.22	42.45
R-50	50	0	46.41	93.32	42.51
R-50-Fe	50	5	46.47	93.27	42.37

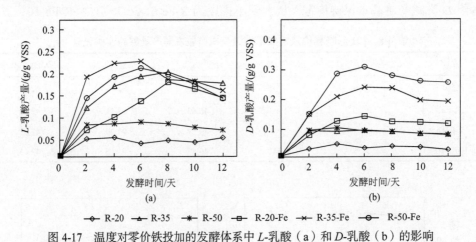

图 4-17　温度对零价铁投加的发酵体系中 L-乳酸（a）和 D-乳酸（b）的影响

3. 零价铁投加量

根据表 4-10 进行实验（温度为 50℃、pH 不调节），L-乳酸产量如图 4-18（a）所示。在 4~6 天时 L-乳酸产量达到最大值；第 6 天时，L-乳酸产量从大到小排序为 R-900>R-500>R-150>R-0>R-30>R-60，R-900 发酵体系 6 天时 L-乳酸产量为 0.53 g/g VSS，较空白（R-O）发酵体系提高 0.47 g/g VSS。D-乳酸产量如图 4-18（b）所示，在 4~6 天时达到峰值，从高到低为 R-60>R-150>R-500>R-30>R-900>R-0，表明零价铁投加量为 60 mg/g VSS 时的 D-乳酸产量最高。

表 4-10　零价铁投加量影响城镇有机废物发酵产 D-乳酸的实验设计

编号	R-0	R-30	R-60	R-150	R-500	R-900
零价铁/（mg/g VSS）	0	30	60	150	500	900
TSS/（g/L）	46.57	46.73	46.76	47.89	47.69	47.74
VSS/TSS/%	92.34	93.24	93.31	93.01	93.18	93.45
TCOD/（g/L）	42.45	42.31	42.76	42.37	43.49	43.89

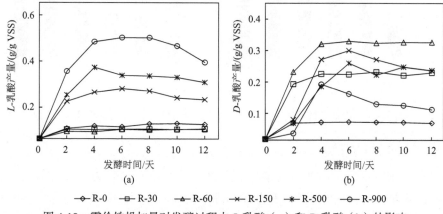

图 4-18　零价铁投加量对发酵过程中 L-乳酸（a）和 D-乳酸（b）的影响

图 4-19 表明一定量零价铁能促进发酵体系产 D-乳酸并抑制产 L-乳酸；过量零价铁的加入促进了 L-乳酸产生，但抑制了 D-乳酸生成。可见，60 mg/g VSS 零价铁的投加，有利于餐厨垃圾发酵产高 OA 的 D-乳酸；900 mg/g VSS 零价铁的投加，有利于乳酸和 L-乳酸的产生，但 D-乳酸的 OA 较低。

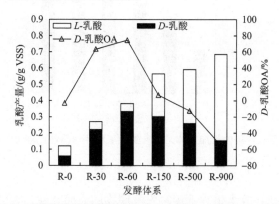

图 4-19　零价铁投加量对乳酸最大产量及 D-乳酸 OA 的影响

4.3.2　零价铁调控城镇有机废物发酵产乳酸的过程分析

1. 水解酶相对活性

由图 4-20（a）可见，α-淀粉酶相对活性随零价铁投加量增加而增加。同样，图 4-20

（b）表明，蛋白酶相对活性也随零价铁投加量增加而增加。零价铁促进有机物水解，这是其促进城镇有机废物发酵产乳酸的一个重要原因。

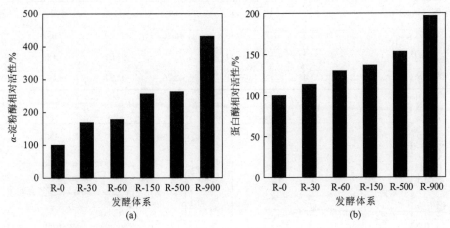

图 4-20　不同零价铁投加量体系的 α-淀粉酶（a）和蛋白酶（b）相对活性比较（时间 2 天）

2. 乳酸脱氢酶相对活性

糖酵解生成丙酮酸，丙酮酸在乳酸脱氢酶的作用下可转化为乳酸。如图 4-21 所示，乳酸脱氢酶相对活性随零价铁投加量增加而增加，这与乳酸产率随零价铁投加量增加一致。其中 R-900 组乳酸脱氢酶相对活性最高，表明零价铁可提高发酵体系乳酸脱氢酶相对活性，促进乳酸产生。

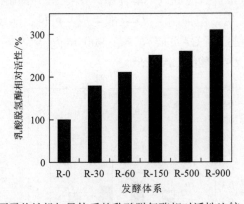

图 4-21　不同零价铁投加量体系的乳酸脱氢酶相对活性比较（时间 2 天）

3. 发酵底物表面形态

采用 SEM 在 20000 放大倍数下观察发酵底物的表面特性，如图 4-22 所示。R-0 组底物表面密实，存在少量杆状微生物；R-60 组和 R-900 组视野中表面凹孔与孔隙增多，覆盖大量杆状微生物，底物与微生物交联在一起，增加了基质与微生物的传质机会，有利于微生物利用底物。

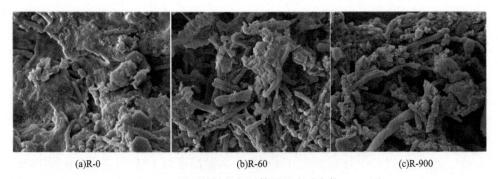

(a)R-0　　　　　　　(b)R-60　　　　　　　(c)R-900

图 4-22　不同零价铁投加量体系的发酵底物 SEM 图

4. 微生物种群分布

如图 4-23 所示，在属水平上，随着零价铁投加量的增加，*Bacillus* 相对丰度逐渐提高，在 R-0 组、R-60 组和 R-900 组相对丰度分别为 0.19%、1.80%和 48.84%，与乳酸产量的变化基本保持一致；*Lactococcus* 具有产乳酸功能，在 R-0 组、R-60 组和 R-900 组相对丰度分别为 0.78%、12.84%和 0.69%，表明适量零价铁的投加能提高 *Lactococcus* 相对丰度，这与 R-60 组较高的 *D*-乳酸浓度相关。

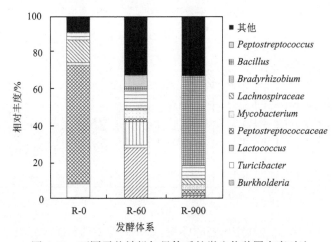

图 4-23　不同零价铁投加量体系的微生物种属丰度对比

4.4　发酵方式调控城镇有机废物发酵产乳酸

4.4.1　发酵方式对产乳酸的影响

在研究过程中发现，发酵方式对城镇有机废物发酵产乳酸有重要影响。半连续发酵是周期性地排放发酵混合液，并补加相同体积的新鲜底物进行发酵的一种方式。它介于批式发酵与连续发酵之间，操作灵活，可缩短功能菌群的驯化时间。批式发酵是在每次发酵结束时，预留一定混合液作为下一批发酵的接种物，然后加入新鲜底物进行发酵。它又称为混合液循环接种批式发酵（简称循环批式发酵），可在发酵进程中监测物质随时间的动态变化，并且缩短接种微生物适应时间。本节将对城镇有机废物利用这两种方式发酵产乳酸进行比较。

1. 半连续发酵产乳酸

1）乳酸产生量

半连续反应器有效体积为 1.0 L，每天从反应器中排出 250 mL 发酵混合物，并加入 250 mL 新鲜底物[由餐厨垃圾和剩余污泥混合而成，配比为 6∶1（VSS_{FW}/VSS_{WAS}=6∶1）]，加水使底物 TCOD 为（40.0±1.0）g/L，发酵温度为（35±1）℃，使用 10 mol/L NaOH 和 3 mol/L HCl 每天 4 次调节 pH 至 9.0 左右。

如图 4-24 所示，发酵第 1～第 4 天以乳酸为主，包括 *L*-乳酸及 *D*-乳酸；发酵第 5～第 11 天以 *L*-乳酸、*D*-乳酸和乙酸为主，乳酸产量从 31.7 g COD/L 降到 22.3 g COD/L，*L*-乳酸的 OA 为 59.3%；发酵第 12 天，乳酸产量迅速下降至 11.0 g COD/L，大量乳酸被消耗，同时产生 SCFAs（乙酸及丙酸为主）；随着发酵的继续进行，乳酸产量显著降低，发酵 15 天后乳酸产量低于 1 g COD/L，表明城镇有机废物半连续发酵不利于乳酸的合成。

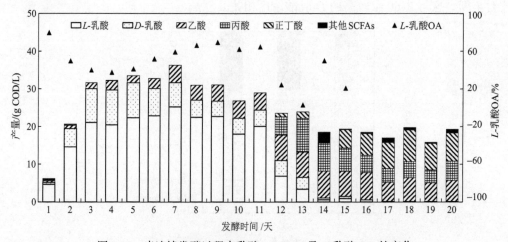

图 4-24　半连续发酵过程中乳酸、SCFAs 及 *L*-乳酸 OA 的变化

2）溶解性蛋白质和碳水化合物

如图 4-25 所示，半连续发酵过程中溶解性蛋白质浓度较低，为（1.1±0.2）g COD/L；溶解性碳水化合物浓度在发酵第 1 天为（17.5±1.2）g COD/L，发酵 3 天后迅速降至（0.6±0.2）g COD/L，与乳酸的生成趋势相符。发酵 4 天后，溶解性碳水化合物浓度均较低，说明每日换料的发酵底物很快被微生物利用，溶解性碳水化合物迅速消耗殆尽，影响了乳酸的积累。这似乎表明，半连续操作不适合作为控制城镇有机废物发酵产乳酸的方式。

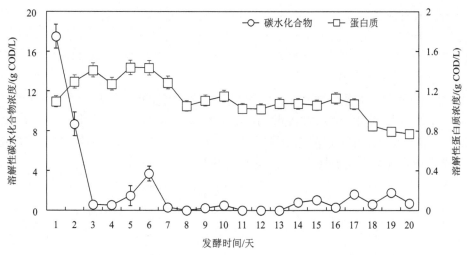

图 4-25　半连续发酵过程中溶解性蛋白质和碳水化合物的浓度变化

2. 混合液循环接种批式发酵产乳酸

1）乳酸产生量

从上述研究可知，每日换料的半连续发酵至 12 天后，乳酸逐渐被消耗，发酵体系以产 SCFAs 为主。为积累高浓度乳酸，本节探究循环接种批式发酵模式。该实验的启动来源于批式发酵（R0），反应器有效体积为 1.0 L，每批式发酵 4 天，共计循环 8 个批次。每批启动前，取出 800 mL 发酵液，在反应器中预留 200 mL 发酵液，并将 800 mL 新鲜底物（发酵底物同上）投加至反应器中，进行发酵。发酵温度为（35±1）℃，使用 10 mol/L NaOH 和 3 mol/L HCl 每天 4 次调节 pH 至 9 左右。

如图 4-26 所示，在 R0 和 8 次循环批式发酵过程中，乳酸产量均能够快速达到峰值。R0 中发酵第 3 天、第 4 天乳酸产量较高，稳定在 29.7～30.1 g COD/L。与 R0 相比，R1～R4 批次乳酸最大产量偏低，这与循环发酵期间高换料率导致的系统波动有关。从 R5 批次开始，乳酸产量显著增加，其中 R5～R8 批次中的乳酸最大产量为 29.7～35.5 g COD/L。

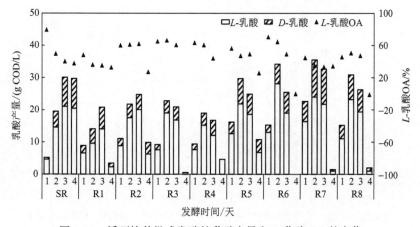

图 4-26　循环接种批式发酵的乳酸产量和 L-乳酸 OA 的变化

此外，在循环接种批式发酵中，L-乳酸 OA 为 52.3%±12.0%，表明该发酵模式可实现城镇有机废物产生高 OA 的 L-乳酸。但是值得注意的是，每个批次的第 3～第 4 天，乳酸快速下降。后续将探究发酵过程中物质转化的规律，分析乳酸快速达峰及迅速消耗的原因。

2）底物的溶出与水解

由图 4-27 可见，在发酵过程中，溶解性蛋白质浓度较低（<1.8 g COD/L）。溶解性碳水化合物是主要成分，各批式发酵初期溶解性碳水化合物浓度迅速降低，在 R0 和 R1 批次，溶解性碳水化合物消耗殆尽所需时间为 3 天；在 R2～R8 批次，溶解性碳水化合物 2 天内即可被完全消耗，这与乳酸快速生成的趋势一致。

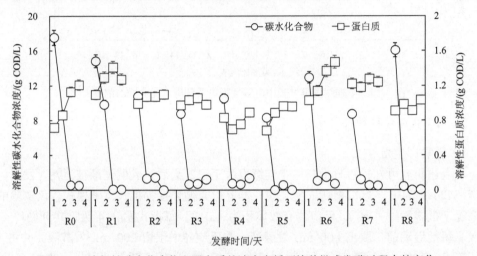

图 4-27　溶解性碳水化合物和蛋白质的浓度在循环接种批式发酵过程中的变化

各批式发酵第 2 天的水解酶（α-葡萄糖苷酶和蛋白酶）相对活性如图 4-28 所示。相对于 R0 组，各批式发酵组的 α-葡萄糖苷酶和蛋白酶相对活性均得到提高，这可能是由于循环接种使得水解及乳酸发酵微生物得到富集，加快了溶解性碳水化合物和溶解性蛋白质的水解速率，为乳酸菌提供更多底物，促进乳酸产生。

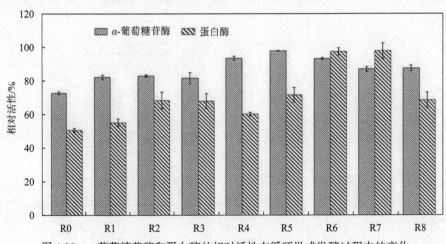

图 4-28　α-葡萄糖苷酶和蛋白酶的相对活性在循环批式发酵过程中的变化

3）短链脂肪酸

如图 4-29 所示，R0 和 R1 批次中，SCFAs 产量相对较低（<4.5 g COD/L），其中乙酸占比较高；R2 批次发酵第 4 天时，丙酸产量迅速增加至 7.6 g COD/L，占总 SCFAs 的 51%，同时 SCFAs 总量提高到 17.6 g COD/L；R3～R8 批次的 SCFAs 产量提高，以乙酸（42.9%）和丙酸（31.6%）为主。各批次 SCFAs 的生成与乳酸的消耗趋势基本一致，表明发酵后期乳酸被利用，同时产生了 SCFAs。

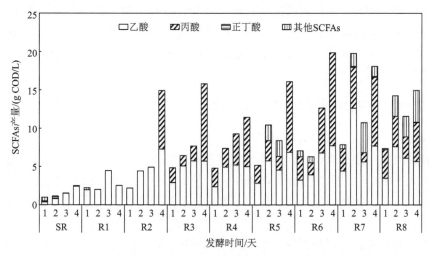

图 4-29　循环接种批式发酵过程中 SCFAs 产量的变化

4）微生物群落结构分析

在 R0、R4 和 R6 批次乳酸浓度最高时，取样分析微生物群落结构。如图 4-30 所示，在属水平上，R4 和 R6 中微生物群落结构与 R0 相差较大，其中嗜碱菌属（*Alkaliphilus*）、*Enterococcus*、*Clostridium*、*Streptococcus*、双歧杆菌属（*Bifidobacterium*）、

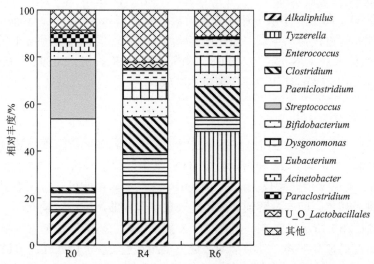

图 4-30　R0、R4 及 R6 微生物在属水平的结构组成比较

单胞菌属（*Dysgonomonas*）和优杆菌属（*Eubacterium*）与乳酸产生密切相关，它们在 R0、R4 和 R6 中的相对丰度之和分别为 52.9%、62.8%和 66.8%，说明经过循环接种后，产乳酸菌群得到富集。但是，在 R4 和 R6 中同时富集了 *Clostridium*，这是产 SCFAs 的关键微生物，它的存在可能与批式发酵 4 天时的 SCFAs 和乳酸消耗有关。

上述研究表明，采用循环接种批式发酵，乳酸浓度达峰时间从批式发酵的 5 天缩短至 2 天。但是，一旦延长发酵时间至 3~4 天，乳酸快速消耗，这给稳定生产带来不利影响。值得注意的是，批式发酵实验所用发酵底物成分相对稳定，因而可以在 2 天时稳定观察到乳酸达峰现象。但是，真实的城镇有机废物成分复杂，存在有机底物代谢不同步的问题，达峰时间的波动性和不确定性不可避免，因而只有抑制乳酸消耗，才能实现乳酸的稳定积累。

4.4.2　氮素强化循环批式发酵积累乳酸

由 4.4.1 节可知，循环接种批式发酵可缩短乳酸发酵时间，但需要解决乳酸消耗的问题。新鲜底物中添加剩余污泥（餐厨垃圾与剩余污泥 VSS 之比为 6:1），会向发酵系统中引入产 SCFAs 的微生物及含氮化合物等，其中，氮源是微生物生长的关键营养元素。由此可知，剩余污泥的添加提供了发酵的必要氮素营养，但同时又引入了乳酸消耗的潜在菌群。因此，本节在循环批式发酵中尝试 3 种底物配料方案，抑制乳酸的消耗，以期获得稳定的产乳酸效果。方案（1）不引入剩余污泥，仅添加单一餐厨垃圾进料，同时排除剩余污泥的氮素和菌群影响，标记为空白组（Ctrl）[C/N 为 31.1±4.2，总凯氏氮（TKN）为（531.1±38.6）mg/L]；方案（2）向发酵体系中补加餐厨垃圾与高温处理（121℃，15min）后的剩余污泥（餐厨垃圾与高温处理后的剩余污泥按照 $VSS_{FW}/VSS_{WAS-高温}=6:1$，高温处理可以尽量排除污泥中活性菌群的影响，但保留了底物中剩余污泥引入的氮素营养），考虑到剩余污泥主要含有机氮（organic nitrogen），该组标记为 Org-N[发酵体系的 C/N 为 16.0±2.6，总凯氏氮（TKN）为（847.2±25.7）mg/L]；方案（3）向发酵体系中补加餐厨垃圾和氨氮（ammonium nitrogen，Am-N），原因在于污泥发酵过程会产生氨，因此该实验组不投加污泥，而直接投加氨，该组标记为 Am-N[发酵体系的 C/N 为 24.6±1.8，总凯氏氮（TKN）为（889.5±34.9）mg/L]。尽量保证 Org-N 组和 Am-N 组总凯氏氮基本一致。

1. 乳酸产量

如图 4-31（a）所示，空白组在各个发酵批次内，乳酸产量随着发酵时间的延长逐渐增加，但乳酸平均产量和 *L*-乳酸 OA 分别仅为（11.6±2.2）g COD/L 和 16.8%±6.0%，乳酸平均产率仅为 0.3 g COD/g TCOD。由此可知，在不引入剩余污泥时，乳酸实现了积累，即未观察到乳酸消耗现象，但乳酸产率相对较低。

如图 4-31（b）所示，Org-N 组在各个发酵批次内，乳酸产量随着发酵时间的延长先快速增加，随后逐渐下降，乳酸平均产量为（20.9±3.2）g COD/L，乳酸平均产率为 0.5 g COD/g TCOD，但 *L*-乳酸 OA 较低且不稳定（47.0%±21.8%），同时生成的乳酸很快被消耗。与空白组相比，补加高温处理后的剩余污泥作为有机氮源，显著提高了乳酸

产量和 *L*-乳酸 OA，但较难稳定积累，乳酸依然容易消耗。这表明，高温处理污泥的方法抑制消耗乳酸微生物活性效果不佳。

如图 4-31（c）所示，Am-N 组在各个发酵批次内，乳酸产量随发酵时间的延长逐渐增加，乳酸平均产量为（24.5±3.6）COD/L，乳酸平均产率为 0.6 g COD/g TCOD，*L*-乳酸 OA 为 76.8%±18.4%，显著高于空白组和 Org-N 组，表明补加氨氮不仅显著提

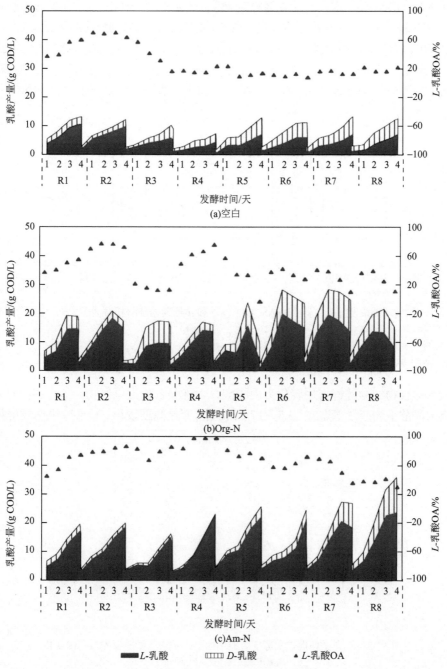

图 4-31　不同循环批式发酵反应器中 *L*-乳酸产量和 *D*-乳酸产量及 *L*-乳酸 OA 的变化

高了乳酸产量和 L-乳酸 OA，而且实现了乳酸的稳定积累。

2. 溶出和水解

SCOD 表征了上清液中溶解性有机物的总和，SCOD 越高，说明反应器中潜在的发酵基质越多。图 4-32（a）中 ΔSCOD 为 8 次发酵过程中，各批次初始第 0 天与第 1 天上清液中 SCOD 之差。空白组中 ΔSCOD 最低，仅为（12.0±0.2）g COD/L；Org-N 组和 Am-N 组的 ΔSCOD 均显著高于空白组，说明补加高温处理的剩余污泥和氨氮均可以促进底物的溶出，为后续水解阶段提供更多基质。图 4-32（b）和（c）为 8 次发酵过程中，各批式发酵第 2 天不同反应器水解酶相对活性的均值。α-葡萄糖苷酶和蛋白酶的相对活性从大到小的顺序为 Org-N 组 > Am-N 组 > 空白组，表明高温处理的污泥和氨氮可有效促进底物水解。

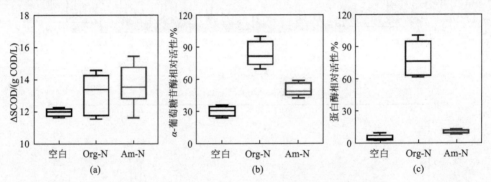

图 4-32　不同循环批式发酵反应器中的 ΔSCOD（a）和 α-葡萄糖苷酶相对活性（b）与蛋白酶相对活性（c）比较

3. 糖酵解

碳水化合物经糖酵解作用转化为丙酮酸，为乳酸合成提供底物。如图 4-33 所示，空白组丙酮酸平均产量稳定在 13.3～17.6 mg/L，变化幅度较小；Org-N 组中发酵第 1 天

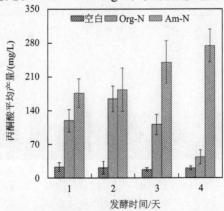

图 4-33　不同循环批式发酵反应器中丙酮酸平均产量随发酵时间的变化

来源于 8 次循环批式的平均值

丙酮酸平均产量为（119.0±23.5）mg/L，发酵第 2 天上升至（163.9±26.5）mg/L，随后在第 4 天降到（43.3±14.7）mg/L。Am-N 组中，丙酮酸平均产量随发酵时间延长逐渐提高，从第 1 天的（175.9±29.6）mg/L 提高到第 4 天的（273.7±33.8）mg/L，与乳酸的积累趋势一致。Org-N 组和 Am-N 组中丙酮酸平均产量远高于空白组，说明氮源的加入促进了糖酵解过程，为乳酸的生成提供更多底物。

4. 乳酸脱氢酶相对活性

乳酸脱氢酶（LDH）有两类，包括 n-LDH 和 i-LDH。丙酮酸可以在 n-LDH 的作用下转化为乳酸；同时，乳酸可以在 i-LDH 的作用下被消耗掉。由图 4-34 可见，与空白组相比，Org-N 组和 Am-N 组中 n-LDH 相对活性显著提高，与乳酸的高生成速率一致。同时，空白组和 Am-N 组的 i-LDH 相对活性较低，这与两组乳酸稳定积累现象保持一致。Org-N 组的 i-LDH 相对活性显著高于空白组和 Am-N 组，这也是 Org-N 组中乳酸快速消耗的原因之一。

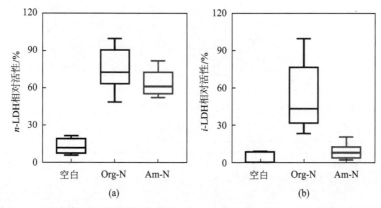

图 4-34　不同循环批式发酵反应器中 n-LDH 相对活性和 i-LDH 相对活性的比较

5. 短链脂肪酸

如图 4-35（a）所示，空白组随着循环发酵批次的增加，SCFAs 以乙酸为主，SCFAs 产量在每批次的第 4 天达到峰值，均值为（6.2±1.6）g COD/L。如图 4-35（b）所示，在 R1~R6 批次，Org-N 组中 SCFAs 最大产量随发酵批次的增加逐渐升高，Org-N 组中 SCFAs 最大产量均值为（9.71±3.47）g COD/L，显著高于空白组，组分以乙酸和丙酸为主。如图 4-35（c）所示，Am-N 组中 SCFAs 最大产量均值为（8.9±3.3）g COD/L，高于空白组，但低于 Org-N 组。综上所述，SCFAs 最大产量均值按从小到大的顺序是空白组 < Am-N 组 < Org-N 组。由此可知，高温处理的剩余污泥和氨氮的投加促进了底物转化为 SCFAs，但 Org-N 组观察到乳酸消耗，消耗的部分乳酸转化为 SCFAs；Am-N 组虽然有一定浓度的 SCFAs 产生，但是并未观察到乳酸消耗，这部分 SCFAs 可能直接来源于发酵底物。

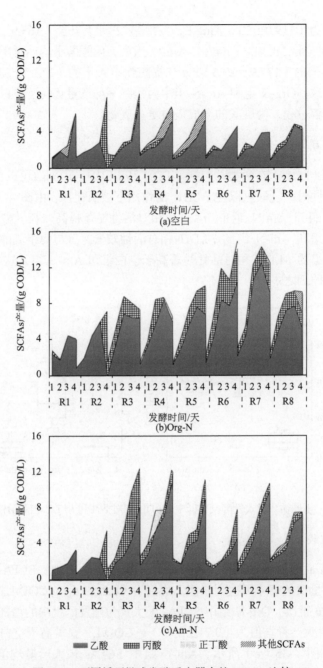

图 4-35　不同循环批式发酵反应器中的 SCFAs 比较

6. 微生物菌群

如图 4-36 所示，在属水平上各组微生物群落组成和丰度均存在明显差异。Org-N 组和 Am-N 组中主要富集了巴伐利亚球菌属（*Bavariicoccus*）、*Bifidobacterium*、*Dysgonomonas*、*Alkaliphilus*、*Streptococcus*、乳球菌属（*Lactococcus*）、*Enterococcus* 和棒状杆菌（*Corynebacterium*）等乳酸菌，它们在 Org-N 组和 Am-N 组的总相对丰度分

别达到 86.6%和 80.0%，远高于空白组的 19.4%，这也是 Org-N 组和 Am-N 组中乳酸浓度较高的原因之一。此外，*Streptococcus*、*Lactococcus*、*Enterococcus* 和 *Corynebacterium* 为产 *L*-乳酸的优势菌属，在空白组和 Org-N 组总相对丰度分别为 5.3%和 12.8%，而在 Am-N 组高达 42.2%，这与 Am-N 组中 *L*-乳酸的 OA 远高于空白组和 Org-N 组一致。

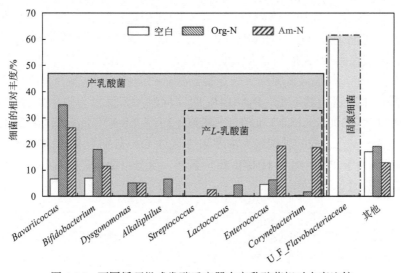

图 4-36　不同循环批式发酵反应器中产乳酸菌相对丰度比较

7. 发酵体系氧化还原电位

如图 4-37 所示，空白组氧化还原电位（ORP）随循环批次增加而呈提高趋势，系统 ORP 的逐渐增加与糖酵解和酸化过程有关，这两个过程可以消耗还原性底物（如葡萄糖），产生氧化性的中间代谢产物（如乳酸、乙酸等），导致 ORP 持续上升，这对乳酸的生成不利。与空白组相比，Org-N 组和 Am-N 组在 R4～R8 批次 ORP 较低，更利于乳酸的生成和积累。

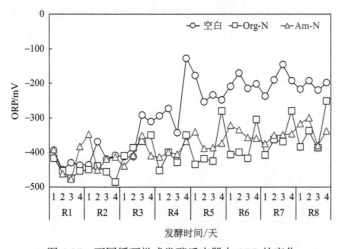

图 4-37　不同循环批式发酵反应器中 ORP 的变化

8. 氨氮对丙酮酸转化为乳酸的影响

设置三个实验，以 Am-N 组的 R8 批次结束后的发酵底物作为接种物，分别接种至 1500 mg/L 丙酮酸（以丙酮酸钠加入，标记为 Py-R）、300 mg/L 氨氮（以氯化铵加入，标记为 NH₄-R）和 1500 mg/L 丙酮酸与 300 mg/L 氨氮（标记为 PyNH₄-R）。如图 4-38 所示，Py-R 组（仅加入丙酮酸组）可检测到少量氨氮和硝酸盐氮（浓度均低于 10 mg/L），这可能是来自接种混合物中的含氮物质；该组的丙酮酸在发酵第 3 天被消耗，生成的乳酸在第 2 天达到最大浓度（578.6±32.1）mg/L，对应的 L-乳酸 OA 为 37.0%。NH₄-R 组（仅加入氨氮组）未观察到氨氮的消耗，硝酸盐氮的生成浓度低于 2 mg/L，乳酸的生成量检测不出。PyNH₄-R 组（同时加入氨氮与丙酮酸组）发酵 4 天后，氨氮浓度从（300.3±15.1）mg/L 下降到（168.8±8.4）mg/L，硝酸盐氮浓度升高到（34.8±3.3）mg/L；同时乳酸最大浓度和 L-乳酸 OA 分别为（957.4±45.7）mg/L 和 71.4%，均显著高于 Py-R 组和 NH₄-R 组。显然，氨氮可以促进丙酮酸转化生成乳酸，同时提高 L-乳酸的光学活性。

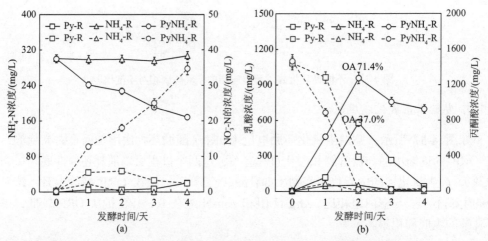

图 4-38　氨氮对丙酮酸转化为乳酸实验过程中氨氮浓度（实线）和硝酸盐氮浓度（虚线）（a）以及乳酸浓度（实线）和丙酮酸浓度（虚线）（b）随时间的变化

第5章 城镇有机废物转化为 PHA 的调控方法与原理

传统塑料不仅需要几十年的时间才能完全降解，而且会在降解过程中产生有毒中间产物，因此生产"环境友好"的可降解材料以替代传统塑料一直是国内外的一个研究热点。生物合成的 PHA 不但具有与化学合成塑料相似的物理、机械特性，而且具有生物相容性、光学活性、压电性、完全生物可降解性，是一种环境友好的生物材料，在可生物降解的包装材料、组织工程材料、缓释材料、电学材料以及医疗材料等方面有广阔应用前景。

PHA 是一种由羟基脂肪酸（hydroxyalkanoic acid，HA）单体首尾相连组成的线性饱和聚酯，其中，HA 单体的羧基与相邻单体的羟基形成酯键（图 5-1）。不同的 PHA 在 C-3 或 β 位上具有不同的侧链基团，以侧链为甲基的聚 β-羟基丁酸酯（poly-β-hydroxybutyrate，PHB）最为常见。PHA 通常由很多个单体聚合成直径为 0.2～0.5μm 的内含物，其分子量多为 50000～1000000。这些内含物或称颗粒可被革兰氏阴性菌和革兰氏阳性菌在不平衡生长[如碳源过剩而其他营养物（如氮、磷、氧等）缺乏]条件下合成和储存，其结构、理化性质、单体组成及聚合物的数量和尺寸都随微生物的种类而变化。

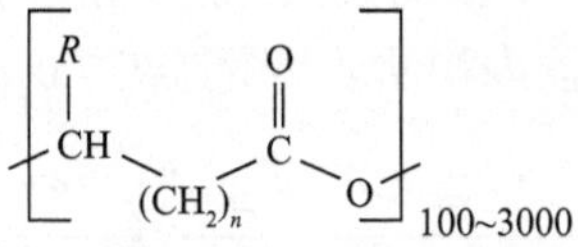

n=1	R=hydrogen	poly(3-hydroxypropionate)	P(3HP)
	R=methyl	poly(3-hydroxybutyrate)	P(3HB)
	R=ethyl	poly(3-hydroxyvalerate)	P(3HV)
	R=propyl	poly(3-hydroxycaproate)	P(3HC)
	R=butyl	poly(3-hydroxyheptanoate)	P(3HH)
	R=pentyl	poly(3-hydroxyoctanoate)	P(3HO)
	R=hexyl	poly(3-hydroxynonanoate)	P(3HN)
	R=heptyl	poly(3-hydroxydecanoate)	P(3HD)
	R=octyl	poly(3-hydroxyundecanoate)	P(3HUD)
	R=nonyl	poly(3-hydroxydodecanoate)	P(3HDD)
n=2	R=hydrogen	poly(4-hydroxybutyrate)	P(4HB)
n=3	R=hydrogen	poly(5-hydroxyvalerate)	P(5HV)

图 5-1 PHA 的化学结构通式（R 代表可变基团）

以往大多数合成 PHA 的研究采用纯种微生物，并以化学合成的有机物（如乙酸等）为碳源，这类方法要求无菌操作环境，消耗人类有限的有机资源。因此，与传统石化高分子材料相比，PHA 的生产成本较高，这大大限制了它的广泛应用。由于在污水生物处理过程中许多活性污泥微生物能够在细胞内积累 PHA，因此研发类似活性污泥处理污水的工艺合成 PHA，则有望降低其生产成本。同时，随着污水处理率的提高，每年产生数量巨大的污泥，其处理需要消耗大量人力、物力和财力。从前面的介绍可知，污泥通过厌氧发酵可产生大量短链脂肪酸（SCFAs），并且碱性发酵可以显著提高 SCFAs 的产量。如果能够研发活性污泥微生物利用污泥发酵产生的富含 SCFAs 发酵液作为碳源合成 PHA 的新工艺，不仅可以节省大量化学合成的有机物，而且可以同时实现污泥的资源化利用。

5.1　活性污泥微生物合成 PHA 方法选择

5.1.1　合成 PHA 的活性污泥驯化

1. 富集聚磷菌的活性污泥驯化

富集聚磷菌（polyphosphate accumulating organisms，PAO）的活性污泥驯化用的人工废水由浓缩液、微量元素液、磷液和氮液组成（表 5-1）。在序批式反应器（SBR）运行的每个周期，加入 2.75L 进水（含浓缩液 8.25 mL、微量元素液 1.32 mL 及氮液 7.5 mL）。在驯化的不同阶段添加一定量的磷液及乙酸和丙酸组成的混合碳源，其中乙酸和丙酸的 C 摩尔比为 4:1（依据发酵液中乙酸和丙酸的比例）。通过添加 2mol/L NaOH 或 HCl，使进水后反应器内初始 pH 控制在 7.0 左右，反应过程中不控制 pH。

表 5-1　实验配水成分

浓缩液	母液/（g/L）	微量元素液	母液/（g/L）	磷液	母液/（g/L）
$MgCl_2 \cdot 6H_2O$	33.9394	$Na_2MoO_4 \cdot 2H_2O$	0.06	$K_2HPO_4 \cdot 3H_2O$	17.6004
$MgSO_4 \cdot 7H_2O$	19.0909	$ZnSO_4 \cdot 7H_2O$	0.12	KH_2PO_4	23.4672
$CaCl_2 \cdot 2H_2O$	6.7273	$MnCl_2 \cdot 4H_2O$	0.12	NaOH	7.3
酵母浸出液	4.2424	$CuSO_4 \cdot 5H_2O$	0.03		
蛋白胨	25.8788	$FeCl_3 \cdot 6H_2O$	1.5		
NaOH	0.35	$CoCl_2 \cdot 6H_2O$	0.15		
ATU	0.1001	H_3BO_3	0.15		
		EDTA	10		
		KI	1.18		

注：实验配水成分中氮液由 26.75g NH_4Cl 溶入 1 L 水配成。

在驯化前 5d 不排泥，此后根据反应器内污泥悬浮固体（SS）的变化逐渐增加排泥量。从驯化的第 15d 开始，每天排泥使得污泥停留时间（SRT）为 10d 左右；SBR 内的起始碳源浓度从开始的 80 mg/L 逐渐提高到 300 mg/L，起始可溶性有机磷（soluble organic phosphorus，SOP）从 4 mg/L 逐渐提高到 15mg/L。经过 30d 的驯化，SBR 系统的释磷和吸磷均已达到稳定后进行后续实验。

2. 富集聚糖菌的活性污泥驯化

聚糖菌（glycogen accumulating organisms，GAO）的驯化按照以下方式进行。驯化前 30d，SBR 内的起始磷浓度一直保持在 4mg/L；此后，停止在进水中添加磷，在随后的 7d 内，污泥在厌氧末的释磷量逐渐降低，排水阶段上清液较为浑浊，SS 呈逐渐降低趋势；在第 37d，恢复起始磷浓度 4mg/L，并保持 7d，出水恢复较清澈，SS 逐渐增加；而后再次停止添加磷，并保持 7d。此后，重复上述过程。其间每天测定厌氧末磷的释放，直至厌氧释磷量很低，此时，测定并计算厌氧阶段活性污泥吸收单位短链脂肪酸所消耗的胞内糖原量，以及吸收单位短链脂肪酸活性污泥所释放的磷量，依据这两项指标判定该 SBR 内是否已富集到以 GAO 为主的活性污泥。

GAO 驯化中所使用的人工废水组成与 PAO 驯化中所使用的基本相同，区别在于进水磷浓度。在驯化前 30d，反应器内每周期起始 COD 浓度逐渐从 80 mg/L 上升到 300mg/L。通过添加 2mol/L NaOH 或 HCl，使进水后反应器内初始 pH 控制在 7.5 左右，反应过程中不控制 pH。

3. 好氧活性污泥驯化

好氧活性污泥驯化同样采用上述人工废水（表 5-1）。在 SBR 运行的每个周期，1L 进水含浓缩液 9.43 mL、微量元素液 1.51 mL、磷液 5.17 mL 及氮液 8.57 mL。在驯化 15d 后，反应器内每周期初始 COD 浓度开始从 80 mg/L 逐渐提高到 200 mg/L。通过添加 2 mol/L NaOH 或 HCl，使进水后反应器内初始 pH 控制在 7.0 左右，反应过程中不控制 pH。驯化 45d 后，反应器内活性污泥 PHA 含量周期变化稳定，即可用于后续研究。

4. 三种活性污泥驯化的结果

驯化结束后，三个反应器内各项指标变化见图 5-2。富集了 GAO、PAO 和好氧活性污泥的反应器，在碳源加入反应器后的较短时间内（30 min），乙酸和丙酸被迅速消耗掉，伴随明显的 PHA 合成，说明反应器中具有 PHA 合成能力的微生物得到富集；在 GAO 和 PAO 合成 PHA 的主要阶段（即厌氧段），氨氮没有明显变化，说明微生物的生长作用不明显，即 PHA 的合成与微生物的生长不同时发生；在好氧污泥反应器中，伴随着 PHA 的合成和累积，氨氮发生明显消耗，说明 PHA 的合成和微生物的生长同时发生。图 5-2（c）还显示，在 PHA 合成过程中，氨氮消耗速率较低；当 PHA 合成结束时，氨氮消耗速率升高，说明在外碳源浓度较高时以 PHA 累积为主，而后微生物生长开始占主导地位。此外，在富集 GAO 的反应器中，厌氧条件下吸收 SCFAs 合成 PHA 的同时，并没有出现磷大量释放的现象；在 PAO 中，厌氧末释磷量达到了初始磷浓度的 5 倍左右。此外，GAO 和 PAO 反应器中的 pH 变化基本相同，都是在厌氧段基本维持 pH 不变；在好氧段，由于 CO_2 溢出，pH 逐渐上升，并最终维持在 8.0～9.0。对于好氧污泥反应器，pH 从曝气之初开始上升，最终维持在 8.5～9.5。

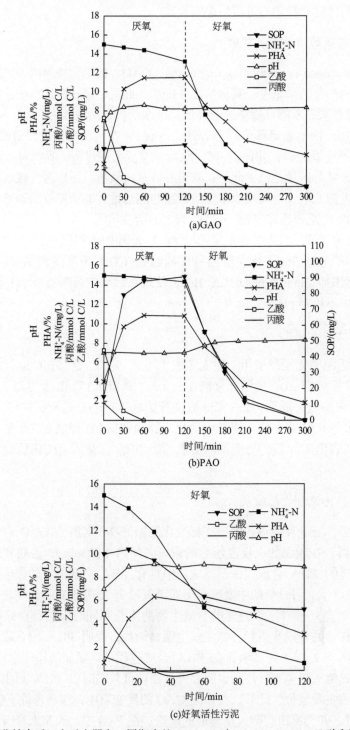

图 5-2　驯化结束后三个反应器在一周期内的 SOP、NH_4^+-N、PHA、pH、乙酸和丙酸的变化

5.1.2　合成 PHA 污泥的筛选

在好氧曝气结束、沉淀开始之前，从三个 SBR 驯化反应器中各取 2L 活性污泥混合物，离心去除上清液后，每份污泥均分为 4 份后加入 4 个 1L 批式反应器中，分别用于厌氧（包括一次进料和三次进料）和好氧（包括一次进料和三次进料）的 PHA 合成实验。向每个反应器中加入 1.18 mL 浓缩液、0.19 mL 微量元素液、1.07 mL 氮液和 0.97 mL 磷液。

在厌氧一次进料的合成实验中，1500 mg COD 的乙酸和丙酸混合液（C 摩尔比为 4 : 1）一次性加入反应器，加蒸馏水稀释至 500mL，使反应器内初始 COD 浓度为 3000mg/L，厌氧搅拌 10h 至反应结束；而在厌氧多次进料的实验中，等量的乙酸和丙酸混合液分三次、每次间隔 2h 加入反应器，使每次进料后反应器内 COD 浓度提高 1000mg/L，同样厌氧搅拌 10h 至反应结束。在好氧一次进料和多次进料的实验中，实验方法基本与厌氧实验相同，只是反应过程中通过曝气维持好氧条件。进料时用 2mol/L NaOH 或 HCl，调整初始 pH 为 7.0 左右，反应过程不控制 pH，每隔 2h 取样测定 PHA 及相关指标。采用磁力搅拌器使反应器内混合物均匀，以曝气泵连接微孔黏砂块曝气头曝气，好氧合成中溶解氧为 6mg/L 左右。反应器放在（20±1）℃的环境中。无论一次进料还是三次进料，均采用瞬间进料的方式（进料时间控制在 2 min 内完成）。

1. 三种污泥在厌氧和好氧条件下合成 PHA 的比较

GAO、PAO、好氧活性污泥分别在厌氧和好氧条件下采用一次进料或三次进料的方式合成 PHA 的结果见表 5-2。可见，GAO 在好氧条件下合成 PHA 量很小，但在厌氧条件下却有明显的 PHA 累积（累积量大于细胞干重的 20%），在 PAO 的合成中也可以观察到类似的情况；对于好氧活性污泥，结果正好相反，在好氧条件下累积了大量 PHA，但在厌氧条件下累积 PHA 效果却不明显。

表 5-2　三种活性污泥在不同合成条件下的 PHA 合成量

污泥类型	合成工艺	进料方式	实验标记	每次进料/（mg COD/L）	PHA/%
GAO	厌氧	一次	GAO 厌 1	3000	27.3
		三次	GAO 厌 3	1000	35.7
	好氧	一次	GAO 好 1	3000	3.1
		三次	GAO 好 3	1000	2.8
PAO	厌氧	一次	PAO 厌 1	3000	23.9
		三次	PAO 厌 3	1000	32.4
	好氧	一次	PAO 好 1	3000	2.2
		三次	PAO 好 3	1000	2.3
好氧活性污泥	厌氧	一次	好氧泥厌 1	3000	3.5
		三次	好氧泥厌 3	1000	4.1
	好氧	一次	好氧泥好 1	3000	41.9
		三次	好氧泥好 3	1000	52.4

　　显然，在厌氧-好氧条件下和单纯好氧条件下驯化出的微生物具有不同的 PHA 合成特征。本研究中，厌氧-好氧驯化的活性污泥微生物能够在厌氧条件下，通过消耗细胞内的聚磷酸盐和糖原获得能量与还原力来合成 PHA[用于在碳源缺乏的好氧段的生存和生长（PHA 的储存和微生物的生长分别在厌氧和好氧两个阶段发生）]，从而在系统中获得优势地位。因此，当碳源在好氧段投加时，将主要被用于微生物的生长而不是 PHA 的合成。与此不同的是，在好氧条件下驯化的活性污泥，PHA 的合成与微生物的生长同时存在，只不过当外碳源浓度较高时，PHA 合成占优势；当外碳源浓度较低时，生长占优势，并且合成的 PHA 也被消耗用于生长。显然，驯化条件对活性污泥微生物合成 PHA 有显著影响。

　　2. 不同进料方式对三种污泥合成 PHA 的影响

　　如表 5-2 所示，在 PHA 含量较高的反应器中，将 3000 mg COD/L 分三次投加到反应器中得到的 PHA 累积量明显高于一次投加。例如，在 GAO 厌氧合成 PHA 的实验中，一次进料合成的 PHA 为 27.3%，而三次进料合成的 PHA 为 35.7%；好氧活性污泥好氧条件合成的 PHA 从 41.9%（一次进料）提高到 52.4%（三次进料）。可见，多次进料可以合成更多 PHA，这可能是因为多次进料使污泥处于交替出现的碳源充足和匮乏状态，刺激微生物利用碳源合成 PHA。

　　3. 三种污泥合成 PHA 的组分比较

　　由图 5-3 可知，GAO 在厌氧条件下合成的 PHA 组分中，3-羟基丁酸（3HB）：3-羟基戊酸（3HV）：聚-2-甲基-3-羟基戊酸（3H2MV）的比为 58：28：14，与 PAO 厌氧合成的 PHA 中 3HB：3HV：3H2MV 的比 67：25：8 基本相同；而好氧活性污泥在好氧条件下合成 PHA 的组分则与 PAO 和 GAO 明显不同，其 3HB：3HV：3H2MV 比为 79：20：1。可见，厌氧-好氧和好氧条件下驯化的活性污泥合成的 3HV 组分的含量差别不大，主要区别在于 3HB 和 3H2MV，前者合成了较多的 3H2MV，而后者合成的 3HB 明显增加。众所周知，活性污泥合成 PHA 的组分与碳源组成有很大关系，但图 5-3 结果显示，合成的 PHA 组分还与活性污泥中的微生物种类及其代谢途径、厌氧或好氧的合成条件等因素有关。

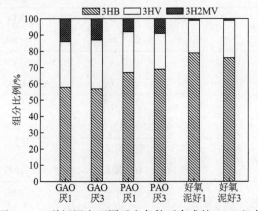

图 5-3　三种污泥在不同反应条件下合成的 PHA 组分

通过比较三种污泥在不同合成方式下的 PHA 累积量发现，好氧条件下驯化的污泥，在好氧多次进料的 PHA 合成实验中得到最高的 PHA 累积量（52.4%），而 GAO 和 PAO 合成的 PHA 分别只有 35.7% 和 32.4%，好氧活性污泥表现出更高的 PHA 合成能力。因此，选择好氧活性污泥进行 PHA 合成，并且使用多次进料工艺。

5.1.3　好氧活性污泥合成 PHA 的主要影响因素

取上述驯化的好氧活性污泥，在多次进料的条件下，分别考察 pH 和活性污泥初始 PHA 含量对 PHA 合成的影响。

1. pH 的影响

在好氧曝气结束、沉淀开始之前，从好氧 SBR 中取 3 L 活性污泥混合物，离心去除上清液后，平均分入 6 个 1 L 批式反应器中，然后按照上述方法合成 PHA[由于碳源（乙酸与丙酸混合物）的加入使得反应器的 pH 降低，因此用 2mol/L NaOH 将所有反应器的混合物初始 pH 调至 7.0]，其中反应器 1# 的 pH 在整个反应过程中不控制，反应器 2#～6# 的 pH 始终分别维持在 5.0、7.0、8.0、9.0 和 10.0；所有反应器进料 3 次，每次进料使得反应器内 COD 浓度提高 1000 mg/L。经过 10h 的曝气至反应结束，每隔 2h 取样测定 PHA 及相关指标。

由图 5-4 可见，随着反应的进行，pH 由初始的 7.0 迅速升至 8.7，并在随后的反应过程中基本稳定在 8.5～9.5 的范围内。由图 5-5 可见，pH 对 PHA 的合成有明显影响。pH 为 7、8 和不调 pH 的三个反应器内 PHA 变化规律基本一致，PHA 最高含量均为 52% 左右；对于 pH 为 9 的反应器，污泥合成的 PHA 最高含量为 50.1%；当 pH 为 5 和 10 时，PHA 最高含量明显偏低，分别为 34.5% 和 46.3%，表明太高或太低的 pH 环境不利于好氧污泥合成 PHA。显然，在 pH 为 7～9 范围内，pH 对活性污泥合成 PHA 的影响不明显，并与不调 pH 的结果类似；活性污泥合成 PHA 的最佳条件为中性或偏碱性的条件，pH 过高或过低不利于 PHA 的合成。

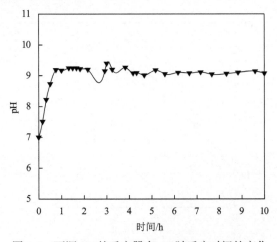

图 5-4　不调 pH 的反应器内 pH 随反应时间的变化

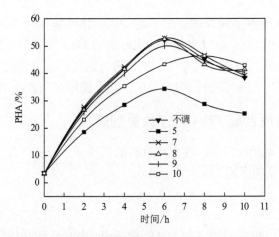

图 5-5　不同 pH 对好氧活性污泥合成 PHA 的影响

2. 污泥 PHA 起始含量的影响

在好氧曝气结束、沉淀开始之前，从好氧 SBR 中取 1.5 L 活性污泥并均分为三份：第一份离心后置于 1 L 批式反应器中；第二份在磁力搅拌下预曝气 1h 后，使污泥的 PHA 含量降低，离心去除上清液后置于 1 L 批式反应器中；第三份置于 1 L 批式反应器中，加入乙酸和丙酸混合液，使反应器内初始 COD 浓度为 400 mg/L，用 2 mol/L NaOH 调 pH 至 7.0，曝气 1h 后，将混合物离心弃去上清液，置于第三个 1L 批式反应器中。三份不同 PHA 起始含量的污泥准备好后，按照 PHA 合成实验的好氧三次进料实验方案，曝气 10h 至反应结束，其间每隔 2h 取样测定 PHA 及相关指标。

三种污泥中 PHA 的含量及合成速率见图 5-6 和表 5-3。显然，在起始 PHA 含量较低的反应器中，PHA 的合成速率高于其他两个反应器；第 6h 时，三个反应器分别达到了最大 PHA 累积量（42.0%、47.3% 和 55.6%）。可见，污泥经过充分预曝气、起始 PHA 含量仅为 0.15% 的反应器中得到了最高的污泥 PHA 含量。因此，后续实验都对污泥先进行 1h 预曝气，然后进行 PHA 的合成实验。

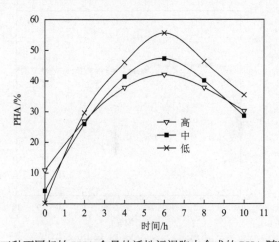

图 5-6　三种不同起始 PHA 含量的活性污泥胞内合成的 PHA 随时间变化

表 5-3　不同起始 PHA 含量污泥的最终 PHA 含量及合成速率

反应器编号	起始 PHA/%	最终 PHA/%	PHA 合成速率/[mmol C/(g VSS·h)]
1	10.90	42.0	2.46
2	4.20	47.3	3.40
3	0.15	55.6	4.38

5.2　好氧活性污泥利用城镇有机废物发酵液合成 PHA 的工艺条件

5.2.1　两种好氧活性污泥工艺合成 PHA 的比较

1. 富含短链脂肪酸的发酵液制备

剩余污泥于 4℃沉淀浓缩 24h，浓缩后的剩余污泥性质如下：pH 6.72、TSS 14786 mg/L、VSS 9864 mg/L、SCOD 396 mg/L、TCOD 14892 mg/L、总溶解性碳水化合物 986 mg COD/L、总溶解性蛋白质 8674 mg COD/L。将浓缩后的剩余污泥置于 10 L 厌氧发酵罐中，根据作者团队以往实验研究得出的产生 SCFAs 的最佳 pH 条件（即 pH 为 10）于（20±1）℃厌氧搅拌（80～100 r/min）8 天，离心（6000 r/min，10 min）分离后将上清液保存于 4℃备用。此时，发酵液的性质如下：SOP 137.6 mg/L、NH_4^+-N 272.8 mg/L、SCOD 6569 mg/L、SCFAs 2606 mg COD/L、总溶解性碳水化合物 187.7 mg COD/L、总溶解性蛋白质 1125.9 mg COD/L。

2. 利用发酵液碳源驯化好氧活性污泥

根据前面研究结果，好氧活性污泥比厌氧-好氧条件下驯化的活性污泥在 PHA 合成方面具有优势，因此，这里采用好氧活性污泥进行发酵液合成 PHA 的研究。为此，首先用发酵液对好氧 SBR 中的活性污泥进行驯化。好氧 SBR 的运行方式与前面介绍的相同。驯化所用废水采用发酵液与自来水 1：4 的比例混合后，用 2 mol/L HCl 调 pH 至 7.0±0.2。驯化过程中，对常规指标和污泥 PHA 含量进行测定，经过 45 d 驯化，反应器中各项指标及污泥 PHA 含量都保持稳定，驯化结束后的污泥用于后续研究。

3. 好氧多次进料工艺与好氧进料-排水工艺合成 PHA 的比较

在好氧阶段结束、沉淀之前，从驯化的好氧 SBR 反应器中取 1.0 L 活性污泥混合液，置于 4 L 反应器预曝气 1 h 后离心（6000 r/min，5 min）去除上清液后，将污泥均分为两份加入两个 1 L 批式反应器中，并用自来水将两个反应器中的污泥稀释至 0.25 L。采用两种不同的进料方式[好氧进料-排水（aerobic feeding and discharge，AFD）和好氧多次进料，详见图 5-7]，将 0.75 L 发酵液分别加入两个反应器中。AFD 工艺的技术关键是，在下一次进料之前，排掉上清液，保持反应过程中混合液体积的恒定。

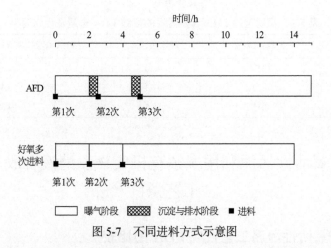

图 5-7　不同进料方式示意图

　　在两个反应器中，0.75L 发酵液都是均分为三次加入反应器的，即每次加入 0.25L 发酵液。在采用 AFD 工艺的反应器中，在上一次进料并曝气 2h 后，沉淀 0.5h 使泥水分离，并排出 0.25L 上清液，再向反应器中补充 0.25L 发酵液继续曝气，第三次加入发酵液后继续曝气 10h 至反应结束。采用好氧多次进料工艺与 AFD 工艺的主要区别在于，好氧多次进料工艺中不存在沉淀和排除上清液的过程。曝气过程中每 2h 取样测定 PHA 及相关指标。在上述所有好氧过程中，溶解氧控制在 6 mg/L，温度控制在（20±1）℃，用 2 mol/L HCl 将发酵液 pH 调整至 7.0±0.2，反应过程中不控制 pH。

　　采用 AFD 工艺和好氧多次进料工艺的实验结果如图 5-8 所示。两种进料方式对活性污泥中 PHA 的累积有不同的影响。随着反应的进行，两个反应器内活性污泥中 PHA 含量逐渐增加，均在 6h 时达到峰值，其中，采用 AFD 工艺的反应器中，活性污泥最高 PHA 累积量为 50.8%，明显高于采用好氧多次进料工艺的反应器内的 41.7%，表明 AFD 工艺在 PHA 累积方面优于好氧多次进料工艺。

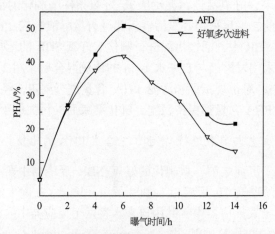

图 5-8　AFD 和好氧多次进料工艺的胞内 PHA 含量随时间变化

　　图 5-9 为两种工艺合成 PHA 时反应器内的 SCFAs 变化。由图 5-8 和图 5-9 可见，SCFAs 的消耗与 PHA 的累积存在明显的对应关系。由于在 PHA 代谢过程中 PHA 的合

成与分解同时存在，当环境条件有利于 PHA 积累时，细胞内的 PHA 含量增加；反之，则表现为 PHA 含量的降低。众所周知，较高的碳源浓度有利于 PHA 的合成。在上述两个反应器内，发酵液都是分 3 次投加的，但在采用好氧多次进料工艺的反应器中两次进料的间歇没有沉淀和排出上清液的步骤。因此，在第 1 次进料中，两个反应器的 SCFAs 浓度相同，而在第 2 次、第 3 次进料中，AFD 工艺的反应器中 SCFAs 浓度高于采用好氧多次进料工艺的反应器，这使得使用 AFD 工艺反应器的污泥获得较高的 PHA 累积量。

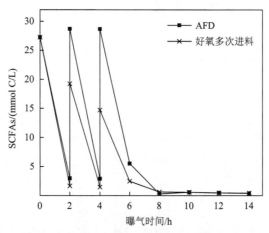

图 5-9　AFD 和好氧多次进料工艺下 SCFAs 的消耗

5.2.2　AFD 工艺合成 PHA 的参数优化

1. 进料次数对 PHA 合成的影响

从好氧 SBR 中取 0.5 L 泥水混合物，置于 4 L 反应器内预曝气 1 h，离心、排出上清液，置于 1 L 批式反应器中，加自来水稀释至 0.25L，然后采用 AFD 工艺，将 1.25 L 发酵液均分 5 次加入反应器中进行 PHA 的合成，即加入 0.25 L 发酵液后，混合液曝气 2 h，而后沉淀 0.5 h，待排出上清液后再次加入 0.25 L 发酵液进行曝气，重复该过程 4 次；第 5 次加入 0.25L 发酵液后，曝气 10 h 至反应结束。曝气阶段溶解氧维持在 6 mg/L，温度为（20±1）℃，用 2 mol/L HCl 将发酵液 pH 调整至 7.0±0.2，反应过程中不控制 pH，曝气过程中每 2h 取样测定 PHA 及相关指标。

由图 5-10 可见，活性污泥的 PHA 含量随进料次数的增加而逐渐增加，但增加速率随进料次数的增加而逐渐降低。PHA 的初始含量为 1.58%，在第一次进料后，活性污泥中的 PHA 含量增加到 21.4%；当进料次数增加到 4 次后，PHA 含量达到 63.3%；进料次数进一步增加到 5 次后，PHA 含量仅有少量增加（为 64.7%）。显然，随着进料次数的增加，单位 SCFAs 合成的 PHA 量却逐渐降低（图 5-11）；当进料次数超过 4 次后，增加进料次数对 PHA 合成的影响不明显，因此选择发酵液的进料次数为 4 次。

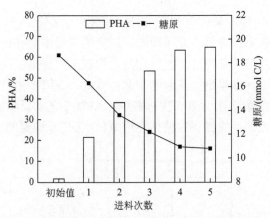

图 5-10　不同进料次数条件下污泥中 PHA 及糖原含量变化

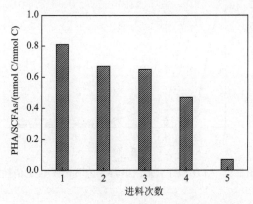

图 5-11　每次进料消耗单位 SCFAs 合成的 PHA

　　研究发现，活性污泥微生物合成的 PHA 与糖原的代谢存在明显的相关性，这是因为 PHA 比 SCFAs 的还原性强，合成 PHA 需要消耗还原力（NADH），它由糖原的降解提供（图 5-10）。在前 4 次进料中，伴随着 PHA 含量从 1.58%增长到 63.3%，活性污泥中有 7.71 mmol C/L 糖原被消耗；在第 5 次进料后，虽然活性污泥处于外碳源充足的环境中，但糖原的降解量很少（从 10.95 mmol C/L 到 10.80 mmol C/L），这使得活性污泥中 PHA 的累积量增加较少（从 63.3%增加到 64.7%）。上述结果表明，在发酵液为碳源进行 PHA 合成的过程中，即使 SCFAs 充足，但糖原降解产生还原力受限是导致 PHA 合成量难以进一步提高的关键。

　　2. 曝气时间模式对 PHA 合成的影响

　　从好氧 SBR 中取 2 L 泥水混合物，置于 4 L 反应器内预曝气 1h，离心、排出上清液，等分至 4 个反应器中，并加自来水稀释至 0.25 L。0.75 L 发酵液分 3 次加入每个反应器。当 0.25 L 发酵液第一次加入 4 个反应器后，分别曝气 1h、2h、3h 和 1h，沉淀 0.5h 排出上清液；第 2 次加入 0.25 L 发酵液，分别曝气 1h、2h、3h 和 2h 后，沉淀 0.5h 排出上清液；第 3 次加入发酵液后，4 个反应器都曝气 10h 至反应结束。对于第 1 次和第 2 次进料，每次曝气结束前取样；第 3 次进料后，每隔 2h 取样（即 1h、3h、5h 等分别取样）。其余实验条件同上。将上述 4 个反应器的曝气模式分别记为 1h-1h、2h-

2h、3h-3h 和 1h-2h。

不同曝气时间模式不仅对 SCFAs 的消耗有影响，也对 PHA 的合成有影响。如图 5-12 所示，第 1 次进料后，与其他曝气时间模式相比，1h-1h 和 1h-2h 两种模式经过 1h 的曝气，得到了最大的 PHA 含量增长量，分别为 25.5%和 25.8%，此时两个反应器内 SCFAs 的剩余浓度在 5~8 mmol C/L 范围内（分别为 7.1 mmol C/L 和 5.2 mmol C/L）；对于 2h-2h 和 3h-3h 曝气时间模式，第 1 次进料后，分别经过 2h 和 3h 曝气，SCFAs 的剩余浓度和污泥中 PHA 含量增长量均低于 1h-1h 和 1h-2h 曝气时间模式。在进料量相同的情况下，这一现象表明，过长的曝气时间导致部分已合成的 PHA 被分解。第 2 次进料后可观察到类似的现象，同时发现在 1h-1h 反应器中，1h 曝气时间使 SCFAs 的残留浓度高达 20.3 mmol C/L，相应的 PHA 含量增长量仅为 13.05%，这一结果表明过短的曝气时间不仅使活性污泥得不到足够时间吸收碳源，使 PHA 累积量降低，而且造成了碳源的浪费。第 3 次进料后，4 个反应器中达到最高 PHA 含量（65.7%）的曝气时间模式为 1h-2h，即在第 1 次、第 2 次、第 3 次进料后，分别曝气 1h、2h、3h，最终达到最大 PHA 累积量。

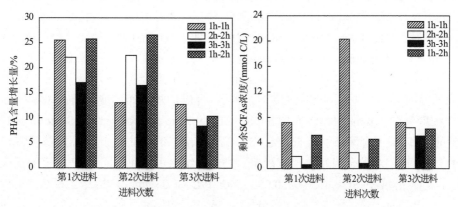

图 5-12　不同曝气时间模式对 PHA 含量增长量和剩余 SCFAs 浓度的影响

前人研究表明，当外碳源缺乏时，微生物可通过分解细胞内的 PHA 提供其生存和生长所需的碳源和能源。本研究发现，当外碳源浓度过低时，如 0.6 mmol C/L、0.8 mmol C/L 和 1.9 mmol C/L，可观察到已合成的 PHA 发生部分降解，从而造成 PHA 合成量的下降。因此，PHA 合成过程中应尽量避免过度曝气。上述结果还表明，随着进料次数增加和微生物胞内 PHA 含量提高，消耗相同数量碳源所需的时间也逐渐延长，这一现象应与活性污泥中糖原水平的降低有一定的关系。因此，在 PHA 合成时控制适当的曝气时间是提高 PHA 累积量的重要因素，而采用逐渐延长的曝气时间模式更有利于 PHA 的合成。

3. 发酵液中 NH_4^+-N 浓度和 SOP 浓度对 PHA 合成的影响

在剩余污泥发酵过程中产生大量 NH_4^+-N 和 SOP 的释放，为研究它们对 PHA 合成的影响，依据作者团队之前的研究结果，采用鸟粪石沉淀法去除 NH_4^+-N 和 SOP。鸟粪石（$MgNH_4PO_4 \cdot 6H_2O$，MAP）是一种难溶于水的白色晶体，0℃时的溶解度仅为 0.023 g/L。当溶液中含有 Mg^{2+}、NH_4^+ 及 PO_4^{3-}，且离子浓度乘积大于溶度积常数时，能形成鸟粪石沉淀，反应式如式（5-1）所示：

$$Mg^{2+} + NH_4^+ + PO_4^{3-} + 6H_2O \longrightarrow MgNH_4PO_4 \cdot 6H_2O\downarrow \qquad （5-1）$$

　　根据作者团队之前报道的方法，即在 pH=10 条件下，按照 Mg/N=1.8、P/N=1.13 的比例向发酵液中补充 $MgCl_2 \cdot 6H_2O$ 和 KH_2PO_4，通过鸟粪石沉淀回收 NH_4^+-N 和 SOP。为尽量降低发酵液中残留的 NH_4^+-N 浓度和 SOP 浓度，在第一次回收后，取上清液重复上述过程。经两次回收后，发酵液的性质如下：SOP 5.0 mg/L、NH_4^+-N 72.8 mg/L、SCOD 5308 mg/L、SCFAs 2552 mg COD/L、总溶解性碳水化合物 162.8 mg COD/L、总溶解性蛋白质 995.2 mg COD/L。

　　从好氧 SBR 反应器中取 3.5 L 泥水混合物，置于 4 L 反应器内预曝气 1h，离心、排出上清液，等分至 7 个反应器中，并加自来水稀释至 0.25L。采用 AFD 工艺，将 0.75L 发酵液分三次分别加入 7 个反应器中，进行 PHA 的合成。第 1 次、第 2 次进料后分别曝气 2h，并沉淀排出上清液，第 3 次进料后曝气 10h 至反应结束。向加入发酵液的 7 个反应器中分别补充 NH_4Cl 和 KH_2PO_4，使 7 个反应器内的 NH_4^+-N 浓度分别为 2.60 mmol N/L、6.17 mmol N/L、9.74 mmol N/L、12.39 mmol N/L、2.60 mmol N/L、2.60 mmol N/L、2.60 mmol N/L，SOP 浓度分别为 0.08 mmol P/L、0.08 mmol P/L、0.08 mmol P/L、0.08 mmol P/L、1.03 mmol P/L、2.22 mmol P/L、3.10 mmol P/L。

　　图 5-13 给出了不同 NH_4^+-N 浓度和 SOP 浓度对 PHA 合成的影响。由图 5-13 可见，在不同的 NH_4^+-N 浓度和 SOP 浓度下，PHA 合成量随时间的变化情况基本一致。当 NH_4^+-N 浓度为 2.60 mmol N/L、6.17 mmol N/L、9.74 mmol N/L 和 12.39 mmol N/L 时，所得到的最高 PHA 含量分别为 56.2%、53.8%、55.7% 和 54.8%，这表明发酵液中 NH_4^+-N 浓度的高低对 PHA 的合成基本没有影响。类似的结果也可在不同 SOP 浓度的反应器中得到，即当发酵液中 SOP 浓度为 0.08 mmol P/L、1.03 mmol P/L、2.22 mmol P/L 和 3.10 mmol P/L 时，最高的 PHA 含量分别为 56.2%、57.4%、58.7% 和 55.2%。在前面的实验中，发酵液不经处理直接进行 PHA 合成时，反应器中 NH_4^+-N 浓度和 SOP 浓度分别为 9.74 mmol N/L 和 2.22 mmol P/L。这些现象说明，在本研究中，发酵液的 NH_4^+-N 浓度和 SOP 浓度对 PHA 的合成没有显著影响。因此，在以发酵液为碳源进行 PHA 合成时，不需要去除其中的 NH_4^+-N 和 SOP。

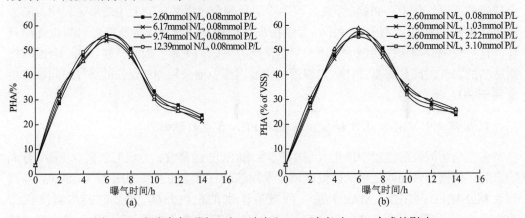

图 5-13　发酵液中不同 NH_4^+-N 浓度和 SOP 浓度对 PHA 合成的影响

图 5-14 为反应过程中 NH_4^+-N 和 SOP 的变化情况。由图 5-14 可见，在 PHA 合成的过程中，NH_4^+-N 和 SOP 都有不同程度的降低，这主要是微生物生长消耗所致。

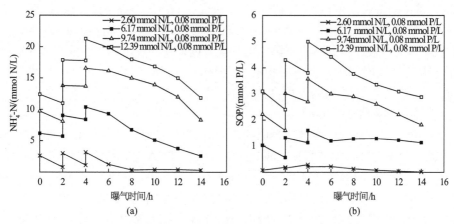

图 5-14　不同 NH_4^+-N 浓度和 SOP 浓度的发酵液合成 PHA 过程中 NH_4^+-N 和 SOP 的浓度变化

5.2.3　最佳条件下的 PHA 合成及其理化性质

根据上述研究结果，以发酵液为碳源在 AFD 工艺下合成 PHA 的最佳工艺条件如下（以 1 L 为例）：从好氧 SBR 中取 1 L 活性污泥混合液，预曝气 1h，离心 5min 弃上清液后，置于 1L 反应器中，加自来水稀释至 0.5 L。取 2 L 发酵液（未回收 NH_4^+-N 和 SOP）等分为 4 份，采用 AFD 工艺加入反应器中。其中，第 1 次、第 2 次和第 3 次进料后分别曝气 1h、2h 和 3h 后停止曝气，沉淀并排出上清液；第 4 次进料后，曝气 10h，其间取样 1 次，结果如图 5-15 所示。在曝气 10h 时，活性污泥中 PHA 含量达到最大值（72.9%）。

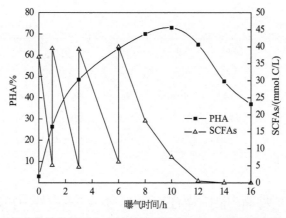

图 5-15　AFD 工艺在最佳条件下合成得到的污泥中 PHA 含量和反应器中 SCFAs 的变化

众所周知，PHA 是由具有光学活性的(R)-3HA 单体组成的线性可降解聚酯，其理化性质主要由单体组成决定。野生菌合成的 PHB 分子量在 $1 \times 10^4 \sim 3 \times 10^6$，分散指数为 2 左右。PHB 在某些性能上类似于热塑性塑料，力学性质与聚丙烯（PP）相似，但由于 PHB 的化学结构简单规整，结晶度高达 60%～80%，因而性脆，大大限制了它的应用范围。其他单体（如 3HV、3H2MV 等组分）的掺入会显著改善 PHB 的性能，并带来一些新的特性。

3HV 单体的掺入使聚合物结晶结构明显改变，晶体规整性下降，这对 PHB 性能有改善作用。随着 PHA 中 3HV 比例从 0%升高到 25%，PHA 的弹性和韧性都得到显著改善，硬度下降，强度上升，熔点下降，但分解温度却没同步下降，这使得 PHA 产物能够在更大温度范围内加工，而不必担心发生分解。因而自 20 世纪 80 年代起，英国 Zeneca 公司就开始以葡萄糖及丙酸为底物，利用 *Ralstonia eutropha* 来大规模生产 PHBV，其商品名称即为 Biopol。

表 5-4 给出了本研究由发酵液合成的 PHA 的部分物理性质，同时列出了 Biopol 的 PHA 产品及使用乙酸、丙酸和异戊酸为碳源合成的 PHA 主要性质。可见，随着 PHA 组分中 3HV 含量从 1.6%增加到 82.4%、3H2MV 含量从 0%增加到 10.6%，PHA 的熔点（T_m）及溶解焓（ΔH_m）降低。发酵液为碳源合成的 PHA，除了 73.5%的 3HB 组分外，还包含 24.3%的 3HV 和 2.2%的 3H2MV，该 PHA 产物的熔点为 101.4℃，远低于 PHB 均聚物的熔点（180℃），而与 Biopol^{TM} PHA 性质相似。使用发酵液合成的 PHA 的玻璃化转变温度 T_g（2.68℃）在 Biopol^{TM} PHA 报道的范围内（-8~9℃）。此外，随着 3HV 和 3H2MV 组分比例的提高，PHA 产物的重均分子量（MW）也提高。尽管以丙酸为碳源合成的 PHA 具有最高的 3HV 比例和 3H2MV 比例，但剩余污泥碱性发酵液合成的 PHA 表现出最高的 MW（8.5×10^5），这一分子量接近 Biopol^{TM} PHA 分子量范围的上限，同时，这一分子量的多分散指数（polymer dispersity index，PDI）为 2.70，接近 Biopol^{TM} PHA 的 PDI 的下限。这说明，以发酵液为碳源可以生产出分子量较高的 PHA。

表 5-4　不同碳源合成 PHA 的组分、分子量和热学性质分析

碳源	组分占比/%			热学性质			分子量	
	3HB	3HV	3H2MV	T_g/℃	T_m/℃	ΔH_m/(J/g)	MW($\times 10^5$)	PDI
乙酸	98.4	1.6	0	NA	157.9	83.8	4.95	1.94
异戊酸	90.8	7.4	1.8	NA	156.2	70.9	6.13	2.75
丙酸	7.0	82.4	10.6	NA	96.1	58.9	6.68	2.61
剩余污泥碱性发酵液	73.5	24.3	2.2	2.68	101.4	48.1	8.5	2.70
Biopol^{TM} PHA	100~71.6	0~28.4	0	-8~9	102~175	NA	3.6~9.3	2.5~4.6

注：NA 表示不可获得数据。

5.3　发酵液主要有机组分在 PHA 合成中的作用及微生物解析

5.3.1　发酵液主要有机组分对 PHA 合成影响

发酵液的有机组分主要包括乙酸、丙酸、异戊酸、碳水化合物和蛋白质等，为研究它们对 PHA 合成的影响，分别以乙酸、丙酸、异戊酸、葡萄糖（碳水化合物的模型

物）和 BSA（蛋白质的模型物）为碳源（组成见表 5-5），配制 8 种人工废水进行 PHA
合成的研究。从好氧 SBR 中取 4 L 泥水混合物，离心、排出上清液，沉淀物中加入少
量自来水后等分至 8 个反应器中，分别加入上述 8 种人工废水，并加自来水使每个反应
器内混合物体积为 0.5 L，然后混合物曝气 10 h 至反应结束，其间每隔 2 h 取样。8 个
反应器内的碳源组成见表 5-5。在上述曝气过程中，溶解氧浓度控制在 6 mg/L，温度控
制在（20±1）℃，用 2 mol/L HCl 或 2 mol/L NaOH 将 pH 调至 7.0±0.2，反应过程中
不控制 pH。

表 5-5　各个反应器中的碳源及其浓度　　　　（单位：mmol C/L）

反应器	乙酸	丙酸	异戊酸	葡萄糖	BSA
R1	30				
R2		30			
R3			30		
R4				30	
R5					30
R6	30			10	
R7	30				10
R8	30			10	10

如表 5-6 所示，发酵液的不同组分对 PHA 合成和组成有较大影响。在三种 SCFAs
碳源中，乙酸合成的 PHA 含量最高并且以 3HB 组分为主；当以葡萄糖或 BSA 作为碳
源时，没有观察到明显的 PHA 合成；当乙酸与葡萄糖或与 BSA 混合物作为碳源时，合
成的 PHA 与单独乙酸为碳源时差不多。可见，在本研究中所驯化的活性污泥微生物不
能利用葡萄糖和 BSA 进行 PHA 的合成。事实上，在使用发酵液为碳源进行 PHA 的合
成过程中，发酵液中的溶解性碳水化合物和蛋白质并没有明显的消耗（图 5-16）。因
此，以发酵液为碳源合成 PHA 时，发酵液中的 SCFAs 起了主导作用。

表 5-6　不同有机碳源时的 PHA 含量与成分　　　　（单位：%）

有机碳源	PHA 含量	PHA 组成		
		3HB	3HV	3H2MV
乙酸	29.7	97.8	2.2	0
丙酸	20.3	7.2	83.0	9.8
异戊酸	5.9	92.4	5.9	1.7
葡萄糖	ND	ND	ND	ND
BSA	ND	ND	ND	ND
乙酸+葡萄糖	30.6	96.9	3.1	0

续表

有机碳源	PHA 含量	PHA 组成		
		3HB	3HV	3H2MV
乙酸+BSA	29.1	97.3	2.7	0
乙酸+葡萄糖+BSA	30.8	96.3	3.7	0

注：ND 表示未检测到。

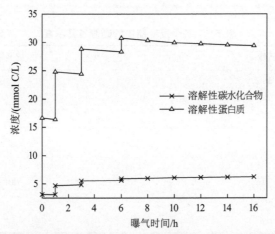

图 5-16　以发酵液为碳源采用优化的 AFD 工艺合成 PHA 过程中溶解性碳水化合物
和蛋白质的浓度变化

5.3.2　PHA 合成微生物的系统发育分析

采用 16S rRNA 基因文库方法，对最佳工艺条件下合成 PHA 的活性污泥微生物群落进行分析，得到的系统发育树如图 5-17 所示。合成 PHA 的活性污泥微生物种群分布呈现高度分散性，共筛选出 112 个克隆子，分为 53 个操作分类单元（OTU），这些 OTU 所代表的微生物主要属于以下几个门：γ-Proteobacteria（42.0%）、α-Proteobacteria（16.1%）和 β-Proteobacteria（15.2%）。此外，还包括 Bacteroidetes（5.4%）、Chloroflexi（4.5%）、candidate division SR1（4.5%）、Verrucomicrobiae（3.6%）、Planctomycete（3.6%）、ε-Proteobacteria（2.7%）和 Sphingobateria（1.8%）等门。

通过微生物系统发育关系的分析可知，属于 γ-Proteobacteria 门的 OTU 主要包含 OTU30（17/112）、OTU28（1/112）和 OTU29（1/112），它们都与 *Thiothrix* sp.有很大的相关性；其他 OTU 则分布在一个单一的包含两个亚群的簇中，包括 OTU31、OTU32、OTU33、OTU34、OTU40、OTU45、OTU50 和 OTU53，这些亚群占 PHA 合成微生物种群数量的 24.1%，但却不属于任何一种已知的 γ-Proteobacteria。此外，α-Proteobacteria 和 β-Proteobacteria 也是在 PHA 合成系统中发挥重要作用的两种主要门类。可见，与 γ-Proteobacteria、α-Proteobacteria 和 β-Proteobacteria 相关的微生物种群在好氧 PHA 合成系统中占据优势（73.3%），这些微生物更能够适应剩余污泥发酵液的驯化环境，并在 PHA 合成中发挥重要作用。

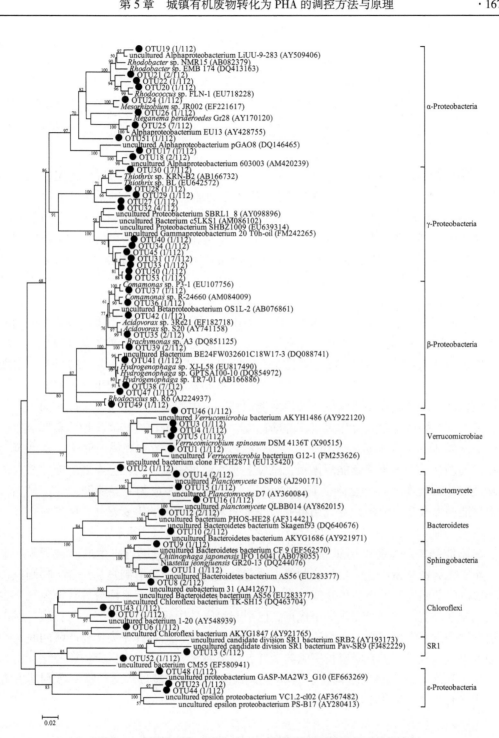

图 5-17　以发酵液为碳源合成 PHA 的活性污泥微生物系统发育树

第 6 章　城镇有机废物高效转化为氢气的调控方法与原理

目前的能源主要来源于煤、石油等不可再生的化石燃料，它的过度利用使人类面临资源枯竭的危机，造成全球气候变暖、环境污染加剧、生态环境恶化和健康问题凸显，可再生清洁能源的开发成为当今科学研究的重要课题。在诸多新能源中，氢气受到越来越多的关注。氢气作为一种"清洁能源"，在燃烧过程中不产生污染物，可实现真正的"零"排放。且在已知燃料中，氢气燃烧热值最高（142.35kJ/g，是汽油的 2.75 倍、酒精的 3.9 倍、焦炭的 4.5 倍）。同时，氢气作为重要的化工原料，在石油化工、制药、电子、低温超导等行业也具有广泛用途。根据美国国家氢气规划，到 2025 年，氢气在整个能源市场上的份额将占 8%～10%，2040 年氢能及其运输系统可以遍布美国的各个区域。随着人类对能源需求的不断增加，地球上可利用的化石燃料急剧减少。

中国科学院提出的"中国能源科技发展路线图"分近期（2008～2020 年）、中期（2021～2035 年）、远期（2036～2050 年）三个不同发展时期。近期重点发展节能、清洁能源技术，并积极发展非水能的可再生能源技术；中期重点推动可再生能源向主力能源发展，其中强调突破光合作用机理并筛选或创造高效光生物质转换物种，实现农业废弃物、纤维素、半纤维素高效物化/生化转化技术的工业示范和规模产业化，发展氢能体系；远期建成中国可持续能源体系，总量上基本满足中国经济社会发展的能源需求，结构上对化石能源的依赖度降低到 60%以下，可再生能源成为主导能源之一。显然，可再生能源尤其是氢能的开发利用将成为我国未来科技领域的重要发展方向之一。

氢气的制取方法主要包括物化法和生物法。物化法制氢主要包括煤和焦炭气化制氢、太阳能制氢、电解水制氢等。物化法制氢需要消耗大量不可再生的矿物资源或电力，属于能源密集型产业。生物法制氢主要包括生物厌氧暗发酵制氢及光合生物制氢，它可通过厌氧暗发酵产氢微生物或光合产氢微生物的作用，将有机质分解获得氢气。生物制氢技术具有清洁、节能等突出优点，已引起世界各国研究者广泛兴趣与关注。城市有机废物中含有大量多糖、蛋白质类等可生物利用物质，利用其作为生物产氢的底物，可减少生物制氢对人类有限有机资源的消耗，降低制氢成本并对有机废物资源化利用，保护生态环境。本章将从城镇有机废物发酵产氢、生物产氢过程废液进一步利用等方面，阐述有机废物高效生物转化为氢气的技术和原理。

6.1　基于 pH 调控城镇有机废物厌氧暗发酵产氢

6.1.1　城镇有机废物的热预处理

剩余污泥主要由有机物质组成，如多糖和蛋白质。厌氧发酵过程中氢气是一中间产物，会迅速被产甲烷菌消耗。为了在剩余污泥厌氧发酵过程中获得氢气，必须抑制污泥厌氧发酵过程中甲烷菌的活性，即剩余污泥的厌氧发酵过程必须控制在产氢产乙酸阶段。虽然厌氧发酵一直保持在碱性条件下（pH 为 10）可以控制甲烷菌的活性，但在其他 pH 下仍有大量甲烷产生。为更好地研究不同 pH 与剩余污泥厌氧发酵产氢量之间的关系，本研究涉及的污泥若非特殊说明，均采用热预处理方法进行预处理，以抑制甲烷菌的活性。

　　将剩余污泥（性质见表 6-1）加热到 102℃后，保持 30 min。待冷却到室温，测定剩余污泥 SCOD、SCFAs、可溶性蛋白质、可溶性糖的变化。将 400 mL 原污泥及热预处理后污泥分别装入 600 mL 血清瓶中，调节初始 pH 为 6，恒温摇床 120 r/min，（37±1）℃下厌氧发酵，集气袋收集气体并检测含量。

表 6-1　剩余污泥的主要性质

测试项目	平均值	标准偏差
pH	6.6	0.2
TSS/(mg/L)	17340	1580
VSS/(mg/L)	12500	1090
TCOD/(mg/L)	17400	1070
SCOD/(mg/L)	145	23
多糖/(mg COD/L)	1746	79
蛋白质/(mg COD/L)	9199	169
C/N	7.1	0.2

　　由表 6-1 和表 6-2 可以看出：污泥中含有大量的有机物质，其中以蛋白质为主，但是污泥中可供厌氧暗发酵产氢直接利用的有效成分（可溶性有机物质）含量很低。污泥中 TCOD 平均浓度为 17400 mg/L，而 SCOD 浓度仅为 145 mg/L，约为 TCOD 浓度的 0.8%，可溶性糖浓度约为总糖浓度的 0.4%，可溶性蛋白质浓度约为总蛋白质浓度的 0.39%。污泥经过热预处理后，SCOD 浓度是处理前的 13.9 倍，可溶性糖浓度增加了 27 倍，可溶性蛋白质浓度增加了 26 倍，可能是加热使污泥细胞破坏，胞内物质释放所致。由此可见，热预处理有利于促进污泥的溶胞过程，为水解酸化提供更多有效底物。

表 6-2　污泥热预处理前后性质

条件	SCOD/(mg/L)	SCFAs/(mg/L)	可溶性糖/(mg/L)	可溶性蛋白质/(mg/L)
处理前	145±23	18±2	7±1	36±4
处理后	2014±319	26±3	199±23	989±118

　　图 6-1 为发酵 52 h 后热预处理污泥（heated pretreatment sludge，HS）与原污泥（raw sludge，RS）产气量的比较。由图 6-1 可以看出，热预处理后，污泥氢气产量为 3.84 mL H_2/g COD，远大于原污泥的 0.59 mL H_2/g COD。在发酵过程中，经热预处理后的污泥没有检测到甲烷的产生；而原污泥发酵过程中甲烷产量为 1.65 mL CH_4/g COD，

并且随着发酵时间的延长，原污泥产生的氢气迅速被消耗并转化为甲烷。可见，热预处理方法可有效抑制甲烷菌的生长。

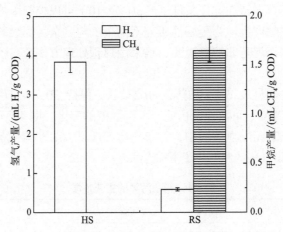

图 6-1　热预处理对剩余污泥厌氧暗发酵产气的影响

6.1.2　城镇有机废物在不同初始 pH 厌氧发酵产氢

将 400 mL 热预处理后的污泥分别加入 8 只 600 mL 血清瓶内，用 4mol/L HCl 或 4mol/L NaOH 调节反应瓶内初始 pH 分别为 4、5、6、7、8、9、10 及 11。用氮气排出反应瓶中气相和污泥中氧气后，迅速用橡胶塞密封反应瓶，置于恒温摇床中 120 r/min、（37±1）℃下振荡培养，气体由集气袋收集。反应过程中测定气体体积和组分、SCFAs、可溶性蛋白、可溶性糖等。

1. 对厌氧暗发酵产氢量的影响

由图 6-2 可以看出，当发酵初始 pH 为 4 时，最大累积产氢量为 2.29 mL H_2/g COD，为所有实验组中最低；当发酵初始 pH 为 5、6、7（传统认为适于厌氧发酵产氢的 pH）时，最大累积产氢量分别为 4.79 mL H_2/g COD、3.84 mL H_2/g COD 和 4.52 mL H_2/g COD。随着 pH 的升高，最大累积产氢量呈增加趋势：当发酵初始 pH 为 8 和 9 时，最大累积产氢量分别为 5.57 mL H_2/g COD 和 6.63 mL H_2/g COD；进一步提高发酵初始 pH，剩余污泥厌氧发酵最大累积产氢量明显提高；当发酵初始 pH 增加到 10 时，最大累积产氢量为 13.05 mL H_2/g COD，是发酵初始 pH 为 4 时最大累积产氢量的 5.7 倍、发酵初始 pH 为 9 时最大累积产氢量的 2 倍；但当发酵初始 pH 由 10 增加到 11 时，最大累积产氢量变化不大，仅由 13.05 mL H_2/g COD 增加到了 13.54 mL H_2/g COD。可见，剩余污泥厌氧暗发酵产氢时，初始 pH 碱性有利于提高最大累积氢气量。

值得注意的是，随着发酵时间的进一步延长，在所有反应瓶内累积产氢量迅速减小。120 h 后所有发酵初始 pH 条件下氢气均被消耗完。由于反应过程中没有甲烷的产生，产生以上现象的原因可能是耗氢的同型产乙酸菌的存在。同型产乙酸菌为一种厌氧的含芽孢杆菌，在热预处理时不会被灭活，它可通过 Wood-Ljungdahl 途径通过式（6-1）将 H_2 和 CO_2 转化为乙酸。虽然实验中累积产氢量的消耗仅表现在反应末期，但实际过程中同型产乙酸菌的耗氢活动可能贯穿于厌氧发酵产氢的整个过程，从而造成了累积产氢量的减小。关于同型产乙酸菌将在下面做进一步的讨论与验证。

$$4H_2+2HCO_3^-+H^+ \Longrightarrow CH_3COO^-+4H_2O \tag{6-1}$$

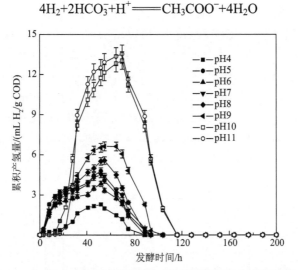

图 6-2　初始 pH 对剩余污泥厌氧暗发酵平均累积产氢量的影响

2. 产氢过程中 pH 的变化

图 6-3 为污泥厌氧暗发酵产氢过程中 pH 变化。由图 6-3 可以看出，在发酵初期（前 46h 内），反应体系的 pH 变化迅速；当起始 pH 为酸性时，反应过程中体系 pH 升高；起始 pH 为碱性时，反应过程中体系 pH 下降。污泥 pH 的变化主要是由污泥厌氧发酵过程中产生的 SCFAs 和 NH_4^+-N 引起的。污泥含有大量蛋白质，蛋白质水解产生的胺类物质会中和 SCFAs，从而使污泥具有较高的缓冲能力。在 SCFAs 和 NH_4^+-N 两者的共同作用下，污泥发酵体系 pH 变化趋向中性。

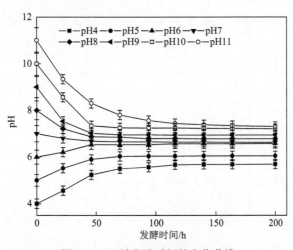

图 6-3　pH 随发酵时间的变化曲线

3. 对可溶性有机物的影响

污泥含有的有机物质主要为不溶的颗粒，不能被微生物直接利用，污泥中可供厌氧发酵产氢直接利用的 SCOD 浓度很低。由图 6-4 可以看出，SCOD 浓度与初始 pH 有关。当初始 pH 为 4 时，SCOD 浓度为 2037 mg/L，是各初始 pH 条件下最低的；碱性条件下 SCOD 浓度普遍高于酸性条件下；当初始 pH 为 8 和 9 时，SCOD 浓度分别为 2562 mg/L 和 2633 mg/L；当初始 pH 由 9 提高到 10 时，SCOD 浓度提高到 3209 mg/L；最大 SCOD 浓度发生在初始 pH 为 11 时，为 3647mg/L。对比图 6-2 和图 6-4 可以发现，不同初始 pH 条件下最大累积产氢量变化与 SCOD 浓度变化相似。进一步由图 6-4~图 6-6 可见，SCOD 浓度的变化趋势与溶解性蛋白质浓度和溶解性多糖浓度的变化一致。

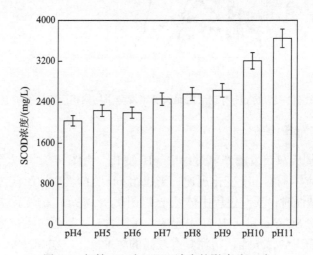

图 6-4 初始 pH 对 SCOD 浓度的影响（24h）

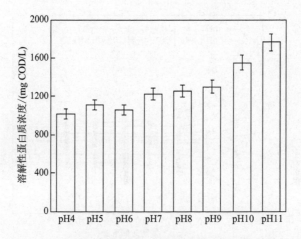

图 6-5 初始 pH 对溶解性蛋白质浓度的影响（24h）

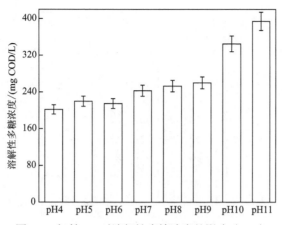

图 6-6　初始 pH 对溶解性多糖浓度的影响（24h）

4. 对剩余污泥减量化的影响

图 6-7、图 6-8 为厌氧暗发酵产氢 5 d 后，初始 pH 对污泥 SS、VSS 减量化的影响。当初始 pH≤9 时，污泥 SS、VSS 减量化变化不大。当初始 pH 为 5 时，厌氧暗发酵产氢 5 d 后，污泥 SS 浓度由 17340 mg/L 减少到 14305 mg/L，减量 17.5%；VSS 浓度由 12500 mg/L 减少到 10000 mg/L，减量 20%。当初始 pH 为 9 时，厌氧暗发酵产氢 5 d 后，污泥 SS 浓度由 17340 mg/L 减少到 14097 mg/L，减量 18.7%；VSS 浓度由 12500 mg/L 减少到 9834 mg/L，减量 21.3%。继续提高污泥厌氧暗发酵产氢初始 pH，污泥 SS、VSS 减量明显增加。当初始 pH 为 10 时，厌氧暗发酵产氢 5 d 后，污泥 SS 浓度由 17340 mg/L 减少到 13074 mg/L，减量 24.6%；VSS 浓度由 12500 mg/L 减少到 9016 mg/L，减量 27.9%。当初始 pH 为 11 时，厌氧暗发酵产氢 5 d 后，污泥 SS 浓度由 17340 mg/L 减少到 12380 mg/L，减量 28.6%；VSS 浓度由 12500 mg/L 减少到 8460 mg/L，减量 32.3%。碱性条件污泥有机物溶解或/和水解，有利于污泥的减量化。

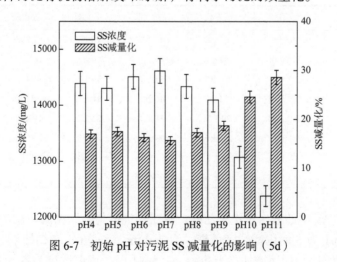

图 6-7　初始 pH 对污泥 SS 减量化的影响（5d）

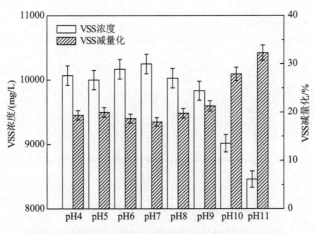

图 6-8　初始 pH 对污泥 VSS 减量化的影响（5d）

5. 对发酵产短链脂肪酸的影响

表 6-3 为各初始 pH 条件对剩余污泥厌氧暗发酵 5 d 时 SCFAs 产生量的影响。在初始 pH 为 4～6 范围内，初始 pH 为 5 时 SCFAs 产生量最大，为 1171 mg COD/L，初始 pH 为 4 时总 SCFAs 产生量最小，为 831 mg COD/L；在初始 pH 为 6～11 范围内，SCFAs 随初始 pH 增加而增加；当初始 pH 为 11 时，SCFAs 产生量为各 pH 条件下最大，为 2224 mg COD/L。各实验组中均未检测出乙醇。SCFAs 中浓度最高的为乙酸，其变化规律与 SCFAs 变化类似。在初始 pH 为 4～6 范围内，初始 pH 为 5 时乙酸浓度最高，为 558 mg COD/L；在初始 pH 为 6～11 范围内，乙酸浓度随 pH 增加而增加；当初始 pH 为 11 时，乙酸浓度为各 pH 条件下最大，为 1028 mg COD/L。

表 6-3　初始 pH 条件对剩余污泥厌氧暗发酵 5d 时 SCFAs 产生量的影响

（单位：mg COD/L）

pH	乙酸	丙酸	正丁酸	异丁酸	正戊酸	异戊酸	总 SCFAs
4	372±22	164±9	107±6	42±2	13±1	133±8	831±51
5	558±33	234±14	145±8	53±3	19±1	162±10	1171±69
6	467±28	223±13	113±7	52±3	16±1	124±7	995±59
7	509±30	269±16	134±8	46±3	18±1	151±9	1127±67
8	524±31	368±22	79±5	38±2	25±2	189±11	1223±73
9	640±38	381±23	103±6	93±5	43±3	207±12	1467±87
10	879±52	407±24	179±11	191±11	68±4	222±13	1946±115
11	1028±61	417±25	227±14	208±12	72±4	272±16	2224±132

丙酸在 SCFAs 中的浓度仅次于乙酸，其变化规律与乙酸相同。在初始 pH 为 4～6 范围内，初始 pH 为 5 时丙酸浓度最高，为 234 mg COD/L；在初始 pH 为 6～11 范围内，丙酸浓度随 pH 增加而增加；当初始 pH 为 11 时，丙酸浓度为各 pH 条件下最大，为 417 mg COD/L。各初始 pH 条件对剩余污泥厌氧暗发酵丁酸产生量的影响与乙酸及

丙酸不同。丁酸浓度最低出现于初始 pH 为 8 的条件下，正丁酸与异丁酸浓度之和为 117 mg COD/L；最高值出现于初始 pH 为 11 的条件下，正丁酸与异丁酸浓度之和为 435 mg COD/L。

由前面研究可知，碱性条件下可被微生物利用的有机物增加，因此短链脂肪酸产生量增加。氢气的产生与短链脂肪酸的组成相关，尤其是与乙酸和丁酸的量相关。当产物为乙酸或丁酸时以单位 C 计算，每产生 2mol C（乙酸或丁酸）同时产生 1mol 氢气；而当产物为丙酸时，没有氢气产生。虽然由表 6-3 可知，在所有初始 pH 条件下，剩余污泥厌氧暗发酵产氢类型均为乙酸型发酵（乙酸含量最高），但各短链脂肪酸所占比例还有所不同。各短链脂肪酸在 SCFAs 中所占比例见表 6-4。乙酸在 SCFAs 中所占比例均在 40% 以上，但仍有细微差别。其在初始 pH 为 8 时最低，为 42.8%，初始 pH 为 5 时最高，为 47.7%。丙酸在 SCFAs 中所占比例受初始 pH 影响比较明显，当初始 pH 为 8 时，丙酸所占比例为 30.1%，而初始 pH 为 4 和 11 时，丙酸所占比例分别为 19.7% 和 18.8%。丁酸所占比例在初始 pH 为 8 时最小，为 9.6%，随着初始 pH 的减小或增加，丁酸所占比例均增加；当初始 pH 为 4 和 11 时，丁酸所占比例分别为 17.9% 和 19.6%。当初始 pH 为 11.0 时，乙酸与丁酸之和所占比例最高，为 65.8%。由此可见，提高污泥厌氧暗发酵初始 pH 有利于乙酸和丁酸的产生，从而更有利于氢气的产生。

表 6-4　初始 pH 条件对剩余污泥厌氧暗发酵短链脂肪酸组分占 SCFAs 比例的影响

（单位：%）

pH	乙酸	丙酸	丁酸	乙酸+丁酸
4	44.8	19.7	17.9	62.7
5	47.7	20.0	16.9	64.6
6	46.9	22.4	16.6	63.5
7	45.2	23.8	15.9	61.1
8	42.8	30.1	9.6	52.4
9	43.6	26.0	13.4	57.0
10	45.2	20.9	19.0	64.2
11	46.2	18.8	19.6	65.8

6. 对氢气消耗的影响

从上述研究可见，剩余污泥厌氧暗发酵产氢过程中各初始 pH 条件下均发生了氢气消耗现象，但各反应器中均未检测出甲烷的产生。耗氢的同型产乙酸菌作为一种厌氧的含芽孢杆菌，在热预处理时不会被灭活，它可将氢气和二氧化碳转化为乙酸。进一步对此现象进行了研究，设计以下实验：剩余污泥厌氧暗发酵产氢结束后（检测不到氢气产生），取初始 pH 条件下反应器中各污泥 200 mL 平均分为两组。一组作为实验组污泥，充入混合气体（40% 氢气、10% 二氧化碳、50% 氮气）；另一组为对照组，充入氮气。调节各组初始 pH 分别为 4.0~11.0，置于恒温摇床[120 r/min、（37±1）℃]下振荡反应，测定各反应器内气体组分及 SCFAs 含量。由图 6-9 可见，各初始 pH 下均发生氢气消耗；初始 pH 升高有利于缓解氢气消耗现象，但无法消除这种现象。反应 24 h 后，当初始 pH

为 11 时，反应器内剩余氢气含量为 32.5%；当初始 pH 为 10 时，反应器内剩余氢气含量为 29.6%；当初始 pH 低于 9 时反应器内氢气含量迅速下降，初始 pH 为 9 时反应器内剩余氢气含量为 19.9%；当初始 pH 为 5 时反应器内剩余氢气含量为 15.4%。48 h 后，几乎所有初始 pH 条件下氢气均被消耗（除初始 pH 为 11 及 10 条件下反应器内剩余氢气含量分别为 4.3% 和 2.6%，其他各初始 pH 条件下反应器内剩余氢气含量均低于 1%）。

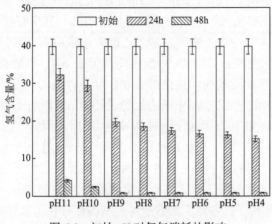

图 6-9　初始 pH 对氢气消耗的影响

表 6-5 为氢气消耗前后各反应器中 SCFAs 变化。48 h 后，各初始 pH 条件下反应器内氢气均被消耗完；无论初始 pH 为多少，充氢组各反应器内乙酸含量均比对照组高 120～130 mg COD/L。根据氢气消耗量，理论上充入的氢气全部转化为乙酸时，产生的乙酸为 142 mg COD/L。因此，氢气消耗主要是由同型产乙酸菌将氢气转化为乙酸的活动引起的。

表 6-5　不同初始 pH 下氢气消耗对短链脂肪酸的影响　（单位：mg COD/L）

pH	组别	乙酸	丙酸	正丁酸	异丁酸	正戊酸	异戊酸
	初始	402	177	115	45	14	144
4	对照	466	183	137	91	24	160
	充氢	593	186	148	101	27	170
	初始	604	253	157	57	20	175
5	对照	729	264	201	147	40	206
	充氢	860	268	214	158	43	217
	初始	505	241	122	56	17	134
6	对照	585	248	150	114	30	154
	充氢	731	261	162	124	33	164
	初始	551	291	145	49	19	163
7	对照	656	300	182	124	35	189
	充氢	780	326	197	137	39	190

续表

pH	组别	乙酸	丙酸	正丁酸	异丁酸	正戊酸	异戊酸
8	初始	567	398	85	41	27	204
	对照	679	408	125	122	45	233
	充氢	808	424	137	129	48	243
9	初始	693	412	111	100	46	224
	对照	822	424	157	193	67	257
	充氢	952	432	160	204	70	258
10	初始	952	446	184	211	64	246
	对照	1113	431	241	327	90	287
	充氢	1246	482	227	339	94	275
11	初始	1163	451	245	225	77	294
	对照	1282	468	312	361	107	342
	充氢	1402	489	328	375	108	346

6.1.3 城镇有机废物在不同恒定 pH 厌氧发酵产氢

将 400 mL 热预处理后的污泥分别加入 8 只 600 mL 血清瓶内,用 4 mol/L HCl 或 4 mol/L NaOH 调节反应瓶内 pH 分别为 4、5、6、7、8、9、10 及 11,并保持反应过程中 pH 不变。用氮气排出反应瓶中气相和污泥中氧气后,迅速用橡胶塞密封反应瓶,置于恒温摇床中[120 r/min、(37±1)℃]培养,气体由集气袋收集。

1. 对产氢量的影响

由图 6-10 可知,当恒定 pH≤9 时,累积产氢量的变化与初始 pH 对剩余污泥厌氧暗发酵产氢的影响类似;当恒定 pH 分别为 10 和 11 时,累积产氢量变化与初始 pH 为 10 和 11 时不同。当恒定 pH 为 10 时,虽然产氢延迟时间较长(28 h),但累积产氢量迅速增加,当发酵时间为 116 h 时,累积产氢量达到 19.3 mL H_2/g COD(26.9 mL H_2/g VSS),比初始 pH 为 10 时最大累积产氢量(13.05 mL H_2/g COD)提高了 47.9%,比初始为 pH 为 11 时最大累积产氢量提高了 42.5%,为产氢最优 pH 条件。随着发酵时间的进一步延长,恒定 pH 为 10 条件下并未出现氢气消耗现象,累积产氢量仍在继续增加,但增加速度较慢,当发酵时间为 200 h 时,恒定 pH 为 10 条件下累积产氢量为 20.2 mL H_2/g COD。在恒定 pH 为 11 时,剩余污泥厌氧暗发酵过程基本没有氢气的产生。污泥中含有嗜碱发酵产氢微生物,在一定的碱性条件下可以进行产氢活动,但过高碱性抑制了微生物活性,导致没有氢气的产生。

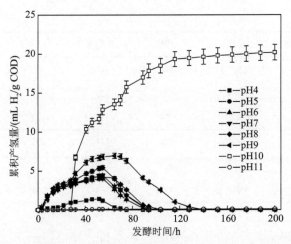

图 6-10　恒定 pH 对剩余污泥厌氧暗发酵平均累积产氢量的影响

2. 对可溶性有机物的影响

与上述的初始 pH 相比，由图 6-11 可见，当 pH≥9 时，恒定 pH 条件下 SCOD 浓度远高于初始 pH 的 SCOD 浓度。当恒定 pH 为 9 时，污泥 SCOD 浓度为初始 pH 为 9 时的 1.2 倍；当恒定 pH 为 10 时，污泥 SCOD 浓度为初始 pH 为 10 时的 1.8 倍。碱性条件有利于污泥中有机物的溶出，从而为产氢微生物提供了更多的易利用底物，有利于提高累积产氢量，但过高 pH 不利于产氢微生物的活动。

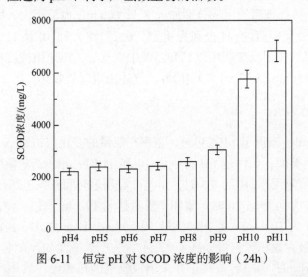

图 6-11　恒定 pH 对 SCOD 浓度的影响（24h）

3. 对污泥减量化的影响

图 6-12、图 6-13 为厌氧暗发酵产氢 5 d 后，恒定 pH 对污泥 SS、VSS 减量化的影响。当恒定 pH 为 10 时，发酵产氢 5 d 后，污泥 SS 浓度由 17340 mg/L 减少到 11843 mg/L，减量 31.7%；VSS 浓度由 12500 mg/L 减少到 7975 mg/L，减量 36.2%。当恒定 pH 为 11 时，污泥 SS 浓度由 17340 mg/L 减少到 11236 mg/L，减量 35.2%；VSS 浓度由 12500 mg/L 减少到 7617 mg/L，减量 39.1%。

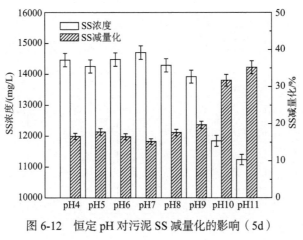

图 6-12　恒定 pH 对污泥 SS 减量化的影响（5d）

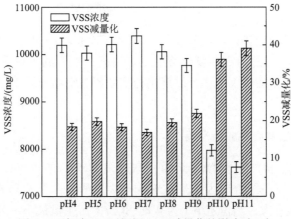

图 6-13　恒定 pH 对污泥 VSS 减量化的影响（5d）

4. 对有机底物消耗的影响

前面研究已经表明，污泥溶出的有机物主要是蛋白质和碳水化合物。图 6-14 和图 6-15 为恒定 pH 对蛋白质和多糖消耗的影响。除 pH 为 11 外，随着 pH 的增加，蛋白质和多

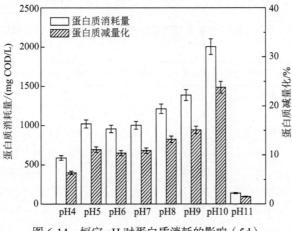

图 6-14　恒定 pH 对蛋白质消耗的影响（5d）

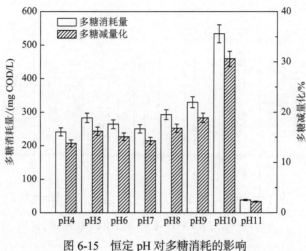

图 6-15　恒定 pH 对多糖消耗的影响

糖的消耗量整体呈增加趋势；恒定 pH 为 10 有利于有机物的代谢。与初始 pH 为 10 相比，恒定 pH 为 10 时的污泥减量化程度明显提高，更多的蛋白质和多糖溶出被消耗掉，从而为产氢微生物提供了更多可以直接利用的产氢底物，因此有利于污泥厌氧暗发酵产氢量的提高。

5. 对暗发酵产短链脂肪酸的影响

表 6-6 为各恒定 pH 条件对剩余污泥厌氧暗发酵 5 d 的 SCFAs 产生量的影响。在 pH 为 4～6 范围内，当恒定 pH 为 5 时 SCFAs 产生量最大，为 1116 mg COD/L，与初始 pH 为 5 时相比相差不大；当恒定 pH 为 4 时 SCFAs 产生量最小，为 594 mg COD/L；与初始 pH 为 4 时相比，当恒定 pH 为 4 时 SCFAs 产生量更低，为前者的 71%。在恒定 pH 为 6～10 范围内，SCFAs 产生量随 pH 增加而增加。当恒定 pH 为 10 时，SCFAs 产生量最大，为 2047 mg COD/L；与初始 pH 为 10 时相比，当恒定 pH 为 10 时 SCFAs 产生量大于初始 pH 为 10 时；当恒定 pH 为 11 时，SCFAs 产生量较低，仅为 153 mg COD/L，说明恒定 pH 为 11.0 时抑制了发酵产氢产酸微生物的活性。

表 6-6　恒定 pH 对剩余污泥厌氧暗发酵 5d 时 SCFAs 产生量的影响

（单位：mg COD/L）

pH	乙酸	丙酸	正丁酸	异丁酸	正戊酸	异戊酸	SCFAs
4	297±18	114±7	46±3	33±2	11±1	93±6	594±37
5	613±37	210±12	96±6	63±4	21±1	113±7	1116±67
6	508±30	193±11	73±4	57±3	17±1	103±6	951±55
7	529±32	236±14	81±5	49±3	19±1	148±9	1062±64
8	644±38	352±21	103±6	53±3	28±2	202±12	1382±82
9	758±45	256±15	117±7	95±6	31±2	225±13	1482±88
10	1193±71	227±14	130±8	200±13	38±2	259±16	2047±124
11	125±7	18±1	3±1	2±1	3±1	2±1	153±12

与初始 pH 实验结果类似，恒定 pH 条件下各实验组中均未检测出乙醇。各短链脂肪酸含量最高的为乙酸，变化规律与 SCFAs 类似。在恒定 pH 为 4～6 范围内，pH 为 5 时乙酸浓度最高，为 613 mg COD/L，略高于初始 pH 为 5 时乙酸浓度；在恒定 pH 为 6～10 范围内，乙酸浓度随 pH 增加而增加，当恒定 pH 为 10 时，乙酸浓度为各 pH 条件下最大，为 1193 mg COD/L；当恒定 pH 为 10 时乙酸浓度比初始 pH 为 10 时提高了 35.7%，比初始 pH 为 11 时提高了 16.1%。

在 SCFAs 中，丙酸浓度仅次于乙酸，其变化规律与乙酸相同。各恒定 pH 条件对剩余污泥厌氧暗发酵丁酸产生量的影响与对乙酸的影响类似。丁酸浓度最低出现于恒定 pH 为 11 的条件下，正丁酸与异丁酸浓度之和为 5 mg COD/L；最高值出现于恒定 pH 为 10 的条件下，正丁酸与异丁酸浓度之和为 330 mg COD/L。

虽然在所有恒定 pH 条件下，剩余污泥厌氧暗发酵产氢类型均为乙酸型发酵（乙酸浓度最高），但各短链脂肪酸所占比例有所不同。各短链脂肪酸在 SCFAs 中所占比例见表 6-7。乙酸所占比例均在 45% 以上，但仍有细微差别。其在恒定 pH 为 8 时最低，为 46.6%；在恒定 pH 为 11 时最高，为 81.7%。

表 6-7　恒定 pH 对剩余污泥厌氧暗发酵短链脂肪酸组分占 SCFAs 比例的影响 （单位：%）

pH	乙酸	丙酸	丁酸	乙酸+丁酸
4	50.0	19.2	13.3	63.2
5	54.9	18.8	14.2	69.1
6	53.4	20.3	13.7	67.1
7	49.8	22.2	12.3	62.1
8	46.6	25.5	11.3	57.9
9	51.2	17.3	14.3	65.5
10	58.3	11.1	16.1	74.4
11	81.7	11.8	3.3	85.0

恒定 pH 为 10 与初始 pH 为 10 相比，两者均为乙酸型发酵，但恒定 pH 为 10 条件下的 SCFAs 量尤其是乙酸量明显高于初始 pH 为 10 条件下，这可能是保持碱性条件为发酵产酸产氢提供了更多底物所致。不仅如此，与初始 pH 为 10 条件下相比，恒定 pH 为 10 条件下乙酸所占比例明显较高，乙酸与丁酸之和所占比例也较高。

6. 对氢气消耗的影响

与初始 pH 不同，当恒定 pH 为 10 时，没有观察到氢气消耗现象。为进一步研究此现象，设计以下实验：剩余污泥厌氧暗发酵产氢结束后（检测不到氢气产生），取恒定 pH 条件下反应器中各污泥 200 mL 平均分为两组。一组作为实验组污泥，充入混合气体（40%氢气、10%二氧化碳、50%氮气）；另一组作为对照组，充入氮气。调节各组保持 pH 分别为 4、5、6、7、8、9、10 及 11，将反应器置于恒温摇床中[120 r/min、（37±1）℃]振荡反应。测定各反应器内气体组分及 SCFAs 含量，结果如表 6-8 所示。与初始 pH 为 10 或 11 时不同，当恒定 pH 为 10 时，充氢组与对照组乙酸含量分别为 1496 mg COD/L 和 1452 mg COD/L，相差不大，说明此时没有氢气转化为乙酸，同型产乙酸菌的活性受到了抑制。因此，恒定 pH 10 有利于抑制同型产乙酸菌的活性，减少氢气的消耗，从而提高累积产氢量。

图 6-16 表明，当 pH≤9 时，恒定 pH 与初始 pH 相同，各 pH 条件下均发生氢气消耗现象；当恒定 pH 为 11 和 10 时，没有发生氢气消耗现象。由此可见，保持厌氧发酵在较高的 pH 条件下运行有利于抑制同型产乙酸菌的活性，有利于抑制氢气消耗现象，从而有利于促进累积产氢量的增加。对于同型产乙酸菌的微生物分析将在下面进一步研究。

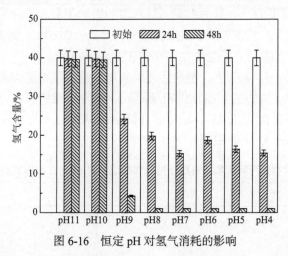

图 6-16　恒定 pH 对氢气消耗的影响

由表 6-8 可以看出，在恒定 pH≤9 条件下，充氢反应 48 h，氢气消耗完后，乙酸含量充氢组明显高于对照组。当控制厌氧暗发酵产氢 pH 为 5 时，充氢反应 48 h 后氢气全被消耗。此时充氢组内乙酸含量为 865 mg COD/L，而不充氢的对照组乙酸含量为 741 mg COD/L，两者相差 124 mg COD/L，其他酸充氢组与对照组差别不大。这说明厌氧暗发酵过程中，当恒定 pH 为 5 时，在同型产乙酸菌的作用下，氢气被转化为乙酸。当控制厌氧暗发酵产氢 pH 为 9 时，与恒定 pH 为 5 时类似，充氢反应 48 h 后氢气全被消耗。此时充氢组内乙酸含量为 1022 mg COD/L，而不充氢的对照组乙酸含量为 916 mg COD/L，两者相差 106 mg COD/L，其他酸充氢组与对照组差别不大。当恒定 pH≤9 时，充氢组比对照组乙酸含量均高 106～132 mg/L，这与初始 pH 情况相同。这说明当 pH 低于 9 时，同型产乙酸菌活性不会受到抑制。此外，随着可利用底物的减少，产氢微生物产氢量下降，而同型产乙酸菌耗氢速度超过产氢微生物产氢速度，因此表现为氢气的消耗。同型产乙酸菌的耗氢活动不仅发生在厌氧暗发酵产氢后期，而且贯穿整个厌氧暗发酵产氢过程。

表 6-8　不同恒定 pH 下氢气消耗对 SCFAs 的影响　　（单位：mg COD/L）

pH	组别	乙酸	丙酸	正丁酸	异丁酸	正戊酸	异戊酸
	初始	317	122	49	35	12	99
4	对照	358	131	53	36	15	103
	充氢	480	138	57	45	20	110

续表

pH	组别	乙酸	丙酸	正丁酸	异丁酸	正戊酸	异戊酸
	初始	656	225	103	67	22	121
5	对照	741	241	111	70	28	125
	充氢	865	243	114	75	36	137
	初始	544	206	78	61	18	110
6	对照	614	221	84	63	23	113
	充氢	746	229	97	72	27	118
	初始	566	253	87	52	20	158
7	对照	639	271	94	54	26	163
	充氢	760	282	103	62	29	167
	初始	689	377	110	57	30	216
8	对照	778	404	119	59	39	223
	充氢	897	420	122	62	46	229
	初始	811	274	125	102	33	241
9	对照	916	294	135	106	43	249
	充氢	1022	303	137	113	51	255
	初始	1286	265	158	237	53	271
10	对照	1452	357	261	243	92	316
	充氢	1496	370	266	250	84	327
	初始	134	19	3	2	3	2
11	对照	141	20	3	3	3	2
	充氢	142	20	4	3	3	3

与初始 pH 为 10 或 11 不同，当恒定 pH 为 10 时，充氢组与对照组乙酸含量分别为 1496 mg COD/L 和 1452 mg COD/L，相差不大，说明此时没有氢气转化为乙酸，同型产乙酸菌的活性受到了抑制。因此，恒定 pH 为 10 有利于抑制同型产乙酸菌的活性，减少氢气的消耗，从而提高累积产氢量。

6.1.4　pH 调控城镇有机废物厌氧暗发酵产氢的微生物机制

上述研究结果表明，pH 不但影响污泥中有机物溶出、SCFAs 产量及组成，还影响厌氧产氢微生物及耗氢微生物（如同型产乙酸菌）的活性。下面将以初始 pH 为 10 和恒定 pH 为 10 为例，进一步研究 pH 对厌氧暗发酵过程中酶及微生物组成的影响。

图 6-17 为污泥厌氧暗发酵产氢过程中底物代谢途径示意图。其中，丙酮酸铁氧化还原酶（POR）是产氢途径中一种重要的酶，它的活性高低在一定程度上可以代表产氢能力的高低；甲酸脱氢酶（FDH）和甲酰四氢叶酸合成酶（FTHFS）则是两种同型产乙酸菌

利用氢气合成乙酸时的关键酶，其活性高低一定程度上反映了同型产乙酸菌的活性。

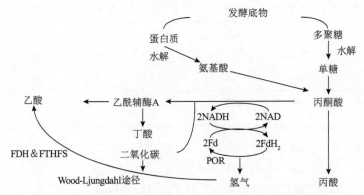

图 6-17　污泥厌氧暗发酵产氢过程中底物代谢途径示意图

图 6-18 为污泥厌氧暗发酵产氢过程中，初始 pH 为 10 和恒定 pH 为 10 条件下 POR 活性随发酵时间的变化。对于初始 pH 为 10，POR 活性在污泥发酵 30 h 后达到最高值（1.68 U/mg 蛋白质）；对于恒定 pH 为 10，POR 活性在污泥发酵 48 h 后达到最高值（1.58 U/mg 蛋白质）。初始 pH 为 10 与恒定 pH 为 10 条件下 POR 活性相差不大，说明保持较长时间的 pH 为 10 条件不会对产氢微生物产氢活性造成显著影响。较长的延迟时间是由于恒定 pH 为 10 条件下污泥微生物需要更长时间适应环境。

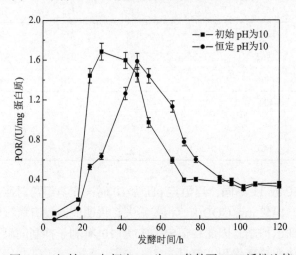

图 6-18　初始 pH 与恒定 pH 为 10 条件下 POR 活性比较

由图 6-19 可知，发酵初期，初始 pH 与恒定 pH 为 10 条件下 FDH 活性和 FTHFS 活性差别不大；随着反应的进行，初始 pH 为 10 条件下 FDH 活性和 FTHFS 活性迅速增高，而恒定 pH 为 10 条件下 FDH 活性和 FTHFS 活性变化较缓；120 h 时初始 pH 为 10 与恒定 pH 为 10 条件下 FTHFS 活性分别为 8.0 U/mg 蛋白质和 3.8 U/mg 蛋白质，而 FDH 活性分别为 0.01 U/mg 蛋白质和 0.006 U/mg 蛋白质。当初始 pH 为 10 时，22 h 后 pH 迅速降为 8.5；而保持 pH 为 10 时，与耗氢有关的酶活性均较低，说明保持较高的 pH 有利于抑制同型产乙酸菌的活性。

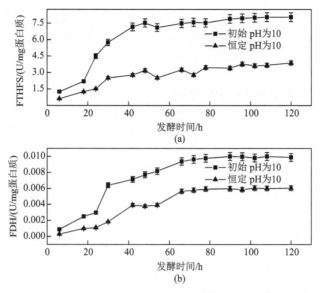

图 6-19　初始 pH 和恒定 pH 为 10 条件下与耗氢有关酶活性比较

运用荧光原位杂交技术对累积产氢量最大时初始 pH 为 10 和恒定 pH 为 10 条件下污泥微生物进行分析，结果见图 6-20。恒定 pH 为 10 条件下的反应器中产氢产乙酸菌所占比例高于初始 pH 为 10 条件下，分别为 30.0% 与 23.2%。耗氢的同型产乙酸菌在恒定 pH 为 10 条件下反应器中所占比例低于在初始 pH 为 10 条件下反应器中所占比例，分别为 0.6% 和 6.2%。恒定 pH 为 10 条件下，耗氢的同型产乙酸菌与产氢产乙酸菌之比为 1∶50。而初始 pH 为 10 条件下，耗氢的同型产乙酸菌与产氢产乙酸菌之比为 1∶3.7。分析结果进一步说明保持发酵处在 pH 为 10 条件下有利于抑制同型产乙酸菌的生长。

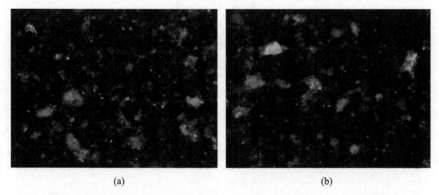

图 6-20　累积产氢量最大时初始 pH 为 10 及恒定 pH 为 10 条件下污泥荧光图片（×10）

6.2　基于碳氮比和 pH 调控城镇有机废物厌氧暗发酵产氢

上述研究表明，控制 pH 为 10 有利于促进剩余污泥厌氧暗发酵产氢。在研究过程中注意到，由于剩余污泥的高蛋白质含量，发酵产酸系统的有机底物的碳氮比（C/N）

很低（只有约 7/1），导致了发酵结束时仍有大量溶解性蛋白质未被利用。本研究在利用碳水化合物调节剩余污泥发酵系统的 C/N 的同时，控制发酵过程中 pH，促进剩余污泥厌氧暗发酵产氢，并对其机理进行研究。

6.2.1　碳氮比及 pH 联合作用的影响

本章所用的剩余污泥取自上海市某污水处理厂的回流污泥泵房，剩余污泥的主要性质见表 6-9。

表 6-9　剩余污泥的主要性质

测试项目	平均值	标准偏差
pH	6.7	0.2
TSS/(mg/L)	14800	1332
VSS/(mg/L)	10700	963
TCOD/(mg/L)	14900	1241
SCOD/(mg/L)	124	14
多糖/(mg COD/L)	1495	67
蛋白质/(mg COD/L)	7877	144
C/N	7.1	0.2

间歇实验使用 42 个血清瓶作为反应器（每个体积为 600 mL），以可溶性淀粉作为碳水化合物调节剩余污泥 C/N，即 C/N 分别为 7∶1、10∶1、15∶1、20∶1、25∶1、30∶1 和 40∶1，控制每个反应器中 TCOD 为 5220 mg。在每个 C/N 下，用 4 mol/L HCl 或 4 mol/L NaOH 调节反应瓶内 pH 分别为 5、6、7、8、9、10 并保持反应过程的 pH 不变。用氮气排出反应瓶中气相和污泥中氧气后，迅速用橡胶塞密封反应瓶，置于 120 r/min、（37±1）℃恒温摇床中培养，气体由集气袋收集。

1. C/N 与 pH 对剩余污泥厌氧暗发酵产氢量的影响

表 6-10 为不同 C/N 及 pH 条件下达到最大累积产氢量的时间。其中 C/N 为 7 是单独剩余污泥发酵时的 C/N，C/N 为 40 为可溶性淀粉溶于 100 mL 蒸馏水接种 10% 污泥进行发酵时的 C/N。随着 pH 的增加，达到最大累积产氢量的时间增加，这可能是由于碱性条件下产氢延迟时间增加。同时当 pH 为 5～9 时达到最大累积产氢量的时间随着 C/N 的增加而增加，这可能是由于随着 C/N 的增加，碳水化合物在混合物体系中比例增加，可被产氢微生物直接利用底物增加。

表 6-10　最大累积产氢量出现时间　　　　　（单位：h）

C/N	pH					
	5	6	7	8	9	10
7	55	55	55	55	65	192
10	75	75	75	75	103	192

续表

C/N	pH					
---	5	6	7	8	9	10
15	103	103	103	103	121	192
20	121	121	121	121	127	192
25	127	127	127	127	168	192
30	151	151	151	175	175	192
40	175	175	175	175	175	192

由表 6-11 可见，C/N 为 7 条件下，即剩余污泥单独发酵，pH 为 10 时累积产氢量最大，为 19.3 mL/g TCOD；当 C/N 增加到 10，pH 为 9 时累积产氢量最大，为 36.6 mL/g TCOD；当 C/N 增加到 15、20 和 25 时，最大累积产氢量分别为 44.8 mL/g TCOD、84.9 mL/g TCOD 和 100.6 mL/g TCOD，发酵 pH 均为 8；C/N 继续增加到 30 和 40 时，最大累积产氢量反而有所下降，分别为 77.8 mL/g TCOD 和 64.8 mL/g TCOD，最大累积产氢量分别出现在 pH 为 6 和 5 条件下。无论在何 pH 条件下，当 C/N 为 25 时，累积产氢量均为各 C/N 下最大。进一步提高 C/N，累积产氢量反而出现了下降。这说明，适当提高 C/N 有利于污泥厌氧发酵产氢，但过高的 C/N 导致体系营养物质比例失衡，影响产氢的过程。

表 6-11　C/N 与 pH 对添加碳水化合物剩余污泥厌氧暗发酵产氢的影响　（单位：mL/g TCOD）

C/N	pH					
---	5	6	7	8	9	10
7	4.2±0.1	4.0±0.1	4.4±0.1	5.4±0.1	6.9±0.1	19.3±0.4
10	27.2±0.5	32.8±0.7	33.0±0.7	35.4±0.7	36.6±0.7	26.0±0.5
15	31.0±0.6	42.7±0.9	43.5±0.9	44.8±0.9	38.5±0.8	31.2±0.6
20	44.7±0.9	65.7±1.3	69.9±1.4	84.9±1.7	65.9±1.3	32.4±0.6
25	72.2±1.4	85.5±1.7	91.6±1.8	100.6±2.0	68.1±1.4	53.2±1.1
30	65.3±1.3	77.8±1.6	67.5±1.4	51.7±1.0	42.1±0.8	32.0±0.6
40	64.8±1.3	64.2±1.3	58.3±1.2	44.5±0.9	30.7±0.6	28.3±0.6

不同 C/N 下厌氧暗发酵产氢最大时 pH 不同。当 C/N 较低，剩余污泥含量多时，pH 在碱性条件下有利于厌氧暗发酵产氢。当 C/N 为 7 时，即剩余污泥单独发酵，最大累积产氢量发生在 pH 为 10 条件下；随着 C/N 的升高，碳水化合物增加，厌氧暗发酵产氢最佳 pH 逐渐向酸性变化；当 C/N 为 20 时，最大累积产氢量发生在 pH 为 8 条件下；当 C/N 为 30 时，最大累积产氢量发生在 pH 为 6 条件下；当 C/N 升高至 40 时，厌氧暗发酵产氢最佳 pH 为 5。

表 6-11 结果表明，调节 C/N 后的发酵产氢最佳条件为 pH=8、C/N=25，此时累计产氢量最大，为 100.6 mL/g TCOD。当 pH 为 8 时，单独污泥发酵累积产氢量为 5.4 mL/g TCOD，单独碳水化合物发酵累积产氢量为 44.5 mL/g TCOD，两者之和远小于

C/N 为 25 条件下的累积产氢量（100.6 mL/g TCOD）。由此可见，添加碳水化合物与剩余污泥联合发酵产生了协同作用，使得产氢量远高于单独发酵时的产氢量。

2. C/N 与 pH 对 SCFAs 产生量的影响

表 6-12 表明，C/N 为 7 时，SCFAs 产量随着 pH 的升高呈增加趋势。剩余污泥厌氧暗发酵限制步骤为水解步骤，碱性条件有利于剩余污泥中有机物的溶出，从而为产酸产氢微生物提供更多可利用的底物以产生更多的 SCFAs。C/N 为 40 时，SCFAs 产量随着 pH 的升高而降低。当 C/N 为 7 时，SCFAs 最大产量出现在 pH 为 10 时，为 117 mg COD/g TCOD；当 C/N 增加到 10、15、20 和 25 时，SCFAs 最大产量分别为 172 mg COD/g TCOD、209 mg COD/g TCOD、257 mg COD/g TCOD 和 311 mg COD/g TCOD，对应的 pH 分别为 9、8、8 和 8。继续增加 C/N 到 30 和 40 时，SCFAs 最大产量反而有所下降，分别为 260 mg COD/g TCOD（pH 为 6）和 247 mg COD/g TCOD（pH 为 5）。

表 6-12　C/N 与 pH 对添加碳水化合物剩余污泥厌氧暗发酵 SCFAs 影响

（单位：mg COD/g TCOD）

C/N	pH					
	5	6	7	8	9	10
7	61±1.2	54±1.1	68±1.4	79±1.6	85±1.7	117±2.3
10	97±1.9	115±2.3	124±2.5	162±3.2	172±3.4	120±2.4
15	102±2.0	159±3.2	186±3.7	209±4.2	166±3.3	126±2.5
20	137±2.7	201±4.0	234±4.7	257±5.1	187±3.7	132±2.6
25	210±4.2	245±4.9	281±5.6	311±6.2	190±3.8	158±3.2
30	214±4.3	260±5.2	199±3.9	194±3.9	138±2.8	113±2.3
40	247±4.9	202±4.0	176±3.5	135±2.7	108±2.2	107±2.1

由前面研究可知，SCFAs 中酸的组成对氢气产量影响较大。当产物为乙酸或丁酸时，以 C 为单位计算，每产生 2 mol C（乙酸或丁酸）同时产生 1 mol 氢气；当产物为丙酸时，没有氢气产生。由表 6-11 和表 6-13 可以看出，乙酸与丁酸总产量的变化与最大累积产氢量的变化相符合。当 C/N 相同时，乙酸与丁酸总产量最大值出现在累积产氢量最大的 pH 时。当 C/N 为 7 时，乙酸与丁酸总产量最大值为 56 mg COD/g TCOD，出现在 pH 为 10 时；当 C/N 为 25 时，乙酸与丁酸总产量最大值为 268 mg COD/g TCOD，出现在 pH 为 8 时；当 C/N 为 40 时，乙酸与丁酸总产量最大值为 173 mg COD/g TCOD，出现在 pH 为 5 时。当 pH 相同时，乙酸与丁酸总产量最大值均出现在 C/N 为 25 条件下，这与最大累积产氢量的情况相同。

表 6-13　C/N 与 pH 对乙酸与丁酸总产量的影响　　（单位：mg COD/g TCOD）

C/N	pH					
	5	6	7	8	9	10
7	21	20	22	24	28	56
10	72	87	88	94	97	69

续表

C/N	pH					
	5	6	7	8	9	10
15	82	113	116	119	102	83
20	119	175	186	226	175	86
25	192	228	244	268	181	142
30	179	207	180	137	112	85
40	173	171	155	118	81	75

6.2.2　碳氮比及 pH 联合调控促进厌氧暗发酵产氢的原理

剩余污泥发酵系统中的有机物主要包括蛋白质和多糖，它们都属大分子聚合物，在发酵过程中不能直接被微生物利用，首先要被分解和水解为小分子有机物，进而被微生物吸收转化。复杂大分子有机化合物的水解过程主要是在微生物产生的水解酶的作用下完成的。剩余污泥发酵系统中参与水解的酶主要有蛋白酶、淀粉酶等。在这些酶的作用下，蛋白质和多糖等物质被水解为氨基酸、单糖等小分子有机物。在厌氧暗发酵产氢反应过程中，水解过程中产生的小分子有机物被微生物利用，并在产氢酶的作用下产生氢气。表 6-14 为不同 C/N 与 pH 对污泥蛋白酶活性的影响。当 C/N≤25 时，碱性条件下蛋白酶活性大多高于酸性条件下。当 C/N 为 7 时，最高蛋白酶活性（0.93 U/g 蛋白质）出现在 pH 为 10 时；当 C/N 为 25 时，最高蛋白酶活性（1.62 U/g 蛋白质）出现在 pH 为 8 时。C/N 在一定范围内提高有利于提高蛋白酶活性。进一步提高 C/N，蛋白酶活性没有增加，反而有所下降，这与最大累积产氢量及 SCFAs 的变化是相一致的。

表 6-14　C/N 和 pH 对污泥蛋白酶活性的影响　（单位：U/g 蛋白质）

C/N	pH					
	5	6	7	8	9	10
7	0.66±0.01	0.71±0.01	0.79±0.02	0.85±0.02	0.92±0.02	0.93±0.02
10	0.71±0.01	0.76±0.02	0.95±0.02	0.97±0.02	1.24±0.02	0.94±0.02
15	0.73±0.01	0.8±0.02	1.02±0.02	1.39±0.03	1.3±0.03	1.03±0.02
20	0.77±0.02	0.94±0.02	1.32±0.03	1.47±0.03	1.43±0.03	1.06±0.02
25	1.09±0.02	1.17±0.02	1.41±0.03	1.62±0.03	1.51±0.03	1.32±0.03
30	0.97±0.02	1.01±0.02	0.82±0.02	0.77±0.02	0.66±0.01	0.61±0.01
40	0.6±0.01	0.54±0.01	0.51±0.01	0.46±0.01	0.43±0.01	0.42±0.01

表 6-15 为不同 C/N 与 pH 对污泥淀粉酶活性的影响。在一定范围内，提高 C/N 有利于提高淀粉酶活性。当 pH 为 5，C/N 由 7 提高到 25 时，淀粉酶活性由 4.87 U/g 蛋白质提高到 11.96 U/g 蛋白质。与此类似，当 pH 为 10，C/N 由 7 提高到 25 时，淀粉酶活性由 3.03 U/g 蛋白质提高到 5.39 U/g 蛋白质。继续提高 C/N，淀粉酶活性并没有提高而

是有所下降。当 pH 为 5，C/N 由 25 提高到 40 时，淀粉酶活性由 11.96 U/g 蛋白质下降到 10.8 U/g 蛋白质。在其他 pH 条件下，也可观察到类似的结果。在相同 C/N 下，当 pH≤8 时，淀粉酶活性变化不大；但当 pH 提高到 9 或 10 时，淀粉酶活性急剧下降。例如，C/N 为 25 条件下，pH 为 5 时淀粉水解酶活性为 11.96 U/g 蛋白质；pH 为 8 时淀粉酶活性为 10.84 U/g 蛋白质，仅比 pH 为 5 时低了 9.4%；而当 pH 提高到 9 时，淀粉酶活性仅占 pH 为 5 时的 45.5%。

表 6-15　C/N 和 pH 对污泥淀粉酶活性的影响　（单位：U/g 蛋白质）

C/N	pH					
	5	6	7	8	9	10
7	4.87±0.10	4.35±0.09	4.03±0.08	4.33±0.09	3.56±0.07	3.03±0.06
10	9.96±0.20	9.64±0.19	7.05±0.14	6.48±0.13	3.85±0.08	3.26±0.07
15	10.03±0.20	9.71±0.19	9.3±0.19	8.92±0.18	4.57±0.09	4.03±0.08
20	10.33±0.21	10.13±0.20	9.7±0.19	9.46±0.19	4.86±0.10	4.49±0.09
25	11.96±0.24	11.93±0.24	11.88±0.24	10.84±0.22	5.44±0.11	5.39±0.11
30	11.64±0.23	11.34±0.23	10.93±0.22	10.32±0.21	5.18±0.10	4.98±0.10
40	10.8±0.22	10.6±0.21	10.5±0.21	10.3±0.21	5.04±0.10	4.9±0.10

　　与产氢关系最密切的主要是丙酮酸铁氧化还原酶（POR）活性，因此本节进一步研究 C/N 与 pH 对该酶的影响。由表 6-16 可见，在一定范围内提高 C/N 有利于提高 POR 活性。当 pH 为 5，C/N 由 7 提高到 25 时，POR 活性由 0.3 U/mg 蛋白质提高到了 1.72 U/mg 蛋白质；继续提高 C/N 到 40，POR 活性反而减少到 1.67 U/mg 蛋白质。其他 pH 条件下也有类似结果。C/N 不同，POR 活性最大时的 pH 也有所不同。当 C/N 为 7 时，最大 POR 活性出现在 pH 为 10 条件下；随着 C/N 的提高，POR 活性最大时的 pH 呈逐渐降低趋势。表 6-16 显示，POR 活性最大为 3.14 U/mg 蛋白质，此时反应条件：C/N 为 25、pH 为 8，这与最大产氢量的结果一致。

表 6-16　C/N 和 pH 对污泥 POR 活性的影响　（单位：U/mg 蛋白质）

C/N	pH					
	5	6	7	8	9	10
7	0.3±0.01	0.47±0.01	0.57±0.01	0.6±0.01	0.69±0.01	1.14±0.02
10	1.19±0.02	1.23±0.02	1.29±0.03	1.37±0.03	1.38±0.03	1.17±0.02
15	1.21±0.02	1.42±0.03	1.45±0.03	1.52±0.03	1.4±0.03	1.2±0.02
20	1.35±0.03	1.68±0.03	1.83±0.03	2.34±0.03	1.7±0.03	1.32±0.03
25	1.72±0.03	2.38±0.03	2.53±0.03	3.14±0.03	1.53±0.03	1.44±0.03
30	1.7±0.03	1.74±0.03	1.56±0.03	1.51±0.03	1.48±0.03	1.23±0.02
40	1.67±0.03	1.54±0.03	1.53±0.03	1.32±0.03	1.2±0.02	1.19±0.02

由此可见，在一定范围内投加碳水化合物提高剩余污泥厌氧暗发酵产氢时的 C/N，有利于提高蛋白酶、淀粉酶及 POR 的活性，使产氢微生物有更多可直接利用的底物；但是 pH 对蛋白酶、淀粉酶及 POR 的活性也有一定影响，因此在调控 C/N 时，必须注意 pH 的调节。

6.3　光合细菌利用发酵液光合产氢

6.3.1　光合细菌利用暗发酵产氢后发酵液光合产氢

由于厌氧暗发酵产氢为不完全的底物降解过程，在产生氢气的同时生成了 SCFAs，因此产氢效率较低。由前面结果可知，恒定 pH 为 10 条件下剩余污泥厌氧暗发酵产氢仅达到 19.3 mL/g COD；添加碳水化合物调节 C/N 为 25、恒定 pH 为 8 条件下，混合物厌氧暗发酵产氢量也仅为 100.6 mL/g COD。污泥经过发酵后的液体中的主要成分为 SCFAs、蛋白质和碳水化合物，这些物质在光照条件下可以进一步被光合细菌利用并转化为氢气和二氧化碳，从而提高剩余污泥生物产氢效率。但是，污泥发酵液中含有大量的 NH_4^+-N，其存在会对光合细菌产氢产生抑制作用，因此必须首先对污泥发酵液中的 NH_4^+-N 进行去除。此外，纳米二氧化钛在可见光存在下能够对有机物进行降解，如果将其与光合细菌联合使用，则有可能进一步提高光合细菌产氢的效果。本节将对这些内容进行深入研究。

所用光合细菌来源于活性污泥富集纯化，经 16S rDNA 鉴定为沼泽红假单胞菌（*Rhodopseudomonas palustris*）。剩余污泥发酵液为恒定 pH=10 条件下厌氧暗发酵 5 d 后所得上清液，剩余污泥的主要性质见表 6-17。其具体制备方法如下：将取自上海市某污水处理厂回流污泥泵房的新鲜污泥在 4℃下沉降 24 h，去除上清液，沉淀物在 102℃下加热 30 min，然后在 pH 为 10、温度为（37±1）℃条件下厌氧发酵 5 d。发酵结束后，在 4800 r/min 下离心 30 min 进行泥水分离，上清液用于以下实验。

表 6-17　剩余污泥的主要性质

测试项目	平均值	标准偏差
pH	6.7	0.2
TSS/(mg/L)	20100	1831
VSS/(mg/L)	14500	1264
TCOD/(mg/L)	20200	1242
SCOD/(mg/L)	168	27
多糖/(mg COD/L)	2025	92
蛋白质/(mg COD/L)	10670	196
C/N	7.1	0.2

根据作者团队前期研究，采用鸟粪石法进行氨氮回收可去除发酵液中 90%以上 NH_4^+-N，鸟粪石法是一种高效回收 NH_4^+-N 的方法。本研究采用此方法通过添加 $MgCl_2$ 和 KH_2PO_4 生成磷酸铵镁对污泥发酵液中的 NH_4^+-N 进行回收，Mg：N：P 的摩尔比为 1.9：1：1.3，pH 调节为 10，100 r/min 下机械搅拌 10 min 后，混合物在 4800 r/min 下离心 30 min，上清液为回收 NH_4^+-N 后的发酵液。将 NH_4^+-N 回收前、后发酵液各 300 mL 加入到 2 只 600 mL 血清瓶中，接种光合细菌使其初始浓度为 400 mg/L，用 4 mol/L HCl 和 4mol/L NaOH 将初始 pH 调节为 8。氩气吹扫 5 min 后，用橡胶塞密封以确保厌氧环境，以电磁搅拌器搅拌使光合细菌悬浮。反应温度为（30±1）℃，以卤钨灯（200 W/m²，350～820 nm）为光源双面光照，光照强度为 6000～7000 lux。利用集气袋收集气体，测定气体组分。

所用纳米二氧化钛购自 Sigma（美国），粒径<25 nm，锐钛型。对纳米二氧化钛颗粒进行分散处理，处理方法如下：将 3000 mg 纳米二氧化钛加入 1L 蒸馏水中，剧烈搅拌 10min，然后超声 30 min，作为母液，后续根据实验需要进行稀释。动态光散射（DLS）分析表明经分散处理后的纳米二氧化钛颗粒聚集粒径为 80～260 nm，平均粒径为 185 nm。为研究纳米二氧化钛浓度对剩余污泥发酵液光合产氢的影响，设计以下实验：1500 mL NH_4^+-N 回收后发酵液平均加入 5 只血清瓶中，纳米二氧化钛的浓度分别调节为 0 mg/L、50 mg/L、100 mg/L、150 mg/L 和 200 mg/L，接种光合细菌初始浓度为 400 mg/L。调节各血清瓶内初始 pH 为 8，氩气吹扫 5 min 后用橡胶塞密封。反应温度为（30±1）℃，以卤钨灯（200 W/m²，350～820 nm）为光源双面光照，光照强度为 6000～7000 lux，以电磁搅拌器搅拌使光合细菌悬浮。利用集气袋收集气体。为进一步研究纳米二氧化钛影响污泥发酵液光合产氢的机理，设计以下实验：2400 mL NH_4^+-N 回收后发酵液平均加入到 8 只血清瓶中，每只血清瓶的运行条件见表 6-18，用 4 mol/L HCl 和 4 mol/L NaOH 将各血清瓶内初始 pH 调节为 8，氩气吹扫 5 min 后用橡胶塞密封，以保证厌氧条件；反应温度为（30±1）℃，以电磁搅拌器搅拌使光合细菌悬浮。利用集气袋收集气体。

表 6-18　纳米二氧化钛影响剩余污泥发酵液光合产氢机理批式实验运行条件

实验条件	光源	接种物	纳米二氧化钛
L	+	-	-
L+T	+	-	+
L+P	+	+	-
L+T+P	+	+	+
D	-	-	-
D+T	-	-	+
D+P	-	+	-
D+T+P	-	+	+

注：D 代表无光源；L 代表光源，卤钨灯，6000～7000lux；P 代表光合细菌；T 代表纳米二氧化钛。
接种物为光合细菌，初始浓度为 400mg/L。纳米二氧化钛浓度为 100mg/L。
"+"表示存在该实验条件；"-"表示不存在该实验条件。

为研究纳米二氧化钛对有机物（蛋白质、多糖及短链脂肪酸）的影响，以 BSA （分子量为 67000）为代表性蛋白质、葡聚糖（分子量约为 42000）为代表性多糖、乙酸钠为典型短链脂肪酸设计以下实验：实验采用 6 只 600 mL 血清瓶，1 号、2 号瓶中加入 BSA，使浓度为 1700 mg/L，2 号瓶加入纳米二氧化钛，使浓度为 100 mg/L；3 号、4 号瓶中加入葡聚糖，使浓度为 600 mg/L，4 号瓶加入纳米二氧化钛，使浓度为 100 mg/L；5 号、6 号瓶中加入乙酸，使浓度为 1640 mg/L，6 号瓶加入纳米二氧化钛，使浓度为 100 mg/L。各血清瓶中液体体积均为 300 mL。氩气吹扫 5min 后用橡胶塞密封，以保证厌氧条件。反应温度为（30±1）℃，以卤钨灯（200 W/m^2，350～820 nm）为光源双面光照，光照强度为 6000～7000 lux，测定各有机物浓度变化及 SCOD 变化。

为研究纳米二氧化钛对光合细菌活性的影响，设计以下实验：人工配水 600 mL 平均加入到 2 只 600 mL 血清瓶中。人工配水中含乙酸 1640 mg、谷氨酸钠 500 mg、KH$_2$PO$_4$ 500 mg、CaCl$_2$ 50 mg、MgSO$_4 \cdot$7H$_2$O 400 mg、NaCl 400 mg、维生素 B$_{12}$ 溶液 0.4 mL、微量元素 1 mL。接种光合细菌使其初始浓度均为 400 mg/L，用 4 mol/L HCl 和 4mol/L NaOH 将初始 pH 调节为 8；一只血清瓶中加入纳米二氧化钛使其浓度为 100mg/L，另一只血清瓶中不加入纳米二氧化钛作为对照。氩气吹扫 5 min 后用橡胶塞密封，以保证厌氧条件。反应温度为（30±1）℃，以卤钨灯（200 W/m^2，350～820 nm）为光源双面光照，光照强度为 6000～7000 lux，以电磁搅拌器搅拌。利用集气袋收集气体，测定气体组分。

通过水杨酸法测定添加纳米二氧化钛颗粒后污泥发酵液光合产氢反应体系中羟基自由基的浓度，设计以下实验：8 只 600 mL 血清瓶，各瓶中均加入蒸馏水 300 mL 及水杨酸，使水杨酸浓度为 1 mmol/L。1 号、2 号瓶中不加入任何其他物质；3 号、4 号瓶加入纳米二氧化钛，使其浓度为 100 mg/L；5 号瓶加入灭活光合细菌（IP），使其浓度为 400 mg/L；6 号瓶加入纳米二氧化钛和灭活光合细菌，使其浓度分别为 100 mg/L 和 400 mg/L；7 号瓶加入光合细菌（P），使其浓度为 400 mg/L；8 号瓶加入纳米二氧化钛和光合细菌，使其浓度分别为 100 mg/L 和 400 mg/L。2 号、3 号瓶放置在暗处避光进行反应，其他瓶均以卤钨灯（200 W/m^2，350～820 nm）为光源双面光照，光照强度为 6000～7000 lux。反应 1 h 后测定羟基水杨酸的浓度。实验条件见表 6-19。

表 6-19 羟基自由基测定条件

实验条件	光源	接种物	纳米二氧化钛	水杨酸
L	+	−	−	+
D	−	−	−	+
D+T	−	−	+	+
L+T	+	−	+	+
L+IP	+	+	−	+
L+T+IP	+	+	+	+
L+P	+	+	−	+
L+T+P	+	+	+	+

注：D 代表无光源；IP 代表灭活光合细菌；L 代表光源，卤钨灯，6000～7000lux；P 代表光合细菌；T 代表纳米二氧化钛。
"+" 表示存在该实验条件；"−" 表示不存在该实验条件。

1）氨氮去除对光合产氢的影响

污泥发酵液中 $NH_4^+\text{-N}$ 浓度为 164 mg/L。前人研究发现，当 $NH_4^+\text{-N}$ 浓度高于 28 mg/L 时会严重抑制光合细菌产氢能力，因此必须对污泥发酵液中 $NH_4^+\text{-N}$ 进行回收以利于光合细菌光合产氢。污泥发酵液 $NH_4^+\text{-N}$ 回收前后性质变化见表 6-20。回收 $NH_4^+\text{-N}$ 后，其浓度降为 15mg/L。鸟粪石法回收 $NH_4^+\text{-N}$ 对 SCOD、SCFAs、蛋白质和多糖影响较小（表 6-20）。$NH_4^+\text{-N}$ 回收后，污泥发酵液 SCOD 仅由 5988 mg/L 降低为 5412 mg/L，$NH_4^+\text{-N}$ 回收不会造成产氢底物的显著变化。

表 6-20　　发酵液氨氮回收前后主要组成的变化　　　　　（单位：mg/L）

条件	SCOD	SCFAs	蛋白质	多糖	$NH_4^+\text{-N}$	SOP
氨氮回收前发酵液	5988	2381	2123	770	164	108
氨氮回收后发酵液	5412	2296	1847	601	15	12

$NH_4^+\text{-N}$ 回收对剩余污泥发酵液光合产氢量的影响见图 6-21。随着反应时间的延长，$NH_4^+\text{-N}$ 回收后的发酵液光合产氢量逐渐增加，而 $NH_4^+\text{-N}$ 回收前的发酵液光合产氢量增加较少。运行 7 d 后 $NH_4^+\text{-N}$ 回收后的发酵液光合产氢量为 94.6 mL，而 $NH_4^+\text{-N}$ 回收前的发酵液光合产氢量仅有 6.6 mL。污泥发酵液中 $NH_4^+\text{-N}$ 的存在严重抑制了光合细菌光合产氢能力，$NH_4^+\text{-N}$ 回收明显促进了光合细菌利用发酵液光合产氢的能力。光合细菌光合产氢过程主要是固氮酶的催化作用。固氮酶在光照条件下催化 H^+ 转化为 H_2，高浓度 $NH_4^+\text{-N}$ 的存在会抑制光合细菌固氮酶的合成，从而抑制光合细菌光合产氢能力。

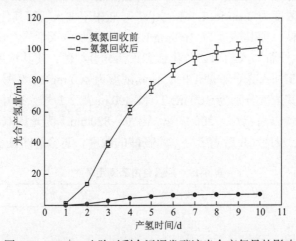

图 6-21　$NH_4^+\text{-N}$ 去除对剩余污泥发酵液光合产氢量的影响

由图 6-22 可知，$NH_4^+\text{-N}$ 回收前，光合细菌固氮酶活性仅为 25 nmol C_2H_4/(mg 干细胞·h)，甚至未能检测出；而 $NH_4^+\text{-N}$ 回收后，光合细菌固氮酶活性在 246 nmol C_2H_4/(mg 干细胞·h)以上，是 $NH_4^+\text{-N}$ 回收前固氮酶活性的 10 倍左右。由图 6-23 可以看出，$NH_4^+\text{-N}$ 回收对光合细菌生长影响不大，运行 10 d 后，两只血清瓶中光合细菌生物量分别为 632 mg/L 和 619 mg/L。由此可知，污泥发酵液中高浓度 $NH_4^+\text{-N}$ 对光合细菌生长的影响不大，但不利于光合细菌利用发酵液光合产氢，必须去除。

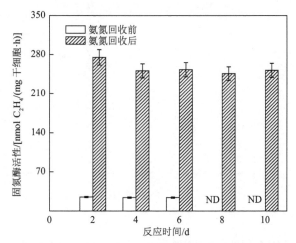

图 6-22　NH$_4^+$-N 去除对光合细菌固氮酶活性的影响

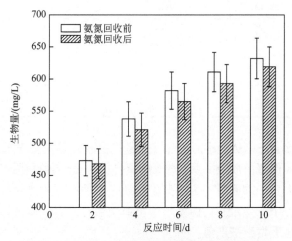

图 6-23　NH$_4^+$-N 去除对光合细菌生物量的影响

2）纳米二氧化钛浓度对光合产氢量的影响

纳米二氧化钛浓度对污泥发酵液光合产氢量的影响见图 6-24。在最初的 7 d，所有纳米二氧化钛浓度下，光合产氢量均随着时间的增加而增加，但当时间由 7 d 增加到 8 d 后光合产氢量增加不明显。方差分析也显示，第 8 d 光合产氢量与第 7 d 光合产氢量差别不明显（表 6-21），因此以产氢 7 d 后数据比较纳米二氧化钛浓度对污泥发酵液光合产氢量的影响。由图 6-24 可知，产氢 7 d 后不加纳米二氧化钛的对照样光合产氢量为 94.8 mL；当纳米二氧化钛浓度为 50 mg/L、100 mg/L、150 mg/L 和 200 mg/L 时光合产氢量分别为 116.6 mL、138.5 mL、109.8 mL 和 103.4 mL，比对照样分别高了 23.0%、46.1%、15.8%和 9.1%。添加纳米二氧化钛有利于提高污泥发酵液光合产氢量；当纳米二氧化钛浓度为 100 mg/L 时，污泥发酵液光合产氢量最高。

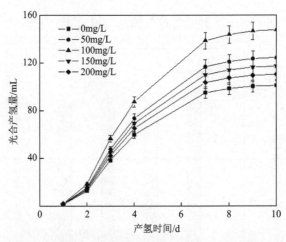

图 6-24　纳米二氧化钛浓度对污泥发酵液光合产氢量的影响

表 6-21　NH$_4^+$-N 回收后污泥发酵液在第 7 天与第 8 天光合产氢量方差分析

纳米二氧化钛浓度/(mg/L)	$F_{observed}$	$F_{significance}$	$P_{(0.05)}$
0	0.92	7.71	0.39
50	0.82	7.71	0.42
100	0.60	7.71	0.48
150	0.75	7.71	0.44
200	0.55	7.71	0.50

　　污泥发酵液中除含 SCFAs 外，还含有大量蛋白质、多糖及未知物质。SCFAs 较容易被光合细菌利用，但蛋白质及一些长链物质不利于光合细菌利用产氢。纳米二氧化钛在可见光条件下将大分子物质降解为小分子物质，从而有利于光合细菌的利用。纳米二氧化钛在光催化过程中产生羟基自由基，不可避免会对光合细菌活性等造成影响，从而影响光合细菌利用污泥发酵液产氢。

　　3）光照在纳米二氧化钛促进光合产氢中的作用

　　表 6-22 为各运行条件下反应 7d 后各反应器内累积产氢量。在没有光源的条件下，无论是单独加入纳米二氧化钛、单独加入光合细菌，还是同时加入纳米二氧化钛和光合细菌，均没有氢气的生成，也没有其他气体产生。光能作用是光合产氢的先决条件，无论是纳米二氧化钛光催化水产氢，还是光合细菌产氢均需要在有光条件下进行。光合细菌能在厌氧光照或好氧黑暗条件下进行生长，但在厌氧黑暗条件下不进行生长和代谢活动，因此下面的研究不再对无光黑暗条件进行讨论。

表 6-22　运行条件对污泥发酵液光合产氢的影响

实验条件	光源	接种物	纳米二氧化钛	累积产氢量/mL
L	+	−	−	ND
L+T	+	−	+	ND
L+P	+	+	−	94.6
L+T+P	+	+	+	136.3

续表

实验条件	光源	接种物	纳米二氧化钛	累积产氢量/mL
D	–	–	–	ND
D+T	–	–	+	ND
D+P	–	+	–	ND
D+T+P	–	+	+	ND

注: D 代表无光源; L 代表光源, 卤钨灯, 6000~7000lux; P 代表光合细菌; T 代表纳米二氧化钛; ND 代表未检出。
接种物: 光合细菌, 初始浓度 400mg/L; 纳米二氧化钛: 浓度 100mg/L。
"+" 表示存在该实验条件; "–" 表示不存在该实验条件。

在光照条件下，由表 6-22 可以看出，纳米二氧化钛促进了光合细菌产氢能力，同时加入纳米二氧化钛和光合细菌时的产氢量为 136.3 mL，比单独加入光合细菌提高了 44.1%。单独加入纳米二氧化钛，不产生氢气，这说明累积产氢量的提高不是由纳米二氧化钛光照条件下光催化水产氢引起的。纳米二氧化钛促进光合细菌产氢的机理将在下面进一步论述。

4）纳米二氧化钛对发酵液中底物消耗的影响

图 6-25 为加入纳米二氧化钛对 SCFAs 消耗的影响。光合细菌利用污泥发酵液光合产氢 7 d 后，剩余 SCFAs 浓度为 827 mg COD/L，消耗 63.9%；加入纳米二氧化钛，光合细菌利用污泥发酵液光合产氢 7 d 后剩余 SCFAs 浓度为 386 mg COD/L，消耗 83.2%，比单独光合细菌存在提高了 19.3 个百分点；而当纳米二氧化钛单独作用时，剩余 SCFAs 浓度为 2095 mg COD/L，消耗 8.8%；当没有任何物质加入时，SCFAs 浓度基本不变。

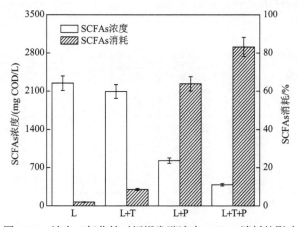

图 6-25　纳米二氧化钛对污泥发酵液中 SCFAs 消耗的影响

图 6-26 为加入纳米二氧化钛对乙酸消耗的影响。光合细菌利用污泥发酵液光合产氢 7 d 后剩余乙酸浓度为 634 mg COD/L，消耗 57.5%；加入纳米二氧化钛，光合细菌利用污泥发酵液光合产氢 7 d 后剩余乙酸浓度为 284 mg COD/L，消耗 81%，比单独光合细菌存在提高了 23.5 个百分点；而当纳米二氧化钛单独作用时，剩余乙酸浓度为 1372 mg COD/L，消耗 8.0%。正丁酸与正戊酸的变化趋势与乙酸相同，但无论二氧化

钛加入与否丙酸和异丁酸均被消耗光。纳米二氧化钛的加入促进了光合细菌对 SCFAs 的利用，从而有利于产氢量的提高。

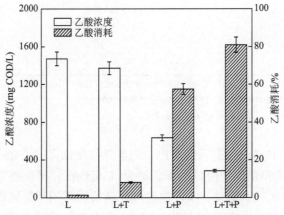

图 6-26　纳米二氧化钛对污泥发酵液中乙酸消耗的影响

由图 6-27 可知，光合细菌利用污泥发酵液光合产氢后剩余蛋白质浓度为 1005 mg COD/L，剩余多糖浓度为 291 mg COD/L，分别消耗 42.5%和 51.6%；加入纳米二氧化钛，光合细菌利用污泥发酵液光合产氢后剩余蛋白质浓度为 648 mg COD/L，剩余多糖浓度为 197 mg COD/L，分别消耗 62.9%和 67.2%，比单独光合细菌分别提高了 20.4 个百分点和 15.6 个百分点。而当纳米二氧化钛单独作用时，蛋白质及多糖分别消耗 12.5%和 4.8%。纳米二氧化钛在可见光下也可产生羟基自由基，这是单独添加纳米二氧化钛条件下污泥发酵液中底物消耗的原因，也可能是光合细菌光合产氢过程中污泥发酵液中底物消耗增加的原因之一。

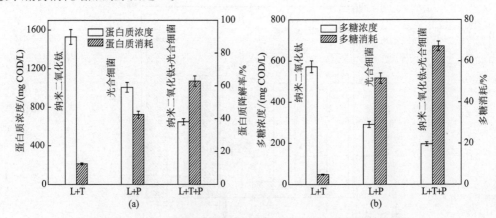

图 6-27　纳米二氧化钛对污泥发酵液中蛋白质和多糖消耗的影响

5）纳米二氧化钛对有机底物的作用

为进一步研究纳米二氧化钛促进光合细菌利用有机底物的原因，下面采用配水实验单独研究没有光合细菌条件下纳米二氧化钛对有机底物的作用。配水实验中，当没有纳米二氧化钛存在时，蛋白质、多糖和乙酸仅在光源照射条件下不发生分解或降解；在纳米二氧化钛存在状态下，这几种有机物存在分解或降解情况。图 6-28 为纳米二氧化钛浓度为 100 mg/L 时的蛋白质浓度变化。蛋白质浓度由最初的 1700 mg/L 减少到 1300 mg/L，减少了 23.5%，而 SCOD 的浓度仅由 2550 mg/L 减少到 2460 mg/L，减少了 3.5%。在没有其他物质存在的条件下，SCOD 的减少量与蛋白质的减少量不符，同时实验过程中未检测到 CO_2 的产生。这说明减少的蛋白质并不是被彻底降解为 CO_2 和 H_2O，而是被分解为小分子物质。与大分子蛋白质相比，小分子物质更容易被光合细菌利用，这可能是添加纳米二氧化钛后发酵液中有机物消耗增加的原因之一。

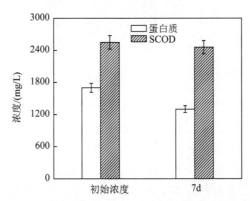

图 6-28　纳米二氧化钛对配水中蛋白质浓度的影响

图 6-29 为纳米二氧化钛浓度为 100 mg/L 时，葡聚糖为唯一底物时的底物浓度变化。与蛋白质变化类似，反应 7 d 后，葡聚糖浓度由最初的 600 mg/L 减少到 504 mg/L，减少了 16%，而 SCOD 的浓度仅由 658 mg/L 减少到 654 mg/L。在没有其他物质存在的条件下，SCOD 的减少量与葡聚糖的减少量不符。与蛋白质作为唯一底物实验结果类似，实验过程中未检测到 CO_2 生成。这说明减少的葡聚糖并不是被彻底降解为 CO_2 和 H_2O，而是被分解为小分子物质。

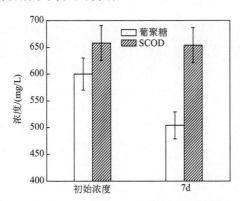

图 6-29　纳米二氧化钛对配水中多糖浓度的影响

图 6-30 显示纳米二氧化钛浓度为 100 mg/L、乙酸为唯一底物时的底物浓度变化。反应 7d 后，乙酸浓度由最初的 1640 mg/L 减少到 1501 mg/L，减少了 8.5%，SCOD 的浓度由 1760 mg/L 减少到 1616 mg/L，减少了 8.2%。在没有其他物质存在的条件下，SCOD 的减少量与乙酸的减少量相符，这说明减少的乙酸被彻底降解为 CO_2 和 H_2O。

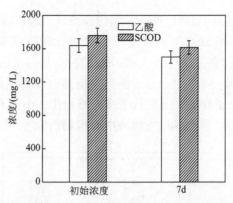

图 6-30　配水中纳米二氧化钛对乙酸的影响

　　由以上研究内容可以得出，纳米二氧化钛在光能作用下可以将大分子的蛋白质和多聚糖等物质分解为小分子物质，从而更有利于光合细菌的利用和转化。进一步研究发现，纳米二氧化钛分解大分子物质为小分子物质主要是由羟基自由基引起的。图 6-31 为水杨酸法测定出的各条件下羟基自由基，以 562 nm 波长处吸光度的量表示羟基自由基的量。其中不加纳米二氧化钛光照条件下（L）562 nm 波长处吸光度为 0.015，这是由水杨酸自身光解造成的；不加纳米二氧化钛黑暗避光条件下（D）及纳米二氧化钛浓度为 100 mg/L、黑暗避光条件下（D+T）吸光度分别为 0.002 和 0.003，这说明纳米二氧化钛本身不会造成 562 nm 波长处吸光度变化；添加纳米二氧化钛光照条件下（L+T）562 nm 波长处吸光度为 0.066，说明此时有羟基自由基的生成；光照条件下不添加纳米二氧化钛时，无论添加灭活光合细菌（L+IP）还是添加光合细菌（L+P），562nm 波长处吸光度与空白相差不大，说明此时没有羟基自由基的生成，吸光度的变化主要是由水杨酸自身光解造成的；光照条件下同时添加纳米二氧化钛和灭活光合细菌（L+T+IP），562 nm 波长处吸光度为 0.039，同时添加纳米二氧化钛和光合细菌（L+T+P）562nm 波长处吸光度为 0.038，两者相差不大，说明这两种情况下均有羟基自由基的产生，但由于光合细菌的存在降低了纳米二氧化钛的光能利用率，羟基自由基浓度低于光照条件下纳米二氧化钛单独存在时的浓度。光合细菌具有活性与否对纳米二氧化钛光催化产生羟基自由基的影响不大。

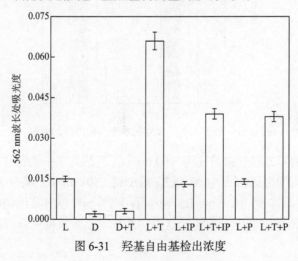

图 6-31　羟基自由基检出浓度

6）纳米二氧化钛对光合细菌活性的影响

固氮酶直接催化光合细菌产氢，其活性高低直接影响了光合细菌的产氢能力。图 6-32 表明，添加纳米二氧化钛对光合细菌固氮酶的活性有促进作用。当产氢时间为 2d 时，不添加纳米二氧化钛时光合细菌固氮酶活性为 289 nmol C_2H_4/(mg 干细胞·h)，加入纳米二氧化钛光合细菌固氮酶活性为 317 nmol C_2H_4/(mg 干细胞·h)；当产氢时间为 8d 时，纳米二氧化钛的加入使光合细菌固氮酶活性从 248 nmol C_2H_4/(mg 干细胞·h)提高到 272 nmol C_2H_4/(mg 干细胞·h)。

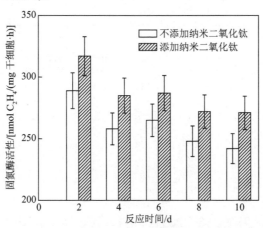

图 6-32　污泥发酵液光合产氢过程中纳米二氧化钛对固氮酶活性的影响

影响光合细菌光合产氢的另一重要酶是吸氢酶，主要吸收固氮酶产生的氢气，从而降低了光合细菌产氢能力。由图 6-33 可以看出，纳米二氧化钛抑制了吸氢酶活性。当产氢时间为 2d 时，不添加纳米二氧化钛时光合细菌吸氢酶活性为 423 U/mg 干细胞，加入纳米二氧化钛光合细菌吸氢酶活性为 339 U/mg 干细胞，吸氢酶活性降低了 19.9%；当产氢时间为 8d 时，纳米二氧化钛的存在使得光合细菌吸氢酶活性从 452 U/mg 干细胞降到 385 U/mg 干细胞。固氮酶主要为胞内酶，吸氢酶主要为细胞膜结合酶，纳米二氧化钛的加入可能主要影响了细胞膜，从而对吸氢酶造成了较大的影响。

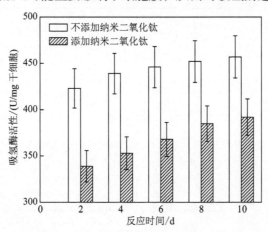

图 6-33　污泥发酵液光合产氢过程中纳米二氧化钛对吸氢酶活性的影响

由图 6-34 可以看出，纳米二氧化钛同时对光合细菌生长产生了促进作用。当产氢时间为 2d 时，不添加纳米二氧化钛时光合细菌生物量为 468 mg/L，加入纳米二氧化钛光合细菌生物量为 525 mg/L，光合细菌生物量增加了 12.2%；当产氢时间为 8 d 时，不添加纳米二氧化钛时光合细菌生物量为 593 mg/L，加入纳米二氧化钛光合细菌生物量为 682 mg/L，光合细菌生物量增加了 15.0%。

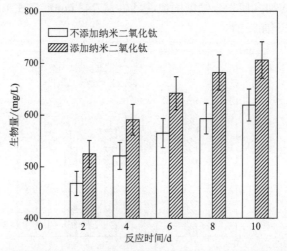

图 6-34　污泥发酵液光合产氢过程中纳米二氧化钛对光合细菌生物量的影响

由于污泥发酵液中成分复杂，除 SCFAs 外还含有蛋白质、多糖及其他未知物质，为进一步研究纳米二氧化钛对光合细菌活性的影响，以乙酸钠为碳源，谷氨酸钠为氮源配水进行实验。图 6-35 为配水条件下添加纳米二氧化钛对光合细菌光合产氢的影响。与污泥发酵液作为底物光合产氢类似，以配水作为底物光合产氢时添加纳米二氧化钛有利于促进产氢量的提高。在最初的 9 d，光合细菌利用人工配水累积产氢量均随着时间的增加而增加，但当时间由 9 d 增加到 10 d 后氢气增加不明显。因此以产氢 9 d 后数据比较纳米二氧化钛对人工配水光合产氢量的影响。产氢 9 d 后不添加纳米二氧化钛累积

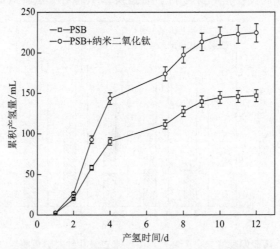

图 6-35　纳米二氧化钛对人工配水光合产氢的影响

产氢量为 139.8 mL，添加纳米二氧化钛 100 mg/L 时累积产氢量为 213.4 mL。进一步研究此条件下纳米二氧化钛对光合细菌产氢有关酶的影响及光合细菌生物量的影响，实验结果见图 6-36～图 6-38。

由图 6-36 可以看出，添加纳米二氧化钛对光合细菌固氮酶的活性有促进作用。当产氢时间为 2 d 时，不添加纳米二氧化钛时光合细菌固氮酶活性为 280 nmol C_2H_4/(mg 干细胞·h)，加入纳米二氧化钛光合细菌固氮酶活性为 320 nmol C_2H_4/(mg 干细胞·h)，固氮酶活性提高了 14.3%；当产氢时间为 10 d 时，不添加纳米二氧化钛光合细菌固氮酶活性为 251 nmol C_2H_4/(mg 干细胞·h)，加入纳米二氧化钛光合细菌固氮酶活性为 286 nmol C_2H_4/(mg 干细胞·h)，固氮酶活性提高了 13.9%。

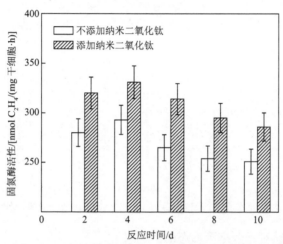

图 6-36　人工配水光合产氢过程中纳米二氧化钛对固氮酶活性的影响

由图 6-37 可以看出，纳米二氧化钛抑制了吸氢酶活性。当产氢时间为 2 d 时，不添加纳米二氧化钛时光合细菌吸氢酶活性为 473 U/mg 干细胞，加入纳米二氧化钛光合细菌吸氢酶活性为 305 U/mg 干细胞，吸氢活性酶活性降低了 35.5%；当产氢时间为 10 d 时，不添加纳米二氧化钛光合细菌吸氢酶活性为 511 U/mg 干细胞，加入纳米二氧化钛光合细菌吸氢酶活性为 352 U/mg 干细胞，吸氢酶活性降低了 31.1%。

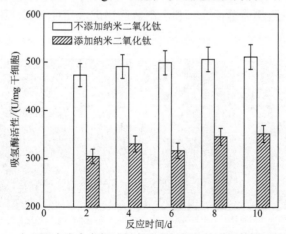

图 6-37　人工配水光合产氢过程中纳米二氧化钛对吸氢酶活性的影响

图 6-38 显示，纳米二氧化钛促进了光合细菌生物量的增加。当产氢时间为 2d 时，不添加纳米二氧化钛时光合细菌生物量为 532 mg/L，加入纳米二氧化钛光合细菌生物量为 592 mg/L，光合细菌生物量增加了 11.3%；当产氢时间为 10 d 时，不添加纳米二氧化钛时光合细菌生物量为 731 mg/L，加入纳米二氧化钛光合细菌生物量为 796 mg/L，光合细菌生物量增加了 8.9%。以上结果与污泥发酵液作为底物光合产氢时的纳米二氧化钛影响类似，说明纳米二氧化钛的加入影响了光合细菌的活性，从而影响了光合细菌的产氢能力。

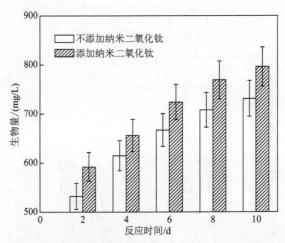

图 6-38　人工配水光合产氢过程中纳米二氧化钛对光合细菌生物量的影响

7）纳米二氧化钛对光合细菌形态的影响

图 6-39 为添加纳米二氧化钛对光合细菌细胞形态影响的透射电子显微镜（TEM）分析。不添加纳米二氧化钛的光合细菌细胞膜有致密的层状结构；添加纳米二氧化钛后，细胞膜层状结构消失，细胞膜变薄，但细胞形态保持不变。前面光合细菌生物量变化趋势表明，纳米二氧化钛的加入没有对光合细菌生长产生抑制作用，反而有一定的促进作用。同时，吸氢酶主要是一种细胞膜结合酶，细胞膜的改变将不可避免地影响到吸氢酶的活性，这可能是纳米二氧化钛加入后光合细菌吸氢酶活性明显降低的原因之一。细胞膜变薄增加了细胞膜通透性，有利于产氢底物进入光合细菌细胞体内，提高了光合细菌利用底物的能力。

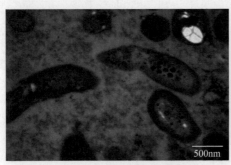
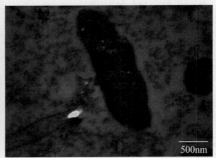

(a) 不添加纳米二氧化钛时光合细菌　　　　(b) 添加纳米二氧化钛时光合细菌

图 6-39　光合细菌 TEM 分析

6.3.2　光合细菌利用调节 C/N 暗发酵产氢后发酵液光合产氢

由上述研究可知，添加碳水化合物调节剩余污泥 C/N 为 25，同时控制发酵 pH 为 8 时，产氢量最高，但发酵液中含有大量短链脂肪酸、溶解性淀粉及蛋白质等物质。这里主要研究纳米二氧化钛对调节污泥 C/N 发酵液光合产氢的影响。

光合细菌与前面内容一致；发酵液为添加碳水化合物（可溶性淀粉）调节 C/N 为 25 的混合物，在 pH 为 8 条件下发酵 5d 后得到；氨氮回收采用鸟粪石法，$Mg:N:P$ 的摩尔比为 $1.9:1:1.3$，pH 调节为 10，100 r/min 下机械搅拌 10 min，混合物在 4800 r/min 下离心 30 min，上清液为 NH_4^+-N 回收后发酵液。

将 NH_4^+-N 回收前后发酵液各 300 mL 分别加入 2 只 600 mL 血清瓶中，接种光合细菌使其初始浓度为 400 mg/L，用 4 mol/L HCl 和 4 mol/L NaOH 将初始 pH 调节为 8。氩气吹扫 5 min 后用橡胶塞密封，以保证厌氧条件。反应温度为（30±1）℃，以卤钨灯（200 W/m², 350~820 nm）为光源双面光照，光照强度为 6000~7000 lux，以电磁搅拌器搅拌使光合细菌悬浮。利用集气袋收集气体，测定气体组分。

1. 氨氮去除对光合产氢的影响

高 NH_4^+-N 浓度严重抑制了光合细菌固氮酶活性，从而抑制了光合细菌产氢能力，鸟粪石法可去除污泥发酵液中 90%以上 NH_4^+-N，因此首先利用鸟粪石法去除发酵液中 NH_4^+-N，研究 NH_4^+-N 去除对调节污泥 C/N 的发酵液光合细菌产氢的影响。调节污泥 C/N 的发酵液 NH_4^+-N 回收前后性质变化见表 6-23。调节污泥 C/N 的发酵液 NH_4^+-N 回收前 NH_4^+-N 浓度为 262 mg/L，回收后 NH_4^+-N 浓度为 23 mg/L，去除率为 91.2%。鸟粪石法回收 NH_4^+-N 对 SCOD、SCFAs、蛋白质和多糖影响较小。

表 6-23　发酵液 NH_4^+-N 回收前后组成　　　　　　（单位：mg/L）

条件	SCOD	SCFAs	蛋白质	多糖	NH_4^+-N	SOP
氨氮回收前发酵液	26280	16230	1735	3890	262	189
氨氮回收后发酵液	23862	15727	1433	3127	23	24

NH_4^+-N 回收对调节污泥 C/N 的发酵液光合产氢量的影响见图 6-40。与前面研究结果类似，随着反应时间的延长，NH_4^+-N 回收后的发酵液光合产氢量逐渐增加，而 NH_4^+-N 回收前的发酵液光合产氢量增加较少。运行 15d 后 NH_4^+-N 回收后的发酵液光合产氢量为 483.8 mL，而 NH_4^+-N 回收前的发酵液光合产氢量仅 15.6 mL。尽管本章所用调节污泥 C/N 的发酵液中 SCOD：NH_4^+-N 较高，但与 6.3.1 节结论类似，NH_4^+-N 的存在严重抑制了光合细菌光合产氢能力，NH_4^+-N 回收明显促进了光合细菌利用发酵液光合产氢的能力。对光合细菌产氢作用的抑制主要与 NH_4^+-N 浓度有关，而与 SCOD：NH_4^+-N 无关，单纯提高碳水化合物或短链脂肪酸浓度无法消除 NH_4^+-N 对光合细菌产氢的抑制作用。

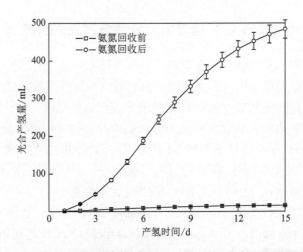

图 6-40　NH₄⁺-N 回收对调节污泥 C/N 的发酵液光合产氢量的影响

2. 稀释倍数对光合产氢的影响

添加碳水化合物调节 C/N 为 25 的混合物在 pH 为 8 条件下，发酵 5d 所得发酵液去除 NH₄⁺-N 后的 SCOD 浓度为 23862 mg/L，SCFAs 浓度为 15727 mg COD/L，其中乙酸浓度为 9943 mg COD/L。由于底物浓度过高不利于光合细菌光合产氢，因此研究稀释倍数对光合产氢的影响。稀释倍数为 5 倍、10 倍、20 倍及不稀释的发酵液各 300 mL加入 4 只 600 mL 血清瓶中，接种光合细菌初始浓度为 400 mg/L。用 4 mol/L HCl 和4 mol/L NaOH 将各血清瓶内溶液初始 pH 调节为 8，氩气吹扫 5 min 后用橡胶塞密封，以保证厌氧环境。反应温度为（30±1）℃，以卤钨灯（200 W/m²，350～820 nm）为光源双面光照，光照强度为 6000～7000 lux，以电磁搅拌器搅拌使光合细菌悬浮。利用集气袋收集气体，测定气体组分。

图 6-41 为稀释倍数对光合细菌利用发酵液光合产氢的影响。由图 6-41（a）可以看出，随着稀释倍数的增加，光合产氢量逐渐减少。稀释倍数为 5 倍、10 倍、20 倍时反应 7d 后光合产氢量分别为 117.1 mL、64.2 mL 和 19.1 mL，继续增加反应时间光合产氢量变化不大，不稀释时光合产氢量为 244.8 mL。不稀释时，反应 15d 后光合产氢量为 483.8 mL，此时稀释 5 倍、10 倍和 20 倍，光合产氢量分别为 125.1 mL、67.1 mL 和 19.1 mL。这是由于随着稀释倍数的增加底物浓度逐渐减少，用于光合细菌产氢的底物逐渐减少。图 6-41（b）为比产氢量即单位 COD 产氢量。不稀释时比产氢量为 67.6 mL/g COD；稀释 5 倍和 10 倍时比产氢量分别为 87.4 mL/g COD 和93.7 mL/g COD，比不稀释时分别提高 29.3%和 38.6%；当稀释倍数继续增加到 20 倍时，比产氢量下降到 53.4 mL/g COD。可见，控制底物浓度在合适范围内有利于提高氢气的转化效率，当稀释倍数为 10 倍时比产氢量最高。

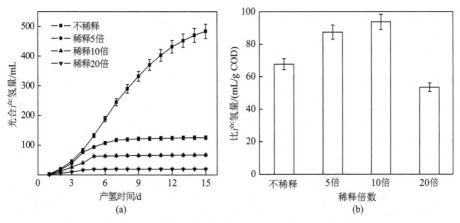

图 6-41　稀释倍数对调节污泥 C/N 的发酵液经 NH_4^+-N 去除后光合产氢的影响

3. 添加纳米二氧化钛对光合产氢的影响

150 mL NH_4^+-N 回收后发酵液用去离子水稀释 10 倍后平均加入 5 只 600 mL 血清瓶中，纳米二氧化钛的浓度分别调节为 0 mg/L、50 mg/L、100 mg/L、150 mg/L 和 200 mg/L。接种光合细菌初始浓度为 400 mg/L。用 4 mol/L HCl 和 4 mol/L NaOH 将各血清瓶内初始 pH 调节为 8。氩气吹扫 5 min 后用橡胶塞密封，以保证厌氧条件。反应温度为（30±1）℃，以卤钨灯为光源双面光照，以电磁搅拌器搅拌使光合细菌悬浮。利用集气袋收集气体，测定气体组分。图 6-42 为纳米二氧化钛对稀释 10 倍 NH_4^+-N 回收后调节污泥 C/N 的发酵液光合产氢的影响。产氢 7 d 后，不添加纳米二氧化钛的光合产氢量为 64.2 mL；纳米二氧化钛浓度为 50 mg/L、100 mg/L、150 mg/L 和 200 mg/L 时，光合产氢量分别为 79.8 mL、87.3 mL、69.3 mL 和 67.4 mL，比对照样分别高了 24.3%、36.0%、7.9%和 5.0%。可见，添加纳米二氧化钛有利于提高污泥发酵液光合产氢。当纳米二氧化钛浓度为 100 mg/L 时，污泥发酵液光合产氢量最高，达到 121.9 mL/g COD。

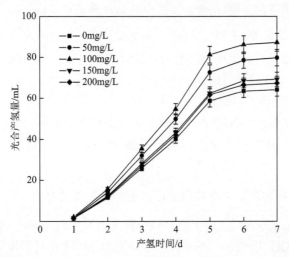

图 6-42　纳米二氧化钛浓度对稀释 10 倍 NH_4^+-N 回收后调节污泥 C/N 的发酵液光合产氢的影响

6.3.3 城镇有机废物两阶段（暗/光合）发酵产氢

1. 两阶段发酵对剩余污泥生物产氢量的影响

污泥厌氧暗发酵条件：污泥 1L，保持恒定 pH 为 10，厌氧发酵 5 d。此时暗发酵产氢量计算见式（6-2）。

$$产氢量=1\ L \times 17422\ mg/L \times 19.3\ mL/g\ COD = 336.24\ mL \quad (6\text{-}2)$$

式中，17422 mg/L 为 1L 剩余污泥中 TCOD 浓度；19.3 mL/g COD 为前面报道的单位 COD 污泥氢气产量。

污泥厌氧暗发酵后进行泥水分离及氨氮回收，所得污泥发酵液为 850 mL，进行光合产氢，产氢时间为 7d。当不加入纳米二氧化钛时，污泥发酵液 850mL 产氢量计算见式（6-3）。

$$产氢量=850\ mL \times (94.8\ mL \div 300\ mL) \times (17400\ mg\ COD/L \div 20200\ mg\ COD/L)$$
$$=231.37\ mL \quad (6\text{-}3)$$

式中，94.8 mL 为污泥 TCOD 为 20200 mg COD/L 时 300 mL 污泥发酵液光合产氢 7d 后产氢量；17400 mg COD/L 为本节核算产氢量所用污泥 TCOD。

单位污泥厌氧两阶段（暗/光合）发酵产氢量计算见式（6-4）。

$$单位污泥产氢量=(336.24\ mL+231.37\ mL) \div 17400\ mg = 32.6\ mL/g\ COD \quad (6\text{-}4)$$

当加入纳米二氧化钛时，污泥发酵液 850mL 产氢量计算见式（6-5）。

$$氢气产生量=850\ mL \times (138.5\ mL \div 300\ mL) \times (17400\ mg\ COD/L \div 20200\ mg\ COD/L)$$
$$=338\ mL \quad (6\text{-}5)$$

式中，138.5 mL 为污泥 TCOD 为 20200 mg COD/L 时 300 mL 污泥发酵液添加纳米二氧化钛光合产氢 7d 后产氢量；17400 mg COD/L 为本节核算产氢量所用污泥 TCOD。

单位污泥厌氧两阶段（暗/光合）发酵产氢量计算见式（6-6）。

$$单位污泥产氢量=(336.24\ mL+338\ mL) \div 17400\ mg = 38.7\ mL/g\ COD \quad (6\text{-}6)$$

由以上计算可知，当污泥厌氧暗发酵产氢时，产氢量为 19.3 mL/g COD；当污泥厌氧两阶段（暗/光合）发酵产氢时，产氢量为 32.6 mL/g COD，比单独厌氧暗发酵产氢量提高 68.9%；当光合阶段添加纳米二氧化钛的污泥厌氧两阶段（暗/光合）发酵产氢时，产氢量为 38.7 mL/g COD，比单独厌氧暗发酵产氢量提高 101%，比不加纳米二氧化钛的厌氧两阶段（暗/光合）发酵产氢量提高 19%，比文献报道中利用剩余污泥自身发酵最大产氢量（17.9 mL/g COD）提高 116.2%。

2. 两阶段发酵对调节 C/N 后的剩余污泥生物产氢量的影响

以剩余污泥调节 C/N 为 25 后生物产氢计算厌氧两阶段（暗/光合）发酵产氢量。调节 C/N 后混合物 COD 为 52200 mg/L，厌氧暗发酵条件为保持恒定 pH 为 8，厌氧发酵 5 d。此时氢气产生量计算见式（6-7）。

$$产氢量=1\ L \times 52200\ mg\ COD/L \times 100.6\ mL/g\ COD = 5251\ mL \quad (6\text{-}7)$$

式中，52200 mg/L 为 1L 调节 C/N 污泥中 COD 浓度；100.6 mL/g COD 为前面所得单位 COD 混合物所产生氢气量。

厌氧暗发酵后进行泥水分离及 NH_4^+-N 回收，所得发酵液体积为 850 mL，稀释 10 倍后进行光合产氢，产氢时间为 7d。当不加入纳米二氧化钛时，发酵液 850 mL 产氢量计算见式（6-8）。

$$产氢量 = 8500 \text{ mL} \times 64.2 \text{ mL} \div 300 \text{ mL} = 1819 \text{ mL} \qquad (6-8)$$

式中，64.2 mL 为 300 mL 稀释 10 倍发酵液光合产氢 7d 后产氢量。

单位混合物厌氧两阶段（暗/光合）发酵产氢量计算见式（6-9）。

$$单位 \text{ COD } 产氢量 = （5251 \text{ mL} + 1819 \text{ mL}）\div 52200 \text{ mg} = 135 \text{ mL/g COD} \qquad (6-9)$$

当加入纳米二氧化钛时，污泥发酵液 850mL 产氢量计算见式（6-10）。

$$氢气产生量 = 8500 \text{ mL} \times 87.3 \text{ mL} \div 300 \text{ mL} = 2473.5 \text{ mL} \qquad (6-10)$$

式中，8500 mL 为 300 mL 稀释 10 倍污泥发酵液光合产氢 7 d 后产氢量。

单位污泥厌氧两阶段（暗/光合）发酵产氢量计算式（6-11）。

$$单位 \text{ COD } 产氢量 = （5251 \text{ mL} + 2473.5 \text{ mL}）\div 52200 \text{ mg} = 148.0 \text{ mL/g COD} \qquad (6-11)$$

由以上计算可知，当调节污泥 C/N 为 25，保持 pH 为 8 时厌氧暗发酵，产氢量为 100.6 mL/g COD；当厌氧两阶段（暗/光合）发酵产氢时，产氢量为 135 mL/g COD，比单独厌氧暗发酵产氢量提高 34.2%；光合阶段添加纳米二氧化钛的厌氧两阶段（暗/光合）发酵产氢，产氢量为 148.0 mL/g COD，比单独厌氧暗发酵产氢量提高 47.1%，比不加纳米二氧化钛的厌氧两阶段（暗/光合）发酵产氢量提高 9.6%。剩余污泥生物产氢量汇总见表 6-24。

表 6-24　剩余污泥生物产氢量　（单位：mL/g COD）

底物	厌氧暗发酵阶段	光合产氢阶段	总产氢量
剩余污泥	19.3	13.3，19.5	32.6，38.7
调节 C/N 为 25 的污泥	100.6	34.4，47.3	135，148.0

注：后两列数据分别为不添加纳米二氧化钛及添加纳米二氧化钛的结果。

第 7 章　城镇有机废物高效转化为甲烷的调控方法与原理

厌氧消化技术是最重要的有机废物处理与资源化利用技术之一，是指在无氧条件下由兼性菌和厌氧细菌将可生物降解的有机物分解转化为甲烷等物质，从而实现资源和能源回收的目的。厌氧消化三阶段理论包括：第一阶段（即水解），是在水解和发酵细菌作用下，碳水化合物、蛋白质与脂肪水解和发酵转化成单糖、氨基酸、脂肪酸等；第二阶段（产氢产乙酸），产氢产乙酸菌将第一阶段的产物进一步分解为氢、二氧化碳和乙酸；第三阶段（甲烷化），是通过两组生理上不同的产甲烷菌的作用，一组将氢和二氧化碳转化成甲烷，另一组是对乙酸脱羧产生甲烷。可见，只有每一阶段产生的中间产物可以被微生物迅速利用时，厌氧发酵过程才能够顺利地进行下去。反之，当微生物利用基质的速率低于基质产生的速率时就会发生中间产物的积累，导致厌氧消化效率降低甚至最终失败。

对于厨余垃圾、污泥等城镇有机废物，一般认为水解阶段是厌氧消化的限速步骤，因此可使用预处理方法以提高其水解速率。常用的预处理方法包括：热、碱、超声、化学等。如果厌氧消化前两步速率都被提高，则第三步的甲烷产量将会大幅提高。但是，文献中关于同时提高水解和产酸速率从而大幅度提高甲烷产量的报道很少。

作者在前期研究发现，污泥在碱性厌氧条件下（pH=10）发酵 8 天后，其水解和产酸量得到大幅提高，因此使用这种碱性发酵产酸液进行产甲烷将有可能显著提高甲烷产量。本章对该方法进行介绍，并将其与其他预处理方法进行比较。

7.1　碱性发酵预处理提高城镇有机废物间歇产甲烷

所用的剩余污泥取自上海市某污水处理厂的回流污泥泵房；厌氧颗粒污泥取自某食品厂开流式厌氧污泥床（UASB）反应器。取回的新鲜剩余污泥和厌氧颗粒污泥首先放置在 4℃下沉降 24 h，排掉上清液，然后根据实验需要进行稀释或进一步浓缩。沉降后剩余污泥和厌氧颗粒污泥的主要性质见表 7-1。

污泥碱性（pH=10）发酵液制备的实验：与前面介绍的相同。

不同预处理方法对污泥产甲烷影响的实验：文献中报道了各种关于污泥预处理后提高其水解产物的方法，但本研究发现污泥经过碱性（pH=10）发酵 8 天，可以同时提高其水解、短链脂肪酸产量，进而提高甲烷产量。为了直接对比文献中关于各种污泥预处理方法对产甲烷的影响，使用 5 个工作容积为 1L 的圆柱形反应器，1.88L 剩余污泥被平均分配至 1～4 号反应器中。其中，1 号反应器中的污泥未做任何处理，作为空白对照；2 号反应器中的污泥经过超声波预处理（频率 41kHz 处理 150min）；3 号反应器中的污泥经过热预处理（70℃处理 9h）；4 号反应器中的污泥经过热碱预处理（90℃、pH=11 处理 10h）。各个反应器的 pH 变化见图 7-1。5 号反应器中的污泥（470mL）使用 5 mol/L NaOH 调节 pH 为 10.0，并维持 8 天。以上 5 个反应器中的污泥经过预处理之后，使用 5 mol/L NaOH 或者 4 mol/L HCl 调节污泥的 pH 为 7.0±0.1，因而产甲烷菌的最佳生存 pH 范围为 6.5～7.5。然后，向 5 个反应器中分别接种 30mL 培养驯化后的厌氧颗粒污泥，用橡胶塞密封反应器，使用机械搅拌（转速为 80r/min），气体采用排水法收集。实验中甲烷产量以每克加入的 VSS 生成的甲烷体积（mL CH_4/g VSS）表征，当产气量达到稳定时，测定 5 个反应器中厌氧颗粒污泥的 ATP。

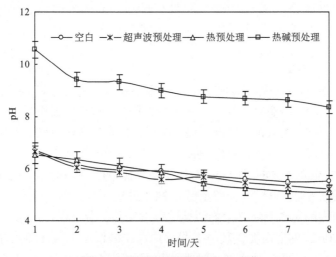

图 7-1　污泥经过预处理后 pH 变化

表 7-1　剩余污泥和厌氧颗粒污泥沉降后性质

测试项目	剩余污泥	厌氧颗粒污泥
pH	6.8±0.1	7.0±0.1
TSS/(mg/L)	17508±770	29165±1254
VSS/(mg/L)	13815±552	22309±669
SCOD/(mg/L)	62±1.2	76±1.1
碳水化合物/(mg COD /L)	3162±107	4067±146
蛋白质/(mg COD /L)	9956±398	12906±477
油脂/(mg COD /L)	159±3	199±6

不同预处理方法对剩余污泥水解和产酸的影响实验。反应器中的剩余污泥（470mL）经过超声波预处理、热预处理、热碱预处理后，使用 5 mol/L NaOH 或 4 mol/L HCl 调节反应器中的泥水混合物 pH 为 7.0±0.1，接种驯化过的厌氧颗粒污泥 30mL，在（35±1）℃机械搅拌（转速为 80 r/min）产甲烷。

不同预处理方法对溶解性 C∶N∶P 及产甲烷的影响实验。剩余污泥经过各种方法预处理后，其 SCOD：NH_4^+-N：PO_4^{3-}-P（C：N：P）比不同。为了进一步研究 C：N：P 如何影响产甲烷量，设计了如下不同 C：N：P 的实验。污泥经过不同预处理方法后，其水解产生的 SCOD 不同，为了研究污泥中 C：N：P 对产甲烷的影响，控制 SCOD 一定。剩余污泥在碱性条件下（pH=10）发酵 8 天后，释放出的 C：N 和 C：P 较其他预处理方法高，其发酵上清液用来研究 C：N：P 对产甲烷量的影响。首先，将 2.35L 经过碱性条件（pH=10）发酵的剩余污泥在离心机中离心（转速为 5000 r/min）10min 后，取其上清液，按照前期研究的方法将释放出的 NH_4^+-N 和 PO_4^{3-}-P 去除。然后使用 4 mol/L HCl 调节发酵液的 pH 为 7.0±0.2，发酵液被平均分至 5 个工作容积为 1L 反应器中，温度为 34～36℃。通过加入 NH_4Cl 或 KH_2PO_4，改变 5 个反应器中发酵液的 C：N：P。5 套反应器均接种 30mL 经过驯化的厌氧颗粒污泥，温度维持在 34～36℃，分别用橡胶塞将反应器密封，使用机械搅拌（80 r/min）。

不同预处理方法对释放的 Fe^{3+} 及产甲烷的影响实验。通过研究发现，剩余污泥在碱性（pH=10）条件下发酵 8 天后，其 Fe^{3+} 浓度高于其他各种预处理方法。为了进一步研究污泥在碱性（pH=10）条件下发酵 8 天后产甲烷量较高是否与其 Fe^{3+} 浓度高有关，设计如下实验。将 2.82L 污泥平均分至 3 套反应器中，3 套反应器中的污泥分别经过超声波预处理、热预处理和热碱预处理等处理。然后，每套反应器中的泥水混合物被平均分至 2 个平行反应器中，加入 $FeCl_3·6H_2O$（3.5 μmol/L）使其 Fe^{3+} 的浓度最终达到 4.9mg/L。使用 5 mol/L NaOH 或 4 mol/L HCl 调节其 pH 为 7.0±0.1，分别接种 30mL 经过驯化的厌氧颗粒污泥，维持反应器温度为 34～36℃。

不同预处理方法对产甲烷微生物活性的影响实验。分别向 5 个反应器（工作容积为 1 L）加入 470mL 剩余污泥，其中 1 号反应器中的污泥未做任何处理，作为空白对照；2 号反应器的污泥经过超声波预处理（超声频率 41kHz，处理 150 min）；3 号反应器的污泥经过热预处理（70℃处理 9 h）；4 号反应器的污泥经过热碱预处理（90℃、pH 为 11 处理 10h）；5 号反应器的污泥（470 mL）使用 5 mol/L NaOH 调节 pH 为 10.0，并维持 8 天。以上 5 套反应器中的污泥经过预处理之后，使用 5 mol/L NaOH 或者 4 mol/L HCl 调节污泥的 pH 为 7.0±0.1，分别接种 30mL 经过驯化的厌氧颗粒污泥进行产甲烷。待产甲烷稳定时，分别从 5 套反应器中取出厌氧颗粒污泥并测定 ATP。

7.1.1 不同预处理对产甲烷的影响

如图 7-2 和表 7-2 所示，剩余污泥在碱性（pH=10）条件下发酵 8 天后的累积甲烷产量在第 9 天时达到最高值 398 mL CH_4/g VSS，此后无明显增加（$F_{observed}$=2.08×10^{-16}，$F_{significance}$=6.59，$P_{(0.05)}$=0.99>0.05），这表明污泥在碱性条件下发酵 8 天后产甲烷的最佳时间为 9 天。在 1～17 天空白对照实验中的污泥累积甲烷产量逐渐升高（$F_{observed}$=99.08，$F_{significance}$=2.29，$P_{(0.05)}$=1.34×10^{-13}<0.05），且在 17～20 天甲烷产生量较少（$F_{observed}$= 0.01，$F_{significance}$=6.59，$P_{(0.05)}$=0.99>0.05）。在其他几组实验中，1～17 天累积甲烷产量也逐渐升高，同样在 17～20 天后，很少有甲烷产出（表 7-2）。空白对照、经超声波预处理后、经热预处理后、经热碱预处理后的污泥，其累积甲烷产量分别为

90.4 mL CH$_4$/g VSS、115.4 mL CH$_4$/g VSS、127.8 mL CH$_4$/g VSS 和 171.2mL CH$_4$/g VSS。很显然，污泥在碱性（pH=10）条件下发酵 8 天后，其累积甲烷产量得到大幅提高，分别为空白对照、超声波预处理、热预处理、热碱预处理后的污泥甲烷产量的 4.4 倍、3.4 倍、3.1 倍和 2.3 倍。污泥在碱性（pH=10）条件下发酵 8 天后产甲烷的总发酵时间为 17（8+9）天，这一时间并没有比其他预处理方法产甲烷的时间更长。

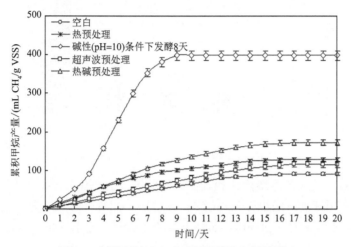

图 7-2　污泥预处理方法对累积甲烷产量的影响

表 7-2　污泥经过不同预处理后发酵产甲烷时间的影响

处理	时间 1～17 天			时间 17～20 天		
	$F_{observed}$	$F_{significance}$	$P_{(0.05)}$	$F_{observed}$	$F_{significance}$	$P_{(0.05)}$
空白	99.08	2.29	$1.34×10^{-13}$	0.01	6.59	0.99
超声波预处理	76.97	2.29	$1.09×10^{-12}$	0.03	6.59	0.99
热预处理	75.97	2.29	$1.22×10^{-12}$	0.01	6.59	0.99
热碱预处理	232.13	2.29	$1.05×10^{-16}$	0.01	6.59	0.99
碱性（pH=10）条件下发酵 8 天	297.28	2.29	$1.30×10^{-17}$	$2.08×10^{-16}$	6.59	0.99

7.1.2　污泥碱性发酵大幅度促进产甲烷的原理

1. 不同预处理方法对剩余污泥水解和产酸的影响

图 7-3 给出了不同预处理方法对剩余污泥水解、产酸的影响。污泥在碱性（pH=10）条件下发酵 8 天后，SCOD 为 11823 mg/L，SCFAs 为 4925 mg COD/L；污泥经超声波预处理后，SCOD 为 1200 mg/L，SCFAs 为 158 mg COD/L；污泥经热预处理后，SCOD 为 2400 mg/L，SCFAs 为 133 mg COD/L；污泥经热碱预处理后，SCOD 为 3560 mg/L，SCFAs 为 178 mg COD/L；空白对照中，SCOD 为 62 mg/L，未检出 SCFAs。显然，在碱性（pH=10）条件下发酵 8 天后，不但可以提高污泥的水解速率，还能够提高产酸量。

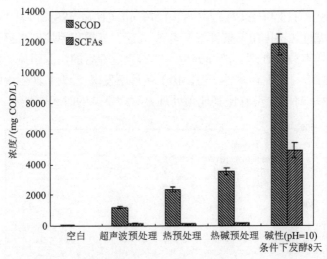

图 7-3　不同污泥预处理方法对 SCOD 和 SCFAs 的影响

污泥发酵后，较高的乙酸浓度和较低的丙酸浓度有利于后续产甲烷。如图 7-4 所示，不同的污泥预处理方法也影响 SCFAs 的组成。在所有的预处理方法中，乙酸含量都是最高的，污泥在碱性（pH=10）条件下发酵 8 天后，乙酸含量可以达到 58%以上，而污泥经过其他方法预处理后，乙酸含量只有 38%～48%。此外，污泥在碱性（pH=10）条件下发酵 8 天后，丙酸含量低于其他预处理方法。

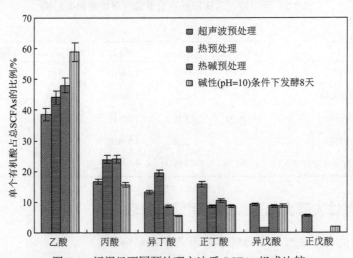

图 7-4　污泥经不同预处理方法后 SCFAs 组成比较

为进一步检验发酵时间对水解产酸的影响进行以下实验。污泥经过超声波、热、热碱等预处理方法后，泥水混合物使用机械搅拌 8 天[（21±1）℃]。在各反应器中，调节其 pH 为 7.0±0.1，分别接种 30mL 驯化后的厌氧颗粒污泥，温度维持在 34～36℃，进行机械搅拌产甲烷。研究发现，污泥经过超声波、热、热碱等预处理后继续发酵 8 天，SCOD 和 SCFAs 的浓度均低于污泥在碱性条件（pH=10.0）下发酵 8 天的浓度（表 7-3）。尽管对污泥预处理后进行连续搅拌 8 天，但其 SCFAs 中的成分并没有发生显著变化（表 7-4）。此外，在污泥预处理后的 8 天发酵期间内，甲烷产量均较低（表 7-5），这可能是由于污泥在 8 天的发酵期间，其 pH 不适应产甲烷的生长。污泥经过超声波、热、热碱等预处理后，在 8 天水解、产酸阶段和 9 天的产甲烷阶段，总的甲烷产量都较污泥在碱性（pH=10）条件下发酵 8 天后低（表 7-5）。因此，污泥在碱性（pH=10）条件下预处理 8 天，可同时提高污泥的水解速率和产酸量，以及获得较适合产甲烷的短链脂肪酸的组成，这样就可以在产甲烷阶段得到较高的甲烷产量。

表 7-3　污泥经过预处理及机械搅拌 8 天 SCOD、SCFAs 浓度及其组成变化（单位：mg COD/L）

预处理方法	预处理后		污泥经过预处理后机械搅拌 8 天	
	SCOD	SCFAs	SCOD	SCFAs
超声波预处理	1200±35	158±5	5680±220	1001±30
热预处理	2400±90	133±6	6160±260	1050±40
热碱预处理	3560±100	178±5	8800±350	1665±50

注：空白对照中，污泥经过机械搅拌 8 天后 SCOD 和 SCFAs 浓度分别从初始的 62 mg COD/L 和 0 mg COD/L 升高至 4413 mg COD/L 和 522 mg COD/L。

污泥在碱性（pH=10）条件下发酵 8 天，SCOD 浓度为 11823 mg/L，SCFAs 浓度为 4925 mg COD/L。

表 7-4　污泥经过不同预处理方法及机械搅拌 8 天后的 SCFAs 组成　（单位：%）

时间	组分	超声波预处理	热预处理	热碱预处理
预处理后	乙酸	38.8±0.8	44.3±1.0	48.2±1.7
	丙酸	16.9±0.4	24.0±0.5	24.1±0.5
	异丁酸	13.4±0.2	19.5±0.3	8.5±0.2
	正丁酸	16.0±0.4	8.7±0.2	10.4±0.3
	异戊酸	9.3±0.1	1.7±0.1	8.7±0.1
	正戊酸	5.6±0.1	1.8±0.1	0.1±0.1
预处理后机械搅拌 8 天	乙酸	45.0±1.2	45.3±1.3	47.0±1.1
	丙酸	12.0±0.3	24.1±0.7	14.0±0.6
	异丁酸	13.8±0.4	7.8±0.2	7.6±0.1
	正丁酸	6.4±0.2	8.4±0.2	13.6±0.3
	异戊酸	18.8±0.8	9.4±0.3	16.2±0.4
	正戊酸	4.0±0.1	5.0±0.1	1.6±0.1

注：空白对照，原污泥中基本没有 SCFAs，经过机械搅拌 8 天后，乙酸 35.6%、丙酸 31.2%、异丁酸 10.5%、正丁酸 9.7%、异戊酸 11.0% 和正戊酸 2.0%。

污泥在碱性（pH=10）条件下发酵 8 天后，SCFAs 的组成为：乙酸 59.1%、丙酸 15.8%、异丁酸 5.6%、正丁酸 8.8%、异戊酸 8.8% 和正戊酸 1.9%。

表 7-5　污泥经过不同预处理方法后机械搅拌 8 天对甲烷产量的影响（单位：mL/g VSS）

项目	超声波预处理	热预处理	热碱预处理
机械搅拌 8 天发酵期	11.1±0.2	9.1±0.1	3.2±0.1
9 天产甲烷期	138.7±5.6	147.2±4.1	166.0±5.1
甲烷产量	149.8±3.7	156.3±5.5	169.2±4.2

注：空白对照中，机械搅拌 8 天发酵期的甲烷产量为 16.2 mL/g VSS，9 天产甲烷期的甲烷产量为 115.3 mL/g VSS。在进行超声波、热、热碱预处理时，没有甲烷产生。

污泥在碱性（pH=10）条件下发酵 8 天过程中，没有甲烷产生，在 9 天产甲烷期，其甲烷产量可达 398 mL/g VSS。

2. 不同预处理方法对溶解性 C∶N∶P 及产甲烷的影响

污泥经过不同的预处理，释放出的 NH_4^+-N 浓度、PO_4^{3-}-P 浓度和 C∶N∶P 不同（表 7-6）。超声波预处理后，释放出的 NH_4^+-N 浓度、PO_4^{3-}-P 浓度分别为 216.6 mg/L 和 89.4 mg/L；经过热预处理后，释放出的 NH_4^+-N 浓度、PO_4^{3-}-P 浓度分别为 275.8 mg/L 和 123.3 mg/L；经过热碱预处理后，释放出的 NH_4^+-N 浓度、PO_4^{3-}-P 浓度分别为 208.5 mg/L 和 78.7 mg/L；在碱性（pH=10）条件下发酵 8 天后，释放出的 NH_4^+-N 浓度、PO_4^{3-}-P 浓度分别为 173.4 mg/L 和 58.5mg/L。其中最大的 C∶N∶P 是污泥在碱性（pH=10）条件下发酵 8 天后，可达 100∶1.6∶0.5。据文献报道，厌氧产甲烷过程中 C∶N∶P 会影响污泥产甲烷量，因此这可能是污泥在碱性（pH=10）条件下发酵 8 天后产甲烷量较高的原因之一。当发酵液中 SCOD 浓度为 11823mg/L 时，不同的 C∶N∶P 对累积产甲烷量的影响如图 7-5 所示。当 C∶N 从 11823∶173.4（质量比）增加至 11823∶87.2 时，9 天累积产甲烷量从 253 mL CH_4/g COD 升至 321.1 mL CH_4/g COD；当 C∶P 从 11823∶58.5 提高至 11823∶29.8 时，9 天累积产甲烷量从 253 mL CH_4/g COD 增加到 284.4 mL CH_4/g COD。从图 7-5 还可见，无论降低 C∶N 还是 C∶P，其累积产甲烷量均呈降低趋势。其他污泥预处理方法均可得出相似结论。尽管有关 C∶N∶P 与产甲烷量之间的关系仍需进一步研究，但是本节研究发现，污泥在碱性（pH=10）条件下发酵 8 天后，提高了 C∶N 和 C∶P，从而促进了产甲烷量。

表 7-6　污泥经过不同预处理方法后 NH_4^+-N、PO_4^{3-}-P 浓度以及 C∶N∶P

预处理方法	NH_4^+-N/(mg/L)	PO_4^{3-}-P/(mg/L)	C∶N∶P
超声波预处理	216.6±8.9	89.4±2.9	100∶18.2∶7.5
热预处理	275.8±7.2	123.3±2.2	100∶11.5∶5.2
热碱预处理	208.5±4.6	78.7±0.8	100∶6.2∶2.3
碱性（pH=10）条件下发酵 8 天	173.4±7.3	58.5±2.2	100∶1.6∶0.5

注：实验数据为平均数值。

C∶N∶P 比代表 SCOD∶NH_4^+-N∶PO_4^{3-}-P，污泥经过超声波预处理、热预处理、热碱预处理和碱性（pH=10）条件下发酵 8 天后，SCOD 浓度分别为 1188 mg/L、2395 mg/L、3360 mg/L 和 11823 mg/L。空白对照中，SCOD、NH_4^+-N 和 PO_4^{3-}-P 分别为 56 mg/L、17.1 mg/L 和 45.2 mg/L。

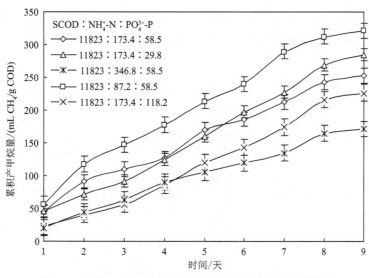

图 7-5　不同 NH_4^+-N 和 PO_4^{3-}-P 浓度对累积产甲烷量的影响

3. 不同预处理方法对释放的 Fe^{3+} 浓度及产甲烷的影响

一定浓度的微量金属元素（包括 Fe^{3+}）可以促进剩余污泥产甲烷量。图 7-6 给出了污泥经过超声波预处理、热预处理、热碱预处理、碱性（pH=10）条件下发酵 8 天后微量金属元素的离子浓度。污泥经过超声波预处理后 Fe、Co、Ni 离子的浓度分别为 2.39 mg/L、0.024 mg/L、0.006 mg/L；污泥经过热预处理后 Fe、Co、Ni 离子的浓度分别为 2.86 mg/L、0.026 mg/L、0.008 mg/L；污泥经过热碱预处理后 Fe、Co、Ni 的浓度分别为 3.762 mg/L、0.024 mg/L、0.014 mg/L；污泥在碱性（pH=10）条件下发酵 8 天后 Fe、Co、Ni 离子的浓度分别为 4.892 mg/L、0.17 mg/L、0.034 mg/L。可见，污泥在碱性（pH=10）条件下发酵 8 天后，释放的 Fe^{3+} 浓度分别是超声波预处理后的 2.05 倍、热预处理后的 1.71 倍、热碱预处理后的 1.30 倍。

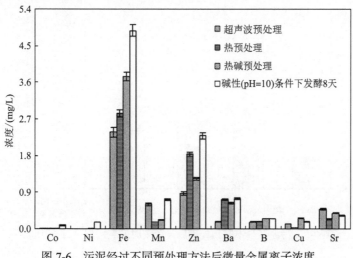

图 7-6　污泥经过不同预处理方法后微量金属离子浓度

　　污泥经过不同方法预处理后加入 Fe^{3+} 进行产甲烷，如图 7-7 所示，污泥经过超声波预处理、热预处理、热碱预处理条件下发酵 8 天等预处理方法后，加入少量的 Fe^{3+}，都可以提高产甲烷量。这表明释放更多 Fe^{3+} 是产甲烷显著提高的一个原因。

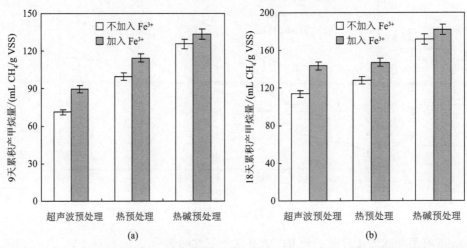

图 7-7　加入 Fe^{3+} 对污泥经过不同预处理方法后 9 天（a）及 18 天（b）累积产甲烷量的影响

4. 不同预处理方法对产甲烷微生物活性的影响

　　据文献报道，通过测定 ATP 可以表征厌氧菌的生物活性，并且厌氧颗粒污泥产甲烷的活性（增加或减少）与其 ATP 含量正相关。如图 7-8 所示，5 套反应器中的厌氧颗粒污泥 ATP 含量排序为碱性（pH=10）条件下发酵 8 天>热碱预处理>热预处理>超声波预处理，表明碱性（pH=10）条件下发酵 8 天有高的微生物活性，是其产甲烷效率高的一个重要原因。

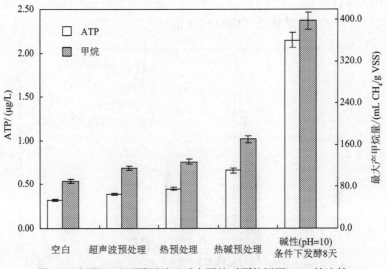

图 7-8　污泥经过不同预处理后产甲烷时颗粒污泥 ATP 的比较

7.1.3　污泥碱性发酵及产甲烷过程的 H₂S 产生与药剂用量

1. 污泥碱性发酵及产甲烷过程的 H_2S 产生量

本研究所用剩余污泥（WAS）分别取自 A 污水厂和 B 污水厂，所用厌氧颗粒污泥取自某食品厂 UASB 反应器，取回的新鲜剩余污泥和厌氧颗粒污泥放置在 4℃下沉降 24h，剩余污泥经过高速离心机（10000 r/min）浓缩后备用。A 污水厂和 B 污水厂的初始污泥性质见表 7-7。浓缩后 TSS 分别为 41.19～41.67g/L 和 45.6～46.03g/L，VSS 分别为 32.04～32.17g/L 和 32.41～32.84g/L，其中无机物质（TSS–VSS）分别为 9.15～9.50g/L 和 12.76～13.62g/L。取自 A 污水厂和 B 污水厂的剩余污泥 TCOD 分别为 43600～46400 mg/L 和 45000～45400 mg/L，TCOD/VSS 分别为 1.40～1.44 和 1.37～1.40，说明两个污水厂污泥的有机物质比例基本接近。

表 7-7　A 污水厂和 B 污水厂的剩余污泥初始性质

项目	A 污水厂	B 污水厂
TSS/(g/L)	41.67±2.5	46.03±1.9
VSS/(g/L)	32.17±1.6	32.41±1.5
TSS–VSS/(g/L)	9.50±0.5	13.62±0.5
TCOD/(mg/L)	46400±2500	45400±2200
TCOD/VSS	1.44	1.40

将 A 污水厂或 B 污水厂的污泥 2L 平均分至 2 套连续搅拌釜式反应器（CSTR）中，用 Ca(OH)₂ 调节 pH 为 10。经过 10 天碱性发酵后，用 HCl 调节 pH 为 7，分别接种 50mL 驯化后的厌氧颗粒污泥，在 35℃机械搅拌（80 r/min）10 天。污泥经过碱性发酵后产甲烷过程如图 7-9 所示。当发酵时间为第 9 天和第 10 天时，产气量不再显著增加，A 污水厂累积产甲烷量分别达到 10836 L CH₄/m³ WAS 和 11086 L CH₄/m³ WAS，B 污水厂累积产甲烷量分别为 10963 L CH₄/m³ WAS 和 11257 L CH₄/m³ WAS。

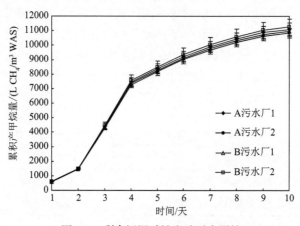

图 7-9　剩余污泥碱性发酵后产甲烷

污泥碱性发酵过程中无 H_2S 气体产生，但碱性发酵液产甲烷过程硫酸盐还原菌可以将发酵液中的硫酸盐转化成 H_2S。如图 7-10 所示，在测定的各个时间点，A 污水厂污泥碱性发酵后产甲烷过程的 H_2S 日产生量为 64.4~65.9 mg/m³ 气体、50.8~53.5 mg/m³ 气体、110.6~114.9 mg/m³ 气体、90.1~95.8 mg/m³ 气体、67.3~70.1 mg/m³ 气体、50.2~53.3 mg/m³ 气体、30.6~32.4 mg/m³ 气体、20.7~22.3 mg/m³ 气体、10.8~12.2 mg/m³ 气体、8.8~10.3 mg/m³ 气体，B 污水厂污泥碱性发酵后产甲烷过程的 H_2S 日产生量为 65.1~67.8 mg/m³ 气体、50.29~55.8 mg/m³ 气体、113.8~118.9 mg/m³ 气体、93.2~98.9 mg/m³ 气体、68.8~73.2 mg/m³ 气体、52.5~56.8 mg/m³ 气体、32~35.6 mg/m³ 气体、21.8~24.2 mg/m³ 气体、11.9~13.5 mg/m³ 气体、9.7~12.7 mg/m³ 气体。H_2S 产生量与产甲烷量有关，产甲烷量越高时，H_2S 产生量也越大，这可能与硫酸盐还原菌及产甲烷菌活性有关。

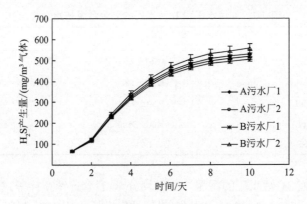

图 7-10　剩余污泥碱性发酵液产甲烷过程 H_2S 产生量

2. 污泥碱性发酵及产甲烷过程的药剂用量

将 A 污水厂或 B 污水厂的污泥 2L 污泥平均分至 2 套 CSTR 中，用 $Ca(OH)_2$ 调节 pH 为 10，机械搅拌且搅拌速度为 80 r/min，温度控制在 35℃。经过碱性发酵后，用 HCl 调节 pH 为 7，分别接种 50mL 驯化后的厌氧颗粒污泥，在 35℃产甲烷，收集并测定甲烷和 H_2S 气体。如表 7-8 所示，A 污水厂剩余污泥碱性发酵加入 $Ca(OH)_2$ 的量为 0.15~0.16kg/kg 干污泥，产甲烷时加入 HCl 的量为 0.20~0.21kg/kg 干污泥；B 污水厂剩余污泥碱性发酵加入 $Ca(OH)_2$ 的量为 0.13~0.14 kg/kg 干污泥，产甲烷时加入 HCl 的量为 0.17~0.18 kg/kg 干污泥。

表 7-8　污泥碱性发酵及产甲烷过程的酸及碱的加入量

酸和碱加入量	A 污水厂	B 污水厂
加入 $Ca(OH)_2$ 的量/（kg/kg 干污泥）	0.155±0.008	0.135±0.007
调节 pH 为 7 加入 HCl 的量/（kg/kg 干污泥）	0.205±0.01	0.175±0.009

注：HCl 浓度为 36%~37%，密度为 1.18 g/mL。

7.2　碱性发酵预处理提高城镇有机废物半连续产甲烷

7.2.1　不同负荷下的产甲烷效率

3 套半连续运行的 CSTR（容积为 1L），用以研究污泥有机负荷对经过 pH=10 预处理的污泥产甲烷的影响。污泥在碱性（pH=10）条件下发酵 8 天后，将 1410mL 污泥平均分至 3 套 CSTR 中，并使用 4 mol/L HCl 调节其 pH 为 7.0±0.1。分别向 3 套 CSTR 中接种 30mL 经过驯化的厌氧颗粒污泥，使用橡胶塞密封反应器，机械搅拌（转速为 80 r/min）。每天分别从 3 套 CSTR 中取出 37mL、45mL、58mL 污泥（泥水混合物），然后加入等量的新鲜污泥[在碱性（pH=10）条件下发酵 8 天]，这样 3 套 CSTR 中的污泥负荷分别为 1.54 kg COD/(m³·d)、1.88 kg COD/(m³·d)和 2.42 kg COD/(m³·d)。为了避免厌氧颗粒污泥流失，用 0.2mm 孔径的细筛将颗粒污泥拦截后重新加入反应器。

如图 7-11 所示，当污泥有机负荷从 1.54 kg COD/(m³·d)升至 1.88 kg COD/(m³·d)时，甲烷产率仅从 0.53 m³/(m³ 反应器·d)升至 0.61 m³/(m³ 反应器·d)；随着污泥有机负荷（OLR）进一步升高到 2.42 kg COD/(m³·d)，甲烷产率无明显变化。可以得出结论，当污泥在碱性（pH=10）条件下发酵 8 天后，在 CSTR 中半连续运行，其甲烷产率在有机负荷为 1.88 kg COD/(m³·d)时最高可达 0.61 m³/(m³ 反应器·d)。

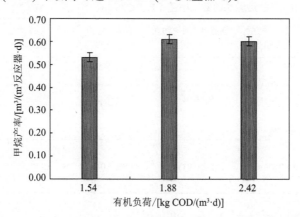

图 7-11　有机负荷对污泥碱性预处理（pH=10）后产甲烷的影响

7.2.2　最佳产甲烷条件下的微生物学特性

两套工作容积分别为 1L 的半连续流反应器（1 号和 2 号）运行 3 个月后，1 号反应器中加入 470mL 未经过预处理的剩余污泥，2 号反应器中加入 470mL 在碱性（pH=10）条件下发酵 8 天后的剩余污泥，两套反应器均维持在 34~36℃。在进入产甲烷阶段之前，使用 5 mol/L NaOH 或 4 mol/L HCl 调节其 pH 为 7.0±0.1，两套反应器中分别接种 30mL 驯化后的厌氧颗粒污泥。使用橡胶塞将反应器密封，并机械搅拌（转速为 80 r/min）。每天分别从两套反应器中排出 45mL 污泥，分别补加未经过预处理的污泥和在碱性（pH=10）条件下发酵 8 天后的污泥。当两套反应器达到稳定运行后，对厌氧颗粒污泥中的微生物进行基于 16S rRNA 寡核苷酸探针荧光原位杂交和 SEM 研究。

本研究使用的 16S rRNA 寡核苷酸探针：cy3 标记的 EUB338（5′-GCTGCCTCCCG TAGGAGT-3′）检测细菌，FITC 标记的 ARC915（5′-GTGCTCCCCCGCCAATTCCT-3′）检测古菌（产甲烷菌）。取新鲜的厌氧颗粒污泥样品 10mL，使用生理盐水漂洗样品 3 次，将表面污物清洗干净，用 2.5%戊二醛（以 0.1mol/L 磷酸缓冲液配制，pH 为 7.2～7.4）固定 24h，再用 0.1mol/L 磷酸缓冲液清洗 2h 以上（中间换 2～3 次新液）；再用 1%锇酸固定 1.5h，使用双蒸水洗至无锇酸气味（约 2h）；经乙醇脱水，乙酸异戊脂置换，常规临界点干燥，最后用 IB-5 型离子溅射仪镀铂，并采用日立 S-570 型 SEM 观察并拍照。再用 DAPI 染色后，对比以在碱性（pH=10）条件下发酵 8 天后的污泥为底物的厌氧颗粒污泥和以未经预处理污泥为底物的厌氧颗粒污泥中的总菌数（表 7-9），发现以在碱性（pH=10）条件下发酵 8 天后的污泥为底物的厌氧颗粒污泥中的总菌数大于以未经预处理污泥为底物的厌氧颗粒污泥中的总菌数。这说明以在碱性（pH=10）条件下发酵 8 天后的污泥为底物的厌氧颗粒污泥中的活性细胞明显多于以未经预处理污泥为底物的厌氧颗粒污泥中的活性细胞。其中，以在碱性（pH=10）条件下发酵 8 天后的污泥为底物的厌氧颗粒污泥中的古菌数多于以未经预处理污泥为底物的厌氧颗粒污泥中的古菌数，这表明以在碱性（pH=10）条件下发酵 8 天后的污泥为底物的厌氧颗粒污泥中有较多的产甲烷菌。

表 7-9 颗粒污泥总菌数、细菌（EUB338）数和古菌（ARC915）数

厌氧颗粒污泥类型	总菌数（每克污泥的细胞数）	细菌数（每克污泥的细胞数）	古菌数（每克污泥的细胞数）	总活性细胞比例/%	活性细菌比例/%	活性古菌比例/%
以在碱性（pH=10）条件下发酵 8 天后的污泥为底物的厌氧颗粒污泥	$(2.1\pm0.01)\times10^{11}$	$(2.0\pm0.01)\times10^{10}$	$(5.1\pm0.02)\times10^{10}$	33.8±0.3	28.2±0.1	71.8±0.3
以未经预处理污泥为底物的厌氧颗粒污泥	$(1.9\pm0.01)\times10^{11}$	$(1.8\pm0.01)\times10^{10}$	$(1.9\pm0.01)\times10^{10}$	19.5±0.2	48.6±0.2	51.4±0.2

注：数值为平均值。

总活性细胞比例为细菌数与古菌数之和占总菌数的比例。

活性细菌比例为细菌数占细菌数与古菌数之和的比例。

活性古菌比例为古菌数占细菌数与古菌数之和的比例。

如图 7-12（a）和（d）所示，SEM 照片显示的分别是，以在碱性（pH=10）条件下发酵 8 天后的污泥为底物和以未经预处理污泥为底物的厌氧颗粒污泥。可以直观地看出，虽然两种厌氧颗粒污泥的外观与颗粒尺寸并没有明显差异，但是其表面与内部的菌群却是不同的。观察颗粒污泥[以在碱性（pH=10）条件下发酵 8 天后的污泥为底物]照片 P-2 可见，有较多的杆状菌，也有少数的球状菌。而在颗粒污泥（以未经预处理污泥为底物）的照片 UP-2 中可见，有较多的杆状菌和一些球状菌。通过观察两种颗粒污泥切片照片 P-3 和 UP-3 可见，颗粒污泥[以在碱性（pH=10）条件下发酵 8 天后的污泥

为底物]中有较多的类似于甲烷八叠球菌属（*Methanosarcina* sp.），而另一种颗粒污泥（以未经预处理污泥为底物）中有丰富的类似于甲烷鬃毛菌属（*Methanosaeta* sp.）。

甲烷八叠球菌属和甲烷鬃毛菌属都可以利用短链脂肪酸（特别是乙酸）转化成甲烷，这两种不同的菌属都属于古菌。其中，甲烷八叠球菌属适合在较高的乙酸浓度下生长，而甲烷鬃毛菌属适合在较低的乙酸浓度下生长。污泥在碱性（pH=10）条件下发酵 8 天后，可以得到较高浓度的短链脂肪酸，特别是乙酸含量非常高，这就为甲烷八叠球菌属的生长创造了较适宜的条件。污泥未经任何预处理时，其短链脂肪酸浓度较低，乙酸含量也相应较低，这时比较适合甲烷鬃毛菌属的生长。

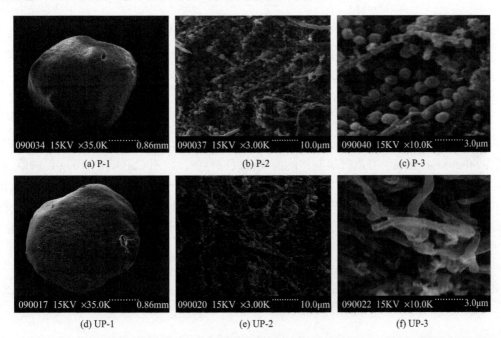

图 7-12　经长期驯化的厌氧颗粒污泥以剩余污泥碱性发酵后为底物（P-1～P-3）和剩余污泥未经
预处理为底物（UP-1～UP-3）的 SEM 照片

7.3　碱性发酵预处理提高城镇有机废物连续产甲烷

尽管很多高效厌氧反应器被广泛应用于降解废水生产甲烷过程中，如 UASB 反应器、厌氧序批式反应器（ASBR）和膨胀颗粒污泥床（EGSB）反应器，但是这些高效厌氧反应器很少被应用于处理剩余污泥生产甲烷，可能是由于剩余污泥浓度一般较高，而一般的高效厌氧反应器不利于处理此类物质。如果先将污泥水解和酸化，转化为含高浓度短链脂肪酸的发酵液，这样可以使用 UASB 反应器、ASBR 和 EGSB 反应器等高效产甲烷。本节对比使用 UASB 反应器、ASBR 和 EGSB 反应器处理在碱性（pH=10）条件下发酵 8 天的污泥发酵液产甲烷，并研究了 EGSB 反应器处理污泥碱性发酵液高效产甲烷的机理。

本研究所用污泥（WAS）取自上海市某市政污水厂二沉池的剩余污泥，所用的厌氧颗粒污泥取自某食品厂 UASB 反应器中。取回的新鲜剩余污泥和厌氧颗粒污泥首先放置在 4℃下沉降 24 h, 污泥性质见表 7-10。

表 7-10 剩余污泥和厌氧颗粒污泥沉降后的主要性质

项目	剩余污泥	厌氧颗粒污泥
pH	6.8±0.1	7.0±0.1
TSS/(mg/L)	21216±930	29165±1254
VSS/(mg/L)	16058±790	22309±669
SCOD/(mg/L)	78±3.2	76±1.1
总碳水化合物/(mg COD/L)	3674±147	4067±146
总蛋白质/(mg COD/L)	11567±498	12906±477
溶解性碳水化合物/(mg COD/L)	11±0.3	6.3±0.1
溶解性蛋白质/(mg COD/L)	38±1	31±1

不同厌氧反应器影响甲烷产率的比较实验。将剩余污泥投入 6 个工作容积均为 20L 的（240mm×450mm）有机玻璃制作的圆柱形反应器中, 使用 $Ca(OH)_2$ (100g/L)调节 pH 为 10±0.2, 反应器中温度控制在（35±2）℃, 采用机械搅拌, 半连续运行（每天排出 2.5L 发酵后污泥, 加入 2.5L 新鲜污泥）, 污泥停留时间为 8 天。将泥水混合物进行冷冻（−20℃、24 h）, 以得到含较高浓度短链脂肪酸的上清液, 上清液性质见表 7-11。

表 7-11 剩余污泥碱性发酵后的上清液性质

项目	碱性发酵液
pH	7±0.2
TSS/(mg/L)	96±5
VSS/(mg/L)	12±0.5
SCOD/(mg/L)	13605±680
溶解性碳水化合物/(mg COD/L)	1486±53
溶解性蛋白质/(mg COD/L)	3348±117
短链脂肪酸/(mg COD/L)	5615±225

注: 短链脂肪酸（SCFAs）的组成: 59.1%乙酸、15.8%丙酸、5.6%异丁酸、8.8%正丁酸、8.8%异戊酸和 1.9%正戊酸。

在 3 套厌氧反应器（UASB 反应器、ASBR 和 EGSB 反应器）中研究碱性发酵液产甲烷的效果, 反应器中温度均控制在（35±2）℃, 反应器的内径与高度: EGSB 反应器为 60 mm×1400 mm, UASB 反应器为 90 mm×700 mm, ASBR 为 110 mm×500 mm。控制其有机负荷为 2.5 kg COD/(m³·d), 且厌氧颗粒污泥浓度为 29200 mg/L。用葡萄糖配水（2500 mg/L）驯化厌氧颗粒污泥 30 天。其中, 葡萄糖配水组分为: 1000 mg/L NH_4Cl、500 mg/L KH_2PO_4、200 mg/L $CaCl_2$、200 mg/L $MgCl_2 \cdot 6H_2O$、50 mg/L $FeCl_3$、0.5 mg/L H_3BO_3、0.5 mg/L $(NH_4)_6Mo_7O_{24} \cdot 4H_2O$、0.5 mg/L $ZnSO_4 \cdot 7H_2O$、0.5 mg/L $CuSO_4 \cdot 5H_2O$、

0.5 mg/L　CoCl$_2$·6H$_2$O、0.5 mg/L　AlCl$_3$·6H$_2$O、4 mg/L　EDTA、1 mg/L　MnCl$_2$·4H$_2$O、1 mg/L NiCl$_2$·6H$_2$O。接着，葡萄糖配水被逐渐替换成污泥在碱性（pH=10）条件下发酵 8 天后的发酵液[有机负荷保持为 2.5 kg COD/(m^3·d)]，其比例依次为 10%、30%、50%、70%、100%。反应器运行参数同前述。

　　不同反应器对有机物降解酶活性及微生物学特性的影响实验。运行 UASB 反应器、ASBR 和 EGSB 反应器处理污泥在碱性（pH=10）条件下发酵 8 天后的发酵液，并使它们维持在最佳有机负荷下，其中，UASB 反应器的有机负荷为 5 kg COD/(m^3·d)，ASBR 的有机负荷为 10 kg COD/(m^3·d)，EGSB 反应器的有机负荷为 40 kg COD/(m^3·d)。运行稳定后，测定各物理量的变化。

　　荧光原位杂交研究使用的 16S rRNA 寡核苷酸探针：Cy3 标记的 EUB338（5′-GCT GCCTCCCGTAGGAGT-3′）检测细菌，FITC 标记的 ARC915（5′-GTGCTCCCCCGCC AATTCCT-3′）检测古菌（产甲烷菌），Cy3 标记的 MS1414（5′-CTCACCCATACCTC ACTCGGG-3′）检测 Methanosarcinaceae，FITC 标记的 MX825（5′-TCGCACCGTG GCCGACACCTAGC-3′）检测 Methanosaetaceae。在原位杂交缓冲液中漂洗 30min （48℃），使用激光扫描共聚焦显微镜（confocal laser scanning microscope，CLSM，Leica TCS，SP2 AOBS）进行观察和拍照。

7.3.1　不同厌氧反应器的甲烷产量比较

　　图 7-13 为不同有机负荷时 UASB 反应器、ASBR 和 EGSB 反应器利用污泥碱性发酵液产甲烷的结果。对于 UASB 反应器，当有机负荷为 5 kg COD/(m^3·d)时，甲烷产率为 1.41 m^3/(m^3 反应器·d)，此后没有明显增加；对于 ASBR 和 EGSB 反应器，随着有机负荷升高，甲烷产率均有升高。对于 EGSB 反应器，当有机负荷升至 40 kg COD/(m^3·d)时，出现最高甲烷产率[12.43 m^3 CH$_4$/(m^3 反应器·d)]；对于 ASBR 和 UASB 反应器，最大甲烷产率分别可达[有机负荷为 10 kg COD/(m^3·d)] 3.01 m^3/(m^3 反应器·d)和[有机负荷为 5 kg COD/(m^3·d)] 1.41 m^3/(m^3 反应器·d)。很显然，EGSB 反应器的产甲烷效果最好。

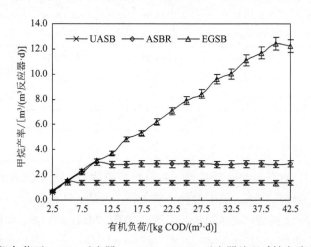

图 7-13　不同有机负荷下 UASB 反应器、ASBR、EGSB 反应器处理碱性发酵液甲烷产率的比较

在标准温度、标准压力下，理论甲烷产率为 350 mL/g COD，换算成 35 ℃、标准压力时为 395 mL/g COD。本研究中，当发酵液有机负荷为 2.5～40 kg COD/(m^3·d)，其理论甲烷产率为 0.99～15.8 m^3/(m^3 反应器·d)。文献中报道了污泥经过碱、热碱预处理后，其甲烷产率分别为 0.38 m^3/(m^3 反应器·d)和 0.59 m^3/(m^3 反应器·d)。当发酵液有机负荷达到 40 kg COD/(m^3·d)时，其甲烷产率为 12.43 m^3/(m^3 反应器·d)（为理论甲烷产率的 78%），这一结果明显比文献报道的污泥甲烷产率高。

7.3.2　EGSB 反应器高效连续产甲烷的原理

1. 不同反应器对有机物降解的影响

通过发酵液中短链脂肪酸的组分分析后发现，乙酸含量较高，它是产甲烷的直接底物。由表 7-12 可见，对于 UASB 反应器，有机负荷为 5kg COD/(m^3·d)时，乙酸降解量为 1.12kg COD/(m^3·d)；对于 ASBR，有机负荷为 10kg COD/(m^3·d)时，乙酸降解量为 2.26 kg COD/(m^3·d)；对于 EGSB 反应器，有机负荷为 40kg COD/(m^3·d)时，乙酸降解量为 8.52kg COD/(m^3·d)。显然，EGSB 反应器的乙酸降解率最高。对于其他有机物也有类似结论。因此，使用 EGSB 获得最高厌氧产甲烷的一个重要原因是其有机物的高效降解。

表 7-12　UASB 反应器、ASBR 和 EGSB 反应器在不同有机负荷下污泥碱性发酵液中主要有机物降解量的比较　　　　[单位：kg COD/(m^3·d)]

有机负荷	反应器	降解量			
		乙酸	其余短链脂肪酸	溶解性蛋白质	溶解性碳水化合物
5	UASB	1.12±0.03	0.76±0.02	1.08±0.01	0.50±0.02
	ASBR	1.11±0.05	0.79±0.02	1.09±0.03	0.50±0.02
	EGSB	1.08±0.05	0.83±0.02	1.09±0.05	0.50±0.02
10	UASB	1.12±0.03	0.69±0.01	0.89±0.02	0.46±0.01
	ASBR	2.26±0.12	1.59±0.06	2.20±0.04	1.01±0.04
	EGSB	2.22±0.06	1.66±0.05	2.22±0.07	1.02±0.02
40	UASB	0.95±0.04	0.70±0.02	0.85±0.04	0.46±0.01
	ASBR	2.23±0.06	1.57±0.05	2.11±0.04	0.98±0.03
	EGSB	8.52±0.26	6.58±0.20	8.65±0.43	3.96±0.16

注：其余短链脂肪酸包括丙酸、异丁酸、正丁酸、异戊酸、正戊酸。

2. 不同反应器对水解和产酸酶活性的影响

如表 7-13 所示，对于 UASB 反应器，在有机负荷达到 5 kg COD/(m^3·d)时，蛋白酶、α-葡萄糖苷酶、磷酸转乙酰酶、乙酸激酶、磷酸转丁酰酶、丁酸激酶、草酰乙酸转羧酶和 CoA 转移酶的活性分别为 0.0042 U/mg VSS、0.0137 U/mg VSS、0.1188 U/mg VSS、1.8769 U/mg VSS、0.0055 U/mg VSS、0.0328 U/mg VSS、0.6389 U/mg VSS、0.3107 U/mg VSS。这些酶的活性在 ASBR[有机负荷为 10 kg COD/(m^3·d)]分别为 0.0058 U/mg VSS、

0.0148 U/mg VSS、0.1334 U/mg VSS、2.5540 U/mg VSS、0.0066 U/mg VSS、0.0523 U/mg VSS、0.7573 U/mg VSS、0.3952 U/mg VSS，在 EGSB 反应器[有机负荷达到 40 kg COD/(m³·d)]分别为 0.0091 U/mg VSS、0.0178 U/mg VSS、0.1562 U/mg VSS、3.8984 U/mg VSS、0.0073 U/mg VSS、0.0904 U/mg VSS、0.8943 U/mg VSS、0.5637 U/mg VSS。显然，EGSB 具有高的关键酶活性。

表 7-13　UASB 反应器、ASBR 和 EGSB 反应器在不同有机负荷下水解
和产酸酶活性的比较（平均值）　　　（单位：U/mg VSS）

有机负荷	反应器	蛋白酶	α-葡萄糖苷酶	磷酸转乙酰酶	乙酸激酶	磷酸转丁酰酶	丁酸激酶	草酰乙酸转羧酶	CoA 转移酶
5 kg COD/(m³·d)	UASB	0.0042	0.0137	0.1188	1.8769	0.0055	0.0328	0.6389	0.3107
	ASBR	0.0043	0.0139	0.1231	1.7998	0.0056	0.0335	0.6499	0.3265
	EGSB	0.0045	0.0143	0.1272	1.8343	0.0057	0.0336	0.6581	0.3362
10 kg COD/(m³·d)	UASB	0.0041	0.0136	0.1147	1.7634	0.0053	0.0326	0.6373	0.2927
	ASBR	0.0058	0.0148	0.1334	2.5540	0.0066	0.0523	0.7573	0.3952
	EGSB	0.0061	0.0153	0.1397	2.5973	0.0067	0.0798	0.7592	0.4267
40 kg COD/(m³·d)	UASB	0.0040	0.0136	0.1133	1.7358	0.0052	0.0323	0.6259	0.2816
	ASBR	0.0057	0.0142	0.1304	2.5816	0.0066	0.0521	0.7405	0.3902
	EGSB	0.0091	0.0178	0.1562	3.8984	0.0073	0.0904	0.8943	0.5637

3. 不同反应器中的微生物学特性研究

ATP 浓度可以用来评价厌氧消化过程中厌氧菌的活性。如图 7-14 所示，对于 UASB 反应器，当有机负荷达到 5kg COD/(m³·d)时，其 ATP 浓度为 1.66μg/L；对于 ASBR，当有机负荷达到 10kg COD/(m³·d)时，其 ATP 浓度为 3.93 μg/L；对于 EGSB 反应器，当有机负荷达到 40kg COD/(m³·d)时，其 ATP 浓度为 14μg/L。这表明 EGSB 反应器具有最高的 ATP 浓度，这与其最高的甲烷产率一致。

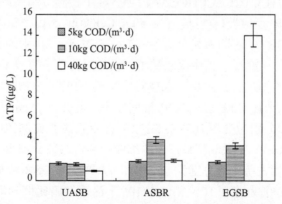

图 7-14　不同有机负荷下 UASB 反应器、ASBR 和 EGSB 反应器中 ATP 的比较

UASB 反应器、ASBR 和 EGSB 反应器运行稳定后，其厌氧颗粒污泥的 SEM 照片见图 7-15。UASB 反应器中的厌氧颗粒污泥[有机负荷为 5 kg COD/(m³·d)]表面的 SEM 照片（U-1）中有较多杆状菌、丝状菌并有少量的球状菌；ASBR 中的厌氧颗粒污泥[有

机负荷为 10kg COD/(m³·d)]表面的 SEM 照片（A-1）中有较多的丝状菌。通过观察 UASB 反应器中的厌氧颗粒污泥切片照片（U-2），可以发现大量的杆状菌，推测其可能是甲烷鬃毛菌属；通过观察 EGSB 反应器中的厌氧颗粒污泥切片照片（E-2），可以发现大量的球状菌，推测其可能是甲烷八叠球菌属；通过观察 ASBR 中的厌氧颗粒污泥切片照片（A-2），可以发现存在杆状菌和球状菌。

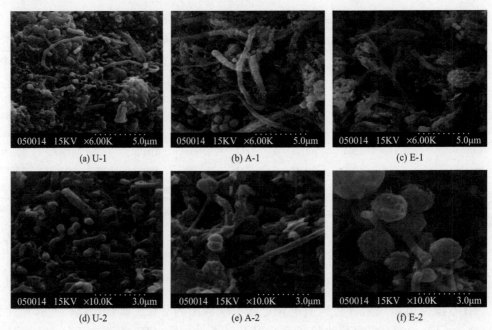

图 7-15　UASB 反应器（U-1、U-2）、ASBR（A-1、A-2）和 EGSB 反应器（E-1、E-2）中厌氧颗粒污泥 SEM 照片

使用 Cy3 标记的 EUB338（5′-GCTGCCTCCCGTAGGAGT-3′）检测细菌，FITC 标记的 ARC915（5′-GTGCTCCCCCGCCAATTCCT-3′）检测古菌（产甲烷菌），分别检测 3 套反应器即 UASB 反应器[有机负荷为 5 kg COD/(m³·d)]、ASBR[有机负荷为 10 kg COD/ (m³·d)]和 EGSB 反应器[有机负荷为 40 kg COD/(m³·d)]中的厌氧颗粒污泥。再经过 DAPI 染色后对比 3 套反应器中厌氧颗粒污泥的总菌数（表 7-14）。3 套反应器中厌氧颗粒污泥的总菌数分别为 $2.7×10^{11}$、$3.1×10^{11}$ 和 $3.5×10^{11}$，EGSB 反应器中厌氧颗粒污泥的总菌数与古菌数要比 ASBR、UASB 反应器高。此外，UASB 反应器中厌氧颗粒污泥的细菌数和古菌数分别为 $1.8×10^{10}$ 和 $5.2×10^{10}$（活性细菌比例和活性古菌比例分别为 25.7%和 74.3%）；ASBR 中厌氧颗粒污泥的细菌数和古菌数分别为 $1.9×10^{10}$ 和 $5.5×10^{10}$（活性细菌比例和活性古菌比例分别为 25.7%和 74.3%）；EGSB 反应器中厌氧颗粒污泥的细菌数和古菌数分别为 $2.0×10^{10}$ 和 $6.8×10^{10}$（活性细菌比例和活性古菌比例分别为 22.7%和 77.3%）。UASB 反应器中厌氧颗粒污泥的甲烷鬃毛菌数和甲烷八叠球菌数分别为 $2.5×10^{10}$ 和 $1.4×10^{10}$（活性甲烷鬃毛菌比例和活性甲烷八叠球菌比例分别为 64.1%和 35.9%）；ASBR 中厌氧颗粒污泥的甲烷鬃毛菌数和甲烷八叠球菌数分别为 $2.1×10^{10}$ 和 $1.9×10^{10}$（活性甲烷鬃毛菌比例和活性甲烷八叠球菌比例分别为 52.5%和 47.5%）；EGSB

反应器中厌氧颗粒污泥的甲烷鬃毛菌数和甲烷八叠球菌数分别为 $9.0×10^9$ 和 $3.2×10^{10}$（活性甲烷鬃毛菌比例和活性甲烷八叠球菌比例分别为 22.0% 和 78.0%）。EGSB 反应器中的甲烷八叠球菌数要比 ASBR、UASB 高。以上结果表明，EGSB 反应器中颗粒污泥含古菌数、甲烷八叠球菌数较高。文献报道，甲烷八叠球菌属与甲烷鬃毛菌属都可以将短链脂肪酸中的乙酸转变成甲烷，这两种菌属都是古菌。根据文献报道，相比于甲烷鬃毛菌属，甲烷八叠球菌属具有较高的最大比乙酸利用率。

表 7-14　3 个反应器中厌氧颗粒污泥总菌数、细菌（EUB338）数和古菌（ARC915）数的比较

反应器	总菌数 （每克污泥的细胞数）	细菌数 （每克污泥的细胞数）	古菌数 （每克污泥的细胞数）	活性细菌 比例/%	活性古菌比例 /%
UASB	$(2.7±0.1)×10^{11}$	$(1.8±0.1)×10^{10}$	$(5.2±0.1)×10^{10}$	25.7	74.3
ASBR	$(3.1±0.2)×10^{11}$	$(1.9±0.1)×10^{10}$	$(5.5±0.1)×10^{10}$	25.7	74.3
EGSB	$(3.5±0.2)×10^{11}$	$(2.0±0.2)×10^{10}$	$(6.8±0.1)×10^{10}$	22.7	77.3

反应器	甲烷鬃毛菌数 （每克污泥的细胞数）	甲烷八叠球菌数 （每克污泥的细胞数）	活性甲烷鬃毛菌比例/%	活性甲烷八叠球菌比例/%
UASB	$(2.5±0.1)×10^{10}$	$(1.4±0.1)×10^{10}$	64.1	35.9
ASBR	$(2.1±0.2)×10^{10}$	$(1.9±0.2)×10^{10}$	52.5	47.5
EGSB	$(9.0±0.1)×10^9$	$(3.2±0.2)×10^{10}$	22.0	78.0

注：数值为平均数值。

活性细菌比例为细菌数占细菌数与古菌数之和的比例。

活性古菌比例为古菌数占细菌数与古菌数之和的比例。

活性甲烷鬃毛菌比例为甲烷鬃毛菌数占甲烷鬃毛菌数和甲烷八叠球菌数之和的比例。

活性甲烷八叠球菌比例为甲烷八叠球菌数占甲烷鬃毛菌数和甲烷八叠球菌数之和的比例。

7.4　L-半胱氨酸促进城镇有机废物转化为甲烷

作者在研究过程中发现，有机废物中的蛋白质在发酵过程产生不同结构和构型的氨基酸对厌氧消化产生影响。本节研究了不同结构和构型的氨基酸对厌氧消化的影响、工艺条件及作用机理，以期获得利用氨基酸促进城镇有机废物厌氧消化产甲烷的效率。

7.4.1　氨基酸及其构型对产甲烷的影响

氨基酸及其构型对溶解阶段影响实验。本研究选取了厨余垃圾作为厌氧发酵的底物，其主要由颗粒态的碳水化合物和蛋白质等有机物构成，需要通过溶解过程将颗粒态有机物转化为溶解态有机物以供后续微生物降解。根据实验室前期研究结果，选取了不同构型的亮氨酸和半胱氨酸作为影响因素，探究了其对厨余垃圾中颗粒态有机物溶解阶段的影响，即通过测定发酵上清液中溶解性蛋白质和碳水化合物的浓度反映其对溶解阶段的影响。

氨基酸及其构型对水解阶段影响实验。溶解阶段产生的大分子物质（主要有机成分为蛋白质、碳水化合物和脂类物质），需要进一步水解成小分子物质（氨基酸、单糖和长链脂肪酸为主）以供后续产酸微生物利用、转化生成 SCFAs。根据溶解阶段的结果，考虑到厨余垃圾中碳水化合物的浓度远大于蛋白质的浓度，因此，本节重点探究了碳水化合物水解过程。不同氨基酸及其构型对厌氧发酵水解阶段的影响实验在模拟废水条件下进行，其中将葡聚糖作为溶解到发酵液中多糖的模式化合物。本研究采用 600mL 血清瓶作为反应器，每个反应器内加入 300mg 葡聚糖，加入 270mL 纯水并从长期反应器中接种 30mL 污泥作为微生物，配水中各种氨基酸的浓度选取 50mg/L 为代表浓度，调节反应器的 pH 为 6。将反应器进行氮吹密封，保持厌氧环境，在转速为 180 r/min 和温度为 35℃的空气浴摇床中进行厌氧发酵。反应进行 2 天后测定反应器内葡聚糖的剩余浓度。水解效率计算公式如下：

$$水解效率=（1-C_{结束}/C_{起始}）\times100\% \qquad (7-1)$$

式中，C 为模拟废水中葡聚糖的浓度。

氨基酸及其构型对酸化阶段影响实验。以碳水化合物为主要成分的有机质，在水解阶段会产生小分子单糖，不同构型的氨基酸对厌氧发酵酸化阶段的影响研究以 D-葡萄糖来模拟多糖水解后得到的小分子产物。采用 600 mL 血清瓶作为反应器，每个反应器中加入 270 mg 葡萄糖，加入 270 mL 纯水并从长期反应器中接种 30 mL 污泥作为微生物，配水中氨基酸的浓度选取 50 mg/L 为代表浓度，并加入产甲烷抑制剂 2-溴乙烷磺酸钠（2-bromoethanesulfonate，2-BES）将此过程控制在产酸阶段。其他反应条件同上，在反应进行到 2 天、4 天、6 天后测定反应器内酸的产量。

不同构型的氨基酸对同型产乙酸菌的影响实验采用 27 只 600 mL 血清瓶（有效体积为 300 mL），分为 9 组。1～5 组反应器分别加入剩余污泥 30 mL，以及不包含葡萄糖的配水 270mL，其中 1～4 组分别加入不同构型的氨基酸，第 5 组不加入氨基酸作为空白对照，这 5 组反应器均充入混合气（组成为 40% H_2、20% CO_2 和 40% N_2）作为同型产乙酸的反应物。6～9 组反应器与 1～4 组相同，分别加入不同构型的氨基酸，并充入 100% N_2 作为氨基酸自身产乙酸的对照。为了抑制耗氢产甲烷过程，以上各反应器中加入产甲烷抑制剂 2-BES（40 mmol/L）。配水中氨基酸的浓度选取 50 mg/L 为代表浓度，其他反应条件同上。反应时间为 2～4 天，通过测定反应器中的氢气消耗量和乙酸产量，可以获得氨基酸对同型产乙酸过程的影响规律。

氨基酸及其构型对甲烷化阶段影响实验。不同构型氨基酸对厌氧发酵产甲烷阶段的影响研究将乙酸、丙酸和丁酸分别作为底物来模拟产甲烷过程。采用 600mL 血清瓶作为反应器（有效体积为 300 mL），每个反应器中加入 2640mg 乙酸（或 360mg 丙酸或 2340mg 丁酸）以模拟某厨余垃圾产酸阶段的短链脂肪酸浓度，接种产甲烷颗粒污泥作为微生物。反应条件控制 pH 为 7。氨基酸投加量为 50mg/L。氮气吹脱除氧密封，其他条件同上，反应时间为 7 天。

甲烷的产生通常有两种途径：一种是上述短链脂肪酸转化为乙酸，然后在耗乙酸产甲烷菌的作用下产甲烷；另一种是耗氢产甲烷菌，以 H_2 和 CO_2 为底物产甲烷。不同构型氨基酸对耗氢产甲烷过程的影响在 600 mL 血清瓶中进行，除了混合气的比例改为 80% H_2 和 20% CO_2 以及不添加 2-BES 外，其他条件同上，反应时间为 2～4 天。

氨基酸及其构型对厌氧消化微生物种群结构的影响实验。实验样品分别从运行 2

个月的空白和投加不同构型亮氨酸的长期反应器中取得。长期厌氧消化产甲烷过程采用两阶段运行的方式,分别考察了不同构型亮氨酸对产酸阶段和产甲烷阶段微生物的影响。产酸阶段设置空白组、投加 L-亮氨酸组和投加 D-亮氨酸组三组反应器,投加量水平为 50 mg/L。将反应器进行氮吹密封,保持厌氧环境,反应器通过机械搅拌混合,搅拌速度控制为 100 r/min,发酵 pH 控制在 6.0±0.2,水力停留时间(HRT)控制为 8 天。产甲烷阶段为 3 个 600 mL 反应器,采用半连续流的运行方式,其发酵底物为产酸阶段的发酵液,反应器的有效体积为 300 mL。将反应器进行氮吹密封,保持厌氧环境,反应器通过机械搅拌混合,搅拌速度控制为 100 r/min,发酵 pH 控制在 7.0±0.2,污泥停留时间(SRT)控制为 20 天,即每天分别从反应器中排出 15 mL 发酵混合液,同时补充 15 mL 产酸阶段的发酵液至对应的反应器中。产酸阶段和产甲烷阶段的产物短链脂肪酸及甲烷趋于稳定时,取污泥样品分析组成。取适量污泥发酵混合液在 10000 r/min 条件下离心 5 min,然后使用 CW2091 的 DNA 试剂盒抽提基因组 DNA,0.8%琼脂糖凝胶电泳检测抽提的基因组 DNA 合格后,利用 Illumina MiSeq 高通量测序。

1. 氨基酸及其构型对厌氧消化各个阶段的影响

1)对溶解阶段的影响

溶解和水解过程被认为是颗粒性有机物(如城镇有机固废)厌氧发酵过程中的两个限速步骤。有机物中颗粒性的大分子物质在胞外溶解酶和水解酶的作用下转化为溶解性有机物和小分子有机物以供微生物进一步利用。因此,首先研究了不同构型的亮氨酸(Leu)和半胱氨酸(Cys)对厨余垃圾厌氧发酵溶解阶段的影响,通过测定发酵液中主要有机底物蛋白质和碳水化合物的溶解浓度表征污泥厌氧发酵溶解效率,结果如图 7-16 所示。在 5 个反应器中溶解性碳水化合物的浓度分别为 1875 mg/L、2112 mg/L、2452 mg/L、2243 mg/L 和 1960 mg/L,溶解性蛋白质的浓度分别为 58 mg/L、85 mg/L、85 mg/L、90 mg/L 和 88 mg/L。对于溶解性碳水化合物,添加氨基酸促进了碳水化合物的溶解过程,但促进作用不明显。对于溶解性蛋白质,添加氨基酸促进了蛋白质的溶解过程,但溶解出蛋白质的总体浓度较低。这表明不同构型的氨基酸对厨余垃圾厌氧消化的溶解阶段没有显著影响。

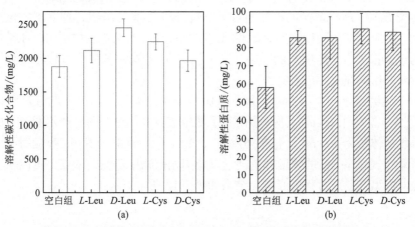

图 7-16　不同构型的氨基酸对厨余垃圾厌氧发酵溶解阶段的影响

2）对水解阶段的影响

以厨余垃圾为底物时，上述研究表明，溶解性碳水化合物的浓度明显高于溶解性蛋白质浓度，因此，通过葡聚糖人工合成废水来探究不同构型氨基酸对碳水化合物水解的影响，结果如图 7-17 所示。在空白和投加不同构型氨基酸的反应器中，葡聚糖的水解效率分别为 96.0%、96.6%、96.1%、98.2%和 97.4%，表明葡聚糖的水解基本不受不同构型氨基酸的影响。

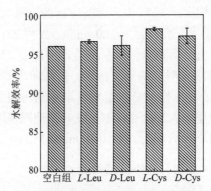

图 7-17　不同构型的氨基酸对厌氧消化水解阶段的影响

3）氨基酸及其构型对酸化阶段的影响

以 D-葡萄糖人工配水为对象，研究了氨基酸及其构型对酸化过程的影响，结果如图 7-18 和表 7-15 所示。对于同一自然构型的氨基酸，L-亮氨酸和 L-半胱氨酸对 D-葡萄糖的产短链脂肪酸总量影响不大，这可能是由于 D-葡萄糖能够被快速利用，添加氨基酸并不能进一步提高其产酸效率。在短链脂肪酸组分上，乙酸和丙酸的比例分别为 44.8%和 14.4%（空白组）、45.1%和 14.3%（L-亮氨酸组）、45.1%和 14.2%（L-半胱氨酸组）。投加 L-亮氨酸组的反应器，乙酸和丙酸的含量没有明显区别，这可能与 D-葡萄糖非常容易被产酸微生物利用有关。对非自然构型的 D-氨基酸，D-亮氨酸的投加显著抑制了产酸过程中丁酸的产生，而 D-半胱氨酸对酸化过程的总量和组分影响不大。空白组中丁酸的比例为 40.7%，而投加 D-亮氨酸组的丁酸比例仅为 11.8%，乙酸和丙酸的比例分别提高了 17.5%和 11.4%。同一种氨基酸的两种构型对短链脂肪酸组分的影响与氨基酸种类有关。D-亮氨酸的投加相对于空白组和 L-亮氨酸组，抑制了酸化过程中丁酸的产生；半胱氨酸的两种构型对葡萄糖的酸化过程，无论是底物利用，还是产物短链脂肪酸的组成都没有产生明显的影响。这可能与 D-葡萄糖的酸化过程非常容易进行，外界因素对其影响显示不出有关。

除了上述糖酵解产生丙酮酸，进一步脱羧产生乙酸外，同型产乙酸过程也发生在酸化阶段[式（7-2）]，因此，进一步研究了氨基酸及其构型对同型产乙酸过程的影响。底物混合气的体积为 300 mL（包括 40% H_2、20% CO_2 和 40% N_2），反应时间为 3 天，通过分析剩余气体中 H_2 的浓度和消耗量以及液相产物中乙酸的浓度，可以获得不同构型氨基酸对同型产乙酸过程的影响，结果如表 7-16 所示。

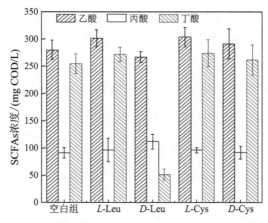

图 7-18　氨基酸及其构型对厌氧消化酸化阶段的影响

表 7-15　氨基酸及其构型对厌氧消化酸化阶段的影响（单位：mg COD/L）

处理	D-葡萄糖浓度		液相中 SCFAs 的浓度			
	初始	结束	乙酸	丙酸	丁酸	总量
空白	904±12	0	278.6±17.8	90.0±9.2	253.1±18.5	621.7±46.2
L-Leu	904±12	0	300.2±15.8	95.3±18.8	270.3±13.1	665.8±47.8
D-Leu	904±12	28.3±0.6	265.8±10.2	110.4±13.6	50.2±10.1	426.4±33.9
L-Cys	904±12	0	302.3±17.4	94.8±4.5	272.6±24.6	669.7±46.5
D-Cys	904±12	0	189.8±28.0	90.5±12.0	260.2±28.0	640.5±53.7

$$4H_2 + 2CO_2 \longrightarrow CH_3COOH + 2H_2O \qquad (7\text{-}2)$$

根据式（7-2）可以计算，当所有的氢气被消耗完全时，理论上可以产生 80.1 mg 乙酸，在批式实验的反应器中对应的乙酸浓度约为 267 mg/L（反应器有效体积为 300 mL）。本研究设置的底物空白组（100% N_2）在反应时间内产生的乙酸含量，在实验组中被扣除后，结果列在表 7-16。表 7-16 中空白组为混合气即 40% H_2、20% CO_2 和 40% N_2，但未加任何构型的氨基酸。L-半胱氨酸对同型产乙酸过程有较为明显的促进作用，氢气的消耗量为 118 mL，对应产生的乙酸量为 46.9 mg，乙酸浓度为 156.4 mg COD/L。相对于空白组，氢气的消耗量提高了 34.1%，乙酸浓度提高了 30.8%。其他氨基酸（包括 L-亮氨酸、D-亮氨酸以及 D-半胱氨酸）对同型产乙酸过程的影响不显著。

表 7-16　氨基酸及其构型对同型产乙酸过程的影响

项目	空白	L-Leu	D-Leu	L-Cys	D-Cys
H_2 消耗/mL	88±6	98±9	96±5	118±2	94±5
乙酸浓度/(mg COD/L)	119.6±10.6	128.1±15.3	112.5±14.9	156.4±11.0	115.6±4.5

4）对产甲烷阶段的影响

在厌氧消化过程中，酸化阶段产生的短链脂肪酸可以作为产甲烷过程的基质。其中，乙酸可以作为产甲烷菌的底物直接转化为甲烷，其他短链脂肪酸如丙酸、丁酸等，经过微生物作用先转化为乙酸，然后再由乙酸转化为甲烷[式（7-3）～式（7-6）]。除了乙酸产甲烷途径外，甲烷的生成还有另外一个途径：氢气/二氧化碳（H_2/CO_2）产甲烷途径。上述两个途径对应的微生物主要是乙酸营养型产甲烷菌和氢营养型产甲烷菌，主要途径如图 7-19 所示。

$$CH_3COOH \longrightarrow CH_4 + CO_2 \tag{7-3}$$

$$CH_3CH_2COOH + 2H_2O \longrightarrow CH_3COOH + CO_2 + 3H_2 \tag{7-4}$$

$$CH_3CH_2CH_2COOH + 2H_2O \longrightarrow 2CH_3COOH + 2H_2 \tag{7-5}$$

$$4H_2 + CO_2 \longrightarrow CH_4 + 2H_2O \tag{7-6}$$

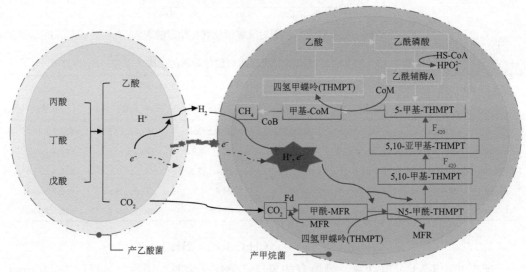

图 7-19　短链脂肪酸产甲烷途径示意图

针对上述几种途径，分别以 H_2/CO_2、乙酸、丙酸和丁酸配水为底物，接种产甲烷颗粒污泥作为微生物，研究了氨基酸及其构型对产甲烷过程的影响。底物消耗量和甲烷产量如表 7-17 所示。为了扣除氨基酸本身作为底物时产生的甲烷，实验设置了一组反应器顶空气体为 100% N_2 的空白组，测定各种不同类型氨基酸分别存在以及未加入氨基酸的反应器中的甲烷产量。顶空气体为 100% N_2 时，未加入氨基酸以及加入 L-亮氨酸、D-亮氨酸、L-半胱氨酸、D-半胱氨酸的反应器中产生的甲烷累积量分别为 0.8 mL、1.2 mL、2.2 mL、1.5 mL 及 0.8 mL；顶空气体为 80% H_2+20% CO_2 时，耗氢产甲烷菌以 H_2/CO_2 为底物产生甲烷，L-半胱氨酸存在条件下，耗氢产甲烷过程被显著促进，甲烷产量为 30.2 mL，但是 L-亮氨酸、D-亮氨酸及 D-半胱氨酸对耗氢产甲烷过程影响不大。

表 7-17　氨基酸及其构型对产甲烷过程的影响

产甲烷底物		H_2/CO_2	乙酸	丙酸	丁酸
空白	底物消耗量	169.0±12.7	615.0±21.2	83.8±3.1	643.8±29.4
	甲烷产量/mL	30.2±0.4	125.0±9.1	22.5±2.1	210.8±11.0

产甲烷底物		H_2/CO_2	乙酸	丙酸	丁酸
L-Leu	底物消耗量	186.5±9.2	652.7±10.3	184.6±9.3	783.8±8.8
	甲烷产量/mL	32.6±2.8	150.5±8.3	20.5±0.7	243.0±4.2
D-Leu	底物消耗量	210.5±2.1	475.0±15.3	23.7±3.3	648.9±12.9
	甲烷产量/mL	29.5±1.1	85.7±3.3	8.6±0.6	156.0±5.7
L-Cys	底物消耗量	219.5±12.0	991.4±12.2	166.5±8.3	1193.2±9.6
	甲烷产量/mL	39.0±1.4	209.4±9.8	43.9±1.6	296.7±15.1
D-Cys	底物消耗量	170.5±10.6	654.0±8.5	73.4±4.7	710.5±13.4
	甲烷产量/mL	32.1±1.1	152.0±4.2	21.4±2.3	229.3±4.6

注：底物消耗量单位除 H_2/CO_2 为 mL 外，其余为 mg。

乙酸作为产甲烷过程的主要底物，进一步探究了不同构型的氨基酸对乙酸产甲烷过程的影响。由图 7-20 和表 7-17 可知，L-半胱氨酸可以提高乙酸转化为甲烷的效率。为了扣除 L-半胱氨酸作为底物产甲烷的影响，设置了单独 L-半胱氨酸作为底物，不加入乙酸的反应器作为对照。检测结果显示，在本节 L-半胱氨酸浓度水平下（50 mg/L），产生的甲烷量相对于底物乙酸产生的甲烷量较少。在批式实验结束时，底物乙酸消耗量在 L-半胱氨酸存在的条件下最大，为 654.0 mg，对应产生的甲烷产量为 152.0 mL，比理论计算值略低（例如，1 mmol/L 乙酸在 300 mL 体系中理论上可产生 300 µmol，即 6.72 mL 甲烷）。扣除氨基酸本身产生的甲烷，约有 54.6% 的乙酸转化为甲烷，其余的乙酸可能被微生物消耗用于自身生长或者被其他电子接受体消耗。L-亮氨酸对乙酸转化为甲烷的过程也有一定的促进作用，在 L-亮氨酸存在条件下，乙酸的消耗量为 652.7 mg，比空白组提高了 6.1%，扣除氨基酸本身产生的甲烷，约有 61.9% 的乙酸转化为甲烷。对于 D-亮氨酸，它对乙酸转化为甲烷过程表现出抑制作用（相对于空白组，甲烷产量降低了 31.4%），但 D-半胱氨酸对乙酸产甲烷过程的影响不明显。在产甲烷的途径中，以乙酸为底物产生的甲烷通常占 72% 左右，利用 H_2/CO_2 产甲烷占 28% 左右。对于不同构型的氨基酸，L-半胱氨酸对厌氧发酵产甲的主要促进作用是由于其可以促进乙酸产甲烷过程（提高近 68%），而 D-亮氨酸则主要抑制乙酸产甲烷途径而不是 H_2/CO_2 产甲烷途径。

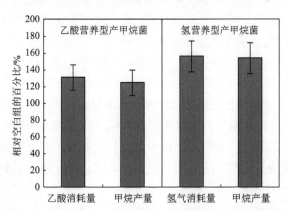

图 7-20　L-半胱氨酸对耗乙酸产甲烷和耗氢产甲烷过程的影响

酸化阶段产生的丙酸、丁酸等，在产甲烷过程中不能直接被产甲烷菌利用产甲烷。丙酸和丁酸首先在微生物的作用下转化为乙酸，然后再被产甲烷菌利用来产甲烷。以丙酸为底物时，在批式实验开始时，丙酸的初始浓度为 1200 mg/L（模拟某实际厨余垃圾厌氧产酸阶段的组分浓度），微生物经过一段适应期（约 4 d，产甲烷量较少），开始将丙酸转化为甲烷。根据式（7-3）和式（7-4），可以推导丙酸产甲烷的反应式，1 mmol/L 丙酸在 300 mL 体系中，可以产生 525 μmol 即 11.8 mL 甲烷。批式实验结束时，空白组的甲烷产量为 22.5 mL，低于理论产值 44.5 mL，约 50.5%丙酸转化为甲烷。L-亮氨酸对丙酸产甲烷过程没有明显的促进或抑制作用；L-半胱氨酸则表现出较强促进作用，相对于空白组，底物降解率提高了近 1 倍，甲烷产量提高了 94.9%；D-亮氨酸对丙酸产甲烷过程也表现出一定的抑制作用，相对于空白组，甲烷产量降低了约 62%。

以丁酸为底物时，丁酸的初始浓度为 7800 mg/L（模拟某厨余垃圾发酵液产酸阶段的丁酸含量），丁酸向甲烷的转化可用以下反应式表示：$2CH_3CH_2CH_2COOH+4 H_2O \longrightarrow 5 CH_4+3 CO_2 + 2 H_2O$，1 mmol/L 丁酸在 300 mL 体系中，可以产生 750 μmol 即 16.8 mL 甲烷。与丙酸产甲烷类似，微生物在反应初期甲烷产量较少。空白组中，丁酸的消耗量为 643 mg，降解率为 27.5%，对应的甲烷产量为 210.8 mL，根据理论公式，约有 51.4%丁酸用于转化生成甲烷，除此之外转化为乙酸或用于微生物的生长或被氧化作用于其他电子接受体。在 L-亮氨酸存在的条件下，丁酸转化为甲烷的过程被强化，但提高作用不明显，仅为 15.3%。L-半胱氨酸亦显著增强了丁酸产甲烷过程，甲烷产量相对于空白组提高了 40.8%，底物丁酸的消耗率提高至 50.9%。对于两种氨基酸的另一种构型则表现出不同的规律，D-亮氨酸在酸化阶段对丁酸的积累产生一定的抑制作用，在产甲烷阶段也表现出一定的抑制作用（甲烷产量降低了 26%），而 D-半胱氨酸对丁酸产甲烷过程的作用不明显。

另外，在 L-半胱氨酸存在的条件下，乙酸作为丙酸转化为甲烷的中间产物，在批次反应过程中被检出，其浓度呈现先上升后下降的趋势（数据未全部给出）。这也揭示了半胱氨酸未影响丙酸产甲烷的途径，并且在这一途径中促进了丙酸向乙酸的转化。以丁酸为底物时，也有类似的变化趋势。如图 7-21 所示，反应时间为 8 d 时，在空白组中，丁酸和丙酸的降解率分别为 21.3%和 28.4%，而在 L-半胱氨酸存在条件下，其降解率分别为 44.6%和 50.7%。反应时间为 17 d 时，空白组的丙酸和丁酸的降解率分别为 62.2%和 68.5%；L-半胱氨酸组的降解率接近 100%。如表 7-18 所示，中间产物乙酸的积累量在 L-半胱氨酸存在时得到促进。因此，L-半胱氨酸的存在对丙酸和丁酸转化为甲烷有一定的促进作用，一方面是半胱氨酸促进了丙酸和丁酸向乙酸的转化；另一方面，半胱氨酸促进了乙酸转化为甲烷。文献研究表明，L-半胱氨酸不但可以作为有机氮源及消耗氧气降低氧化还原电位，而且可以作为电子传递体促进种间电子传递。以往的研究证明，当短链脂肪酸作为底物用于产甲烷时，存在种间电子传递过程。L-半胱氨酸的存在可能促进了丙酸、丁酸降解菌和产甲烷菌之间的电子传递过程，从而促进了甲烷的产生。

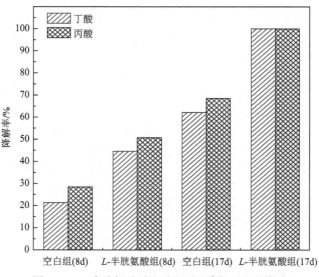

图 7-21　L-半胱氨酸对丁酸和丙酸降解过程的影响

表 7-18　丙酸和丁酸产甲烷过程中乙酸的浓度变化

底物	乙酸浓度/(mg COD/L)	
	空白（8d）	L-Cys（8d）
丁酸	1370.2±126.4	2602.1±307.7
丙酸	103.5±21.3	215.3±18.7

2. 对厌氧消化关键酶活性的影响

主要测定了产酸阶段的相关酶，如产乙酸相关酶（乙酸激酶 AK、磷酸转乙酰酶 PTA）、产丙酸相关酶（草酰乙酸转氨甲酰酶 OAATC、辅酶 A 转移酶 CoAT）、产丁酸相关酶（丁酸激酶 BK、磷酸转丁酰酶 PTB）、产氢及同型产乙酸过程关键酶（丙酮酸铁氧化还原酶 POR、甲酸脱氢酶 FDH、甲酰四氢叶酸合成酶 FTHFS），以及产甲烷阶段的关键酶 F_{420}。微生物利用单糖（如葡萄糖）的过程中，糖酵解途径的甘油醛三磷酸转化为三磷酸甘油酸然后经过一系列反应生成的丙酮酸在相关酶的催化作用下转化为乙酸、丙酸和丁酸等。

1）对产乙酸过程关键酶的影响

通常厌氧发酵产乙酸过程包含两种途径：有机物转化为丙酮酸然后产乙酸途径，以及利用氢气和二氧化碳的同型产乙酸途径。在两种产乙酸途径中，PTA 和 AK 与丙酮酸产乙酸途径有关，POR、FDH 以及 FTHFS 三种酶则与氢气的产生以及同型产乙酸途径有关。不同构型氨基酸对产乙酸关键酶的作用与空白组的对比如图 7-22 所示。两种构型的半胱氨酸对 PTA 和 AK 的活性表达都有一定的促进作用，尤其是 L-半胱氨酸；两种构型的亮氨酸对两种酶的促进作用不明显。

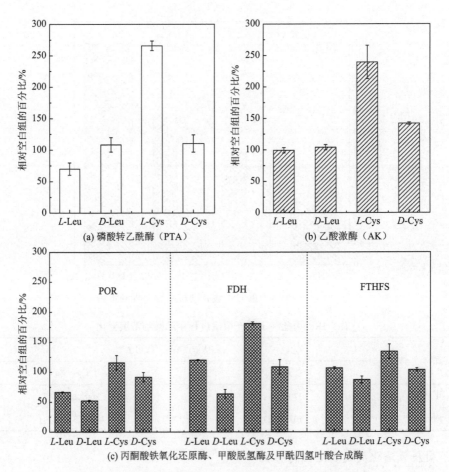

图 7-22　氨基酸及其构型对产乙酸过程关键酶活性的影响

与同型产乙酸相关的三种关键酶（POR、FDH 以及 FTHFS）的活性比较如图 7-22（c）所示。L-半胱氨酸的促进作用大于 L-亮氨酸；D-亮氨酸存在时，三种酶的活性相比于空白组均有所降低，而 D-半胱氨酸反应器的酶活性表达与空白组类似。显然，对于自然构型的氨基酸，L-半胱氨酸能够促进丙酮酸转化为乙酸的相关酶（PTA 和 AK）活性，并且促进了产氢气有关酶的活性以及耗氢有关酶的活性，且对后者的促进作用强于前者，因此能够促进乙酸的产生。L-亮氨酸存在时，丙酮酸转化为乙酸的途径中 PTA 的活性相对于空白组有所降低，AK 的活性有一定的增强；在同型产乙酸过程中，其产乙酸的作用不明显。D-亮氨酸对丙酮酸产乙酸过程的酶活性影响不明显，对产氢过程以及耗氢产乙酸过程的酶活性有减弱作用，因为丙酮酸产乙酸是产乙酸的主要途径，因此 D-亮氨酸对产乙酸过程没有明显影响。D-半胱氨酸对两种产乙酸过程都有一定的促进作用，尤其是增强了乙酸激酶的活性。

2）对产丙酸过程关键酶的影响

厌氧发酵过程中，OAATC 和 CoAT 是与丙酸产生相关的关键酶。由图 7-23 可以看出，L-亮氨酸和 D-亮氨酸对产丙酸过程的两种酶活性都有一定的削弱作用；L-半胱氨酸对两种酶活性有促进作用；D-半胱氨酸对 OAATC 活性无明显影响，对 CoAT 活性提高了近 40%。在以 *D*-葡萄糖为底物的产酸阶段，乙酸和丁酸是主要的发酵产物，丙酸的浓度较低，几种氨基酸对丙酸的浓度和比例总体影响不大，不是影响丙酸产生的主要因素。

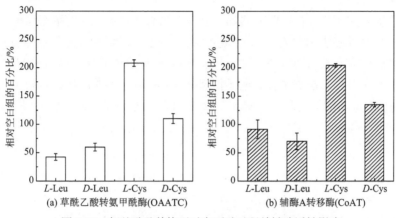

图 7-23 氨基酸及其构型对产丙酸过程关键酶活性影响

氨基酸及其构型对产丁酸过程关键酶的影响见图 7-24。对于自然构型的两种氨基酸，*L*-亮氨酸对 PTB 和 BK 的活性相对于空白组提高了 47% 和 53%，*L*-半胱氨酸对两种酶的活性则分别提高了 0.96 倍和 1.18 倍，因此两种氨基酸的存在有利于丁酸的产生。*D*-亮氨酸对两种酶表现出较强的抑制作用，PTB 和 BK 的酶活性分别为空白组的 58% 和 70%。以葡萄糖为底物，*D*-亮氨酸存在时，产物中丁酸的比例明显降低。*D*-半胱氨酸对产丁酸过程的酶活性促进作用弱于 *L*-半胱氨酸。

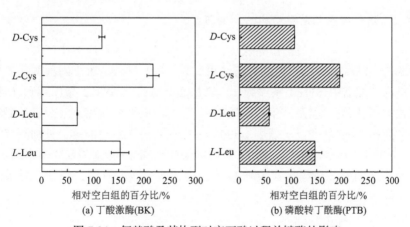

图 7-24 氨基酸及其构型对产丁酸过程关键酶的影响

由此可见，以 *D*-葡萄糖为产酸阶段的底物时，氨基酸及其构型对关键酶活性的影响有差异。*L*-亮氨酸对丙酮酸产乙酸过程的酶有抑制作用，而对同型产乙酸相关酶活性有促进作用；*D*-亮氨酸则对前者无明显影响，对后者有抑制作用。对于产丙酸关键酶，CoAT 是限速步骤，*D*-Leu 的抑制作用大于 *L*-Leu。*L*-Cys 对产酸过程的酶活性均表现出促进作用，而 *D*-Cys 仅对 AK 和 CoAT 有较明显的促进作用。对于同型产乙酸过程，L-Cys 对产氢酶（POR）和耗氢酶（FDH、FHTFS）均有促进，但对后者促进作用强于前者，因而有利于乙酸的产生。总体上，L-Cys 的促进作用强于 D-Cys。

3）对产甲烷关键酶活性的影响

不同氨基酸及其构型对产甲烷过程 F_{420} 浓度的影响如图 7-25 所示。与空白组相比，半胱氨酸存在时 F_{420} 含量明显增加；D-亮氨酸体系中，F_{420} 的浓度稍低于空白组；L-亮氨酸以及 D-半胱氨酸则对 F_{420} 影响不大。可见，L-半胱氨酸对产甲烷过程 F_{420} 以及厌氧发酵产甲烷活性存在促进作用，而 D-亮氨酸则对上述过程存在抑制作用。另外，辅酶 F_{420} 在氢化酶系统中起着电子传递的作用。F_{420} 主要催化耗氢产甲烷途径，氨基酸及其构型对 F_{420} 的影响趋势与对图 7-20 的耗氢产甲烷过程的影响趋势一致。

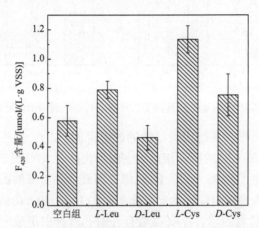

图 7-25　不同构型的氨基酸对辅酶 F_{420} 含量的影响

3. 对厌氧消化微生物菌群结构的影响研究

对长期空白反应器、投加 L-亮氨酸、投加 D-亮氨酸的反应器中产酸阶段和产甲烷阶段的细菌与古菌种群结构组成的分析结果如表 7-19 所示。对于细菌群落，分别测定产酸阶段空白反应器中 51164 条序列、L-氨基酸反应器中 48312 条序列和 D-氨基酸反应器中 51237 条序列，以及产甲烷阶段空白反应器 46476 条序列、L-氨基酸反应器中 48241 条序列和 D-氨基酸反应器中 48208 条序列；对于古菌群落，分别测定空白反应器 62770 条序列、L-氨基酸反应器中 35888 条序列和 D-氨基酸反应器中 37825 条序列。其中高质量的碱基数均达到 99%以上，表明实验数据可靠，能满足对系统中微生物信息分析的要求。

表 7-19　优化数据量及质量统计

样品		反应器编号	序列数	碱基数/条	模糊碱基/%
产酸阶段（细菌群落）	空白	LH-A-1	51164	22467342	0.00
	L-氨基酸	LH-A-2	48312	21299819	0.00
	D-氨基酸	LH-A-3	51237	22439610	0.00

样品		反应器编号	序列数	碱基数/条	模糊碱基/%
产甲烷阶段（细胞群落）	空白	LH-M-1	46476	20480745	0.00
	L-氨基酸	LH-M-2	48241	21255302	0.00
	D-氨基酸	LH-M-3	48208	21234120	0.00
产甲烷阶段（古菌群落）	空白	LH-M-1	62770	28180951	0.00
	L-氨基酸	LH-M-2	35888	16112206	0.00
	D-氨基酸	LH-M-3	37825	16981675	0.00

α 多样性分析能够反映系统中微生物群落的丰度和多样性。通过 Shannon 指数和 Sobs 指数来反映厌氧发酵系统中微生物群落的多样性和丰富度情况。Shannon 指数越大，说明群落多样性越高。厌氧发酵系统中产酸阶段和产甲烷阶段细菌的 Shannon 指数和 Sobs 指数如图 7-26（a）和（b）所示，产甲烷阶段古菌的 Shannon 指数和 Sobs 指数如图 7-26（c）和（d）所示。Shannon 指数的曲线较为平坦，说明测序数据量足够大，可以反映样本中绝大多数微生物多样性信息；Sobs 指数的曲线也逐渐趋向平坦，表明测序数据量合理。在厌氧发酵系统中加入 L-氨基酸和 D-氨基酸后，产酸阶段细菌的多样性和丰富度发生了一定的变化。相比于空白反应器，加入 L-氨基酸的反应器中产酸细菌 Shannon 指数（即菌群种类）有一定程度的上升，加入 D-氨基酸则下降。加入 L-氨基酸和 D-氨基酸使得产甲烷系统中细菌的 Shannon 指数上升，古菌的 Shannon 指数和 Sobs 指数无明显差异。由此可见，加入不同构型的氨基酸后，反应体系中微生物的多样性和丰富度都发生了一定的变化，其中产酸和产甲烷阶段的细菌的变化更为明显，而产甲烷阶段的古菌的多样性指数变化不大。

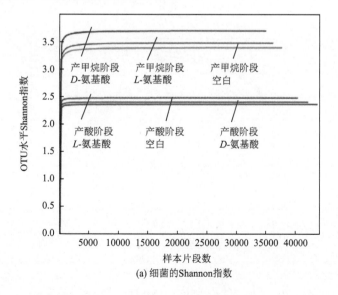

(a) 细菌的Shannon指数

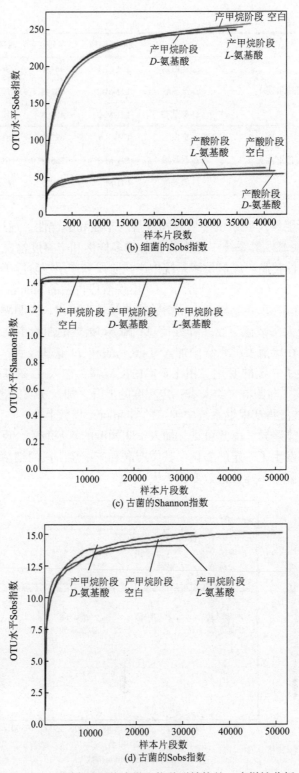

图 7-26　不同发酵系统中微生物种群结构的 α 多样性分析

　　通过高通量测序的数据分析得到 Ciros 图。其中，产酸阶段细菌、产甲烷阶段细菌以及古菌的样本物种关系图如图 7-27～图 7-29 所示。Ciros 图可以表示样本与物种共线性关系，可以反映物种丰度组成情况和物种在不同样本中的分布情况。Circos 样本与物种关系图中，小半圆（左半圈）表示样本中物种组成情况，外层彩带的颜色代表的是来自哪一分组，内层彩带的颜色代表物种，长度代表该物种在对应样本中的相对丰度；大半圆（右半圈）表示该分类学水平下物种在不同样本中的分布比例情况，外层彩带代表物种，内层彩带颜色代表不同分组，长度代表该样本在某一物种中的分布比例。由图 7-27 可知，在科分类水平上，空白对照组和投加不同构型氨基酸的反应器中，细菌群落结构的主要构成是 Bifidobacteriaceae、Veillonellaceae、Bacteroidales 和 Prevotellaceae 等。这些微生物是厌氧发酵系统中常见的微生物，与有机物的分解（包括蛋白质和碳水化合物）以及短链脂肪酸的产生密切相关。例如，据报道 Bifidobacteriaceae 能分解糖类产生乙酸和丙酸，它在空白组、投加 L-氨基酸和投加 D-氨基酸的反应器中的比例分别为 27%、36% 和 37%。Veillonellaceae 在空白组、投加 L-氨基酸和投加 D-氨基酸的

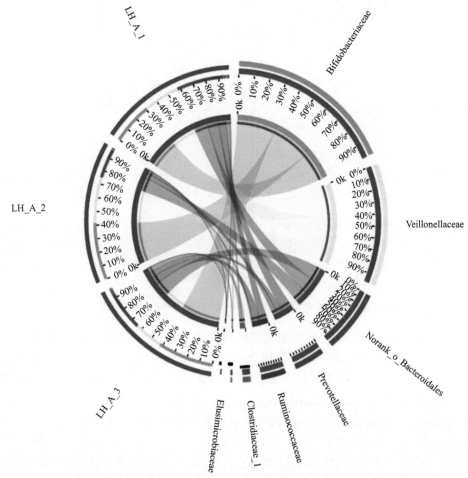

图 7-27　厌氧发酵系统中产酸阶段细菌的样本与物种共线性关系图（科水平）

LH_A_1：空白，LH_A_2：L-氨基酸，LH_A_3：D-氨基酸。下同。

反应器中的比例分别为 33%、41% 和 26%，该科的菌属中，主要消耗半乳糖、甘露糖、乳糖等产生乙酸、丙酸和丁酸等。Prevotellaceae 与蛋白质和多糖的降解有关，在空白组、投加 L-氨基酸和投加 D-氨基酸的反应器中比例分别为 52%、23% 和 25%。拟杆菌科在 3 个反应器中的比例基本相同。由此可见，对于产酸系统中的细菌，与产丁酸相关的微生物分布比例在 D-氨基酸组的分布低于空白组。

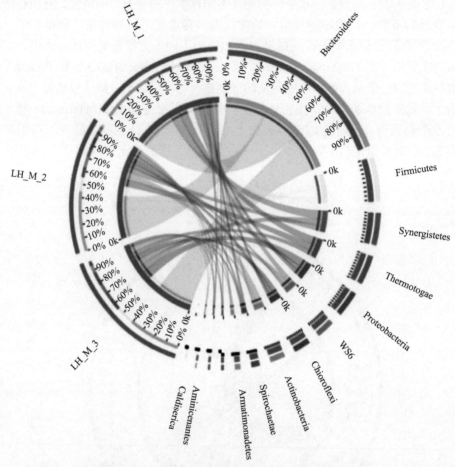

图 7-28　厌氧发酵系统中产甲烷阶段细菌的样本与物种共线性关系图（门水平）

产甲烷阶段的细菌和古菌的样本与物种共线性关系图分别如图 7-28 和图 7-29 所示。由图 7-28 可见，产甲烷阶段的细菌组成中，在门水平上，拟杆菌门（Bacteroidetes）是优势菌门，其次是厚壁菌门（Firmicutes）、互养菌门（Synergistetes）、热袍菌门（Thermotogae）、变形杆菌门（Proteobacteria）等。在功能上，Bacteroidetes 能够在产甲烷阶段进一步消耗有机物生成挥发性脂肪酸，它在 3 个样本中的分布比例基本均匀，分别为 33%、35% 和 32%。Firmicutes 亦与大分子有机物的分解有关，其在 3 个样本中的分布比例分别为 23%、33% 和 44%，在投加 D-氨基酸的反应器中所占比例最大。Synergistetes 在空白组反应器中分布比例最大（为 44%），在投加 L-氨基酸组和投加 D-氨基酸的反应器中分布比例均有所下降。

在古菌中，在种水平上，甲烷八叠球菌种 *Methanosarcina mazei*，甲烷杆菌种 *Methanobacterium beijingense*、*Methanobacterium formicicum*、*Methanobacterium* 是优势菌种，上述几种菌种占空白组反应器和投加 *L*-氨基酸反应器及投加 *D*-氨基酸反应器中相对丰度的 96.8%左右。其中，甲烷八叠球菌和甲烷杆菌微生物是厌氧发酵系统中最为常见的产甲烷微生物。在上述 3 个反应器中，甲烷八叠球菌种及甲烷杆菌种在几种反应器中的相对丰度相差不大。由此可见，不同构型的氨基酸对产甲烷菌群的结构影响不大，可能的原因是在产甲烷阶段，*L*-氨基酸和 *D*-氨基酸有一定的消耗，对微生物菌群结构的影响不如产酸阶段明显。另外，产甲烷菌的世代时间较长，对产甲烷菌群结构的影响在更长的运行时间内才会有所显示。

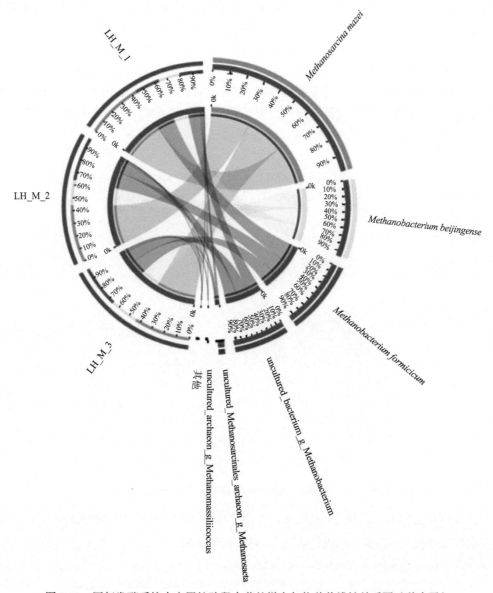

图 7-29　厌氧发酵系统中产甲烷阶段古菌的样本与物种共线性关系图（种水平）

　　为了进一步分析厌氧系统中不同微生物的作用和功能，在属水平上分析了产酸阶段和产甲烷阶段的微生物组成。其中，产酸阶段细菌的群落结构组成如图 7-30 所示，在产酸阶段主要的微生物组成是 *Bifidobacterium*、*Megasphaera*、*Bacteroides*、*Pectinatus*、*Prevotella* 等。*Bifidobacterium* 是厌氧产酸系统中常见的产酸菌，在三组反应器中的相对丰度差别不大。根据相关文献，*Megasphaera* 可以利用乳酸等产生丁酸，在促进丁酸产生的反应器中通常以这种菌为优势菌。在本研究中，*Megasphaera* 在空白组、投加 *L*-氨基酸及投加 *D*-氨基酸反应器中的相对丰度分别为 27%、20% 和 19%。这可能是造成 *D*-氨基酸对产丁酸过程抑制的一个原因。另外，*Prevotella* 可以通过琥珀酸途径产生丁酸，其在空白组中的相对丰度为 11%，而在投加 *L*-氨基酸和投加 *D*-氨基酸的反应器中，其相对丰度均为 0%。*Pectinatus* 的相对丰度较高，文献报道其代谢的主要产物是丙酸。由此可见，在属水平上，投加 *L*-氨基酸和投加 *D*-氨基酸的反应器中，与产丁酸功能相关的微生物（*Megasphaera* 和 *Prevotella*）相对丰度均有所降低，根据上述对关键酶活性的分析，投加 *D*-氨基酸反应器中丁酸酶的活性亦受到抑制，因此投加 *D*-氨基酸反应器中丁酸的产生受到抑制。与产丙酸有关的微生物（*Pectinatus*）的相对丰度在投加 *L*-氨基酸反应器中有所上升，但所占比例不大，因此反应器中丙酸不是主要的代谢产物。

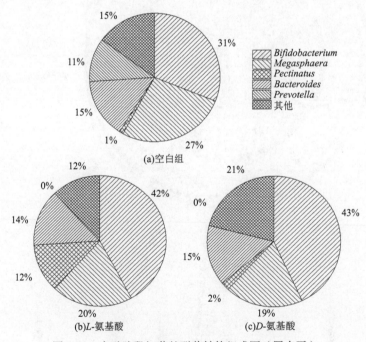

图 7-30　产酸阶段细菌的群落结构组成图（属水平）

　　在两阶段运行中，分别以产酸阶段的发酵液作为底物，用于后续第二阶段产甲烷。产甲烷阶段细菌和古菌的群落组成分别如图 7-31 和图 7-32 所示。在属水平上，产甲烷阶段的细菌优势菌种主要包括 *Rikenellaceae*、*Synergistaceae*、*Kosmotogaceae* 等。这 3 种菌属在产甲烷系统中是常见微生物，主要与有机物的进一步降解和产酸产甲烷有关。在种水平上，*Methanosarcina mazei*、*Methanobacterium beijingense*、*Methanobacterium formicicum*

和 *Methanobacterium* 是产甲烷反应器的优势菌种及典型的产甲烷微生物，占相对丰度的 95%以上。

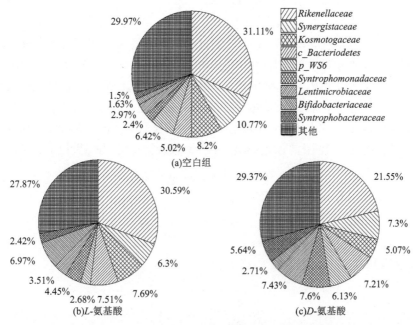

图 7-31　产甲烷阶段细菌群落在属水平结构组成图

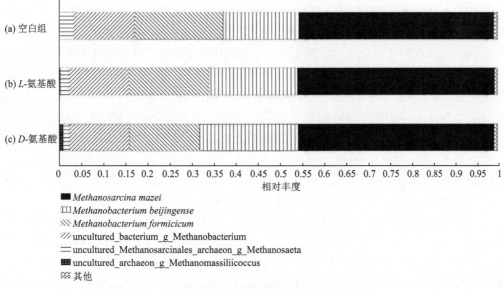

图 7-32　产甲烷阶段古菌群落在种水平结构组成图

7.4.2　*L*-半胱氨酸促进城镇有机废物转化为甲烷的工艺条件

上述研究表明，*L*-半胱氨酸能够促进厌氧消化产甲烷，因此进一步研究了 *L*-半胱氨酸对实际有机废弃物厨余垃圾厌氧发酵过程的影响。多糖是众多有机废弃物（水）的重要组成成分，例如在食品废弃物中多糖物质占 TCOD 的 60%左右；葡萄糖是多糖水解的重要产物，也是重要的模式单糖。在自然界中单糖的自然构型为 D 构型，但在某些有机物的水解过程中存在一定量非自然构型的单糖（即 L 构型）。单糖的微生物代谢过程具有旋光选择性，微生物往往趋近于利用自然构型的单糖，对 L-单糖利用效率低。上述的机理研究结果表明，L-半胱氨酸对水解之后的过程的影响较为明显。因此，重点研究了厨余垃圾水解产物（即单糖）的浓度和构型分布，并比较了厌氧发酵过程中不同构型葡萄糖的厌氧降解特性，以及 L-半胱氨酸对 L-单糖厌氧消化过程和对厨余垃圾厌氧发酵产甲烷的促进作用。其中，半连续流实验采用两阶段厌氧消化（即产酸阶段和产甲烷阶段）方式；在短期批式实验中，以厨余垃圾为底物、经过驯化后的污泥为接种物，探究了不同构型氨基酸的投加量对厌氧消化产酸的影响。厨余垃圾及接种污泥的特性如表 7-20 所示。

表 7-20　厨余垃圾及接种污泥特性表　　　　　　　　　　（单位：g/L）

组分	厨余垃圾	剩余污泥	颗粒污泥
TS	30.4±2.8	35.2±1.8	70.0±5.1
VS	28.6±2.2	27.5±1.2	42.5±2.8
TCOD	33.7±3.0	—	—
SCOD	8.9±0.6	—	—
总蛋白质	3.6±0.2	—	—
总碳水化合物	19.2±0.9	—	—

产酸时的接种污泥驯化。不同构型的葡萄糖配水作为发酵底物，与接种污泥混合，采用氮气吹脱去除氧气后以橡胶塞密封，在 pH 为 7.0±0.2、温度为（35±2）℃以及转速为 180 r/min 条件下驯化 55 d。驯化过程根据底物浓度的不同共分为 4 个阶段：第一阶段底物葡萄糖浓度为 50 mg/L，不加浓缩液和微量元素液；第二~第四阶段底物葡萄糖浓度分别为 100 mg/L、200 mg/L 和 400 mg/L，加入浓缩液（体积比 0.05）和微量元素液（体积比 0.01）。其中浓缩液的组成如下：24.0 g/L $MgSO_4$、14.9 g/L KCl、27.2 g/L KH_2PO_4 和 10.7 g/L NH_4Cl。微量元素液的组成如下：0.44 g/L $ZnSO_4 \cdot 7H_2O$、0.22 g/L H_3BO_3、0.1 g/L $MnCl_2 \cdot 4H_2O$、0.1 g/L $FeSO_4 \cdot 7H_2O$、0.2 g/L $CoCl_2 \cdot 6H_2O$、0.02 g/L $(NH_4)_6Mo_7O_{24} \cdot 4H_2O$、0.01 g/L $CaCl_2 \cdot 2H_2O$ 和 0.01 g/L $Na_2MoSO_4 \cdot 2H_2O$。污泥首先在 102℃下煮沸 30 min 以抑制产甲烷菌活性，冷却至室温后作为接种污泥使用。

L-半胱氨酸的投加量对产酸过程的影响实验在血清瓶中进行。取适量稀释后的厨余垃圾（4250 mL）和污泥（250 mL）混合，使污泥的浓度（TS）约为 2000 mg/L。上述混合物被平均分配到 15 只血清瓶中，分为 5 组，每组 3 个平行样。每组的 L-半胱氨酸浓度分别为 0 mg/L（空白）、20 mg/L、50 mg/L、100 mg/L 和 150 mg/L，pH 为 7.0±0.2，发酵过程中用 2 mol/L NaOH 或者 2 mol/L HCl 每隔 3 h 将 pH 调回初始 pH。血清瓶经氮气吹脱以去除氧气，然后置于（35±2）℃的培养箱中，转速为 180 r/min。发酵时间为 8 d，发酵过程中取样分析。

pH 对厨余垃圾产酸过程影响实验。实验在 600 mL 血清瓶中进行，取适量稀释后的厨余垃圾（3400 mL）和污泥（200 mL）混合，使污泥的浓度约为 2000 mg/L。上述混合物被平均分配到 12 只血清瓶中，分为 4 组，每组 3 个平行样。每组 pH 分别为 5.0±0.2、6.0±0.2、7.0±0.2 和 8.0±0.2。L-半胱氨酸投加量为 50 mg/L。发酵过程中用 2 mol/L NaOH 或 2 mol/L HCl 每隔 3 h 将 pH 调回初始 pH。血清瓶经氮气吹脱以去除氧气，然后置于（35±2）℃的培养箱中，转速为 180 r/min，发酵时间为 8 d，发酵过程中取样分析。将在 pH 为 6 条件下未投加 L-半胱氨酸的反应器作为对照组，实验操作同上。

L-半胱氨酸对两阶段厌氧发酵产甲烷过程的长期影响实验。产酸阶段采用批式运行的方式，产生足够多的发酵液并分装储存在冷冻层（–20 ℃）。设置不投加 L-半胱氨酸的反应器作为空白对照。将反应器进行氮气吹脱密封，保持厌氧环境，搅拌速度控制为 100 r/min，发酵 pH 控制在 6.0±0.2，HRT 控制为 8 d。产甲烷阶段为两个 1 L 的反应器，运行方式采用半连续流的运行方式，其发酵底物为产酸阶段的厨余垃圾发酵液，反应器的有效体积为 500 mL。反应器经氮气吹脱密封，保持厌氧环境，搅拌速度控制为 100 r/min，pH 控制在 7.0±0.2，每天从反应器中排出 25 mL 发酵混合物，同时补充 25 mL 厨余垃圾发酵液或者 L-半胱氨酸强化的厨余垃圾产酸发酵液，反应趋于稳定时进行取样分析。

1. 工艺条件对厨余垃圾厌氧消化产酸阶段的影响

1）L-半胱氨酸投加量

在厌氧发酵过程中，短链脂肪酸是产酸阶段的主要产物，也是产甲烷阶段的主要底物。因此，最大限度地促进短链脂肪酸的产生对产甲烷阶段甲烷产量的提高尤为重要。在 pH 为 7.0 条件下，L-半胱氨酸投加量对厨余垃圾厌氧消化的影响如图 7-33 所示。值得注意的是，L-半胱氨酸在厌氧条件下可以被微生物利用转化为乙酸[式（7-7）]。由反应式可以计算，在 L-半胱氨酸投加量分别为 20 mg/L、50 mg/L、100 mg/L 和 150 mg/L 时，L-半胱氨酸完全降解的理论产乙酸量分别为 10.6 mg COD/L、26.5 mg COD/L、53.1 mg COD/L 和 79.6 mg COD/L，与系统产生的乙酸相比，可以忽略不计。由图 7-33（a）可知，随着 L-半胱氨酸投加量的增加，SCOD 和 SCFAs 的浓度有所增加。当 L-半胱氨酸的投加量为 20 mg/L 时，SCOD 和 SCFAs 的浓度分别由空白组的 18100 mg COD/L 和 9733 mg COD/L 增加至 18800 mg COD/L 和 10322 mg COD/L；当 L-半胱氨酸投加量为 50 mg/L 时，SCOD 和 SCFAs 的浓度分别为 20430 mg COD/L 和 14022 mg COD/L；继续提高投加量至 100 mg/L 和 150 mg/L，SCOD（20840 mg/L 和 21030 mg/L）和 SCFAs（14240 mg COD/L 和 14451 mg COD/L）的浓度相对于投加量为 50 mg/L 时，提高幅度不是很大。因此，选择 L-半胱氨酸投加量为 50 mg/L。

由图 7-33（b）可知，空白组和不同 L-半胱氨酸投加量的反应器中，乙酸和丁酸是主要组分。乙酸、丙酸、异丁酸和正丁酸主要来自碳水化合物和蛋白质的水解酸化；异戊酸和正戊酸通常来自蛋白质的水解酸化。对于本研究使用的厨余垃圾，碳水化合物是主要组分，远高于蛋白质的含量，因此，戊酸的含量较低。研究表明，当以碳水化合物为主要底物时，pH 为 7 条件下短链脂肪酸的组分以乙酸和丁酸为主。由于丙酸和丁酸在厌氧环境下能够被微生物降解为乙酸，而丙酸被更多地转化为乙酸，因此乙酸和丁酸是短链脂肪酸的主要组分。尽管 D-葡萄糖和 L-葡萄糖在发酵过程中均被检测到，但前者的含量明显高于后者。当 D-葡萄糖作为发酵底物时，乙酸和丁酸是主要的酸化产物。由于 D-葡萄糖很容易被微生物降解，投加 L-半胱氨酸对 D-葡萄糖的酸化过程影响不明显（$P>0.05$）。

$$C_3H_7NO_2S + 2H_2O \longrightarrow CH_3COOH + CO_2 + NH_3 + H_2 + H_2S \quad (7\text{-}7)$$

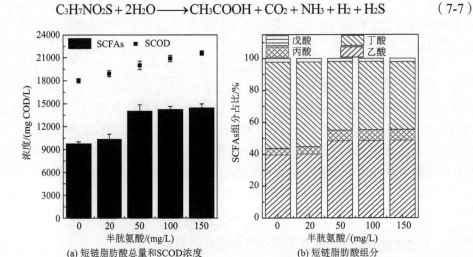

(a) 短链脂肪酸总量和SCOD浓度　(b) 短链脂肪酸组分

图 7-33　L-半胱氨酸投加量对厨余垃圾厌氧产酸阶段的影响

2）pH

在 L-半胱氨酸存在的条件下，发酵时间为 8 天时，对各 pH 条件下的短链脂肪酸总量和组分进行了分析。由图 7-34（a）可知，短链脂肪酸的总量在 pH 为 6 时最高，为 18000 mg COD/L。图 7-34（b）表明，在不同 pH 条件下，乙酸和丁酸都是主要组分。pH 为 6 时，乙酸比例为 48.6%，丁酸比例为 43.3%；随着 pH 的增加，乙酸比例有所上升，丁酸比例有所下降；pH 为 8 时，乙酸和丁酸的比例分别为 56.6% 和 37.2%。短链脂肪酸是第二阶段产甲烷的主要底物，因此如何最大可能地促进短链脂肪酸的产生是进一步促进产甲烷的重要因素。根据 pH 为 6 条件下短链脂肪酸的总量较高，选择 6 作为产酸阶段的 pH。

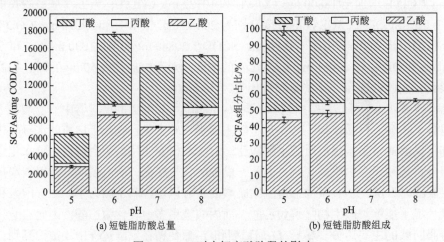

(a) 短链脂肪酸总量　(b) 短链脂肪酸组成

图 7-34　pH 对水解产酸阶段的影响

3）发酵时间

如图 7-35 所示，在所有 pH 条件下，在最初 8 天的发酵时间内，短链脂肪酸的总量随着发酵时间的增加而显著积累；pH 为 6 时，短链脂肪酸的累积浓度最高；继续延长发酵时间至 12 天，没有显著增加短链脂肪酸的累积量。因此，最佳条件：pH 为 6 和发酵时间为 8 天。在此条件下，短链脂肪酸的浓度达到 18071 mg COD/L，其中乙酸（8738 mg COD/L）、丁酸（7784 mg COD/L）和丙酸（1198 mg COD/L）分别占短链脂肪酸总量的 48.4%、43.1%和 6.6%。未投加 L-半胱氨酸的空白组（pH 为 6 及 HRT 为 8 天）的短链脂肪酸总量为 12104 mg COD/L。L-半胱氨酸的投加使短链脂肪酸的产量提高了 49%。

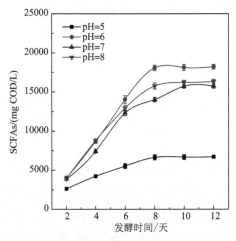

图 7-35　pH 和发酵时间对短链脂肪酸总量的影响

2. L-半胱氨酸促进厨余垃圾两阶段产甲烷

产甲烷阶段的底物为产酸阶段的发酵液，在产甲烷阶段开始前，为了储备足够多的酸化阶段发酵液，采用两个 20 L 的反应器，在机械搅拌条件下对厨余垃圾进行厌氧发酵，两个反应器中 L-半胱氨酸的浓度分别为 0 mg/L 和 50 mg/L。反应器的 pH 和温度分别为 6.0±0.2 和（35±2）℃，发酵时间为 8 天。将上述发酵液分装在离心管中，每管体积为 25 mL，储存在−20℃的冰箱里，在每天加产酸液时提前 24 h 将其放置在 4℃冰箱内缓慢融化，以保证每天的厨余垃圾酸化阶段的发酵液的性质保持一致。产甲烷过程在两个独立的半连续流反应器（Reactor-Ⅰ 和 Reactor-Ⅱ）中进行，两个反应器的底物分别为厨余垃圾产酸液（acidified food waste，AFW）和 L-半胱氨酸强化的厨余垃圾产酸液（cysteine-enhanced acidified food waste，CE-AFW）。Reactor-Ⅰ 作为空白组。将上述发酵液 470 mL 与 30 mL 产甲烷颗粒污泥混合，调节 pH 至 7，并用氮气吹脱 5 min 后，用橡胶塞密封置于 80 r/min 和 35℃条件下进行产甲烷。每天从反应器中各取出 25 mL 混合物，沉降后将颗粒污泥放回反应器中，上层上清液离心后过膜用于分析。再将 25 mL 新鲜厨余垃圾酸化液（AFW 或者 CE-AFW）分别加入到两个反应器中，pH 调至 7，氮气吹脱 5 min 后以橡胶塞密封。在两个反应器的甲烷产量相对稳定后，进行相关分析。如图 7-36（a）所示，空白组中甲烷产量为 328 mL/g VS，以 L-半胱氨酸强

化的厨余垃圾产酸液为底物时，产甲烷量提高至 472 mL/g VS，甲烷产量提高了
43.9%。对两个反应器的 ATP 进行了分析，结果如图 7-36（b）所示。以 L-半胱氨酸强化
的厨余垃圾产酸液为底物的反应器，其 ATP 浓度（23.3μg/L）是空白组（16.1μg/L）的
1.45 倍，说明产甲烷菌活性得到提高。

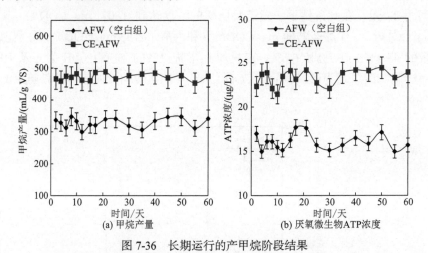

图 7-36　长期运行的产甲烷阶段结果

7.4.3　L-半胱氨酸促进城镇有机废物转化为甲烷的原理

多糖是厨余垃圾重要的有机构成，在厌氧发酵的水解阶段能够被微生物分解为单
糖，如葡萄糖、果糖等。对厨余垃圾水解产生的单糖（以模式单糖葡萄糖为例）进行分
析，结果表明，水解产物中不仅包含 D-葡萄糖，还存在一定量的 L-葡萄糖（表 7-21）。在
空白组和 L-半胱氨酸存在的条件下，D-葡萄糖的浓度分别为（943±24）mg COD/L
和（996±32）mg COD/L，对应的 L-葡萄糖的浓度分别为（311±26）mg COD/L 和
（335±23）mg COD/L。统计学分析显示，L-半胱氨酸的存在对水解产物中 L-葡萄糖和
D-葡萄糖的浓度没有明显影响，而 L-半胱氨酸对厨余垃圾的促进作用也主要不是由于
其对水解阶段的影响。需要注意的是，因为葡萄糖在水解的同时被进一步消化利用，因
此，此次测定的葡萄糖浓度是水解过程中 D-葡萄糖和 L-葡萄糖的动态浓度，并非绝
对浓度。蛋白质是厨余垃圾中除了多糖外含量较高的组分，但其含量远少于多糖。在
水解阶段，蛋白质被水解为氨基酸，最终氨基酸的总量为 31.4 mg COD/L（空白组）和
58.9 mg COD/L（L-半胱氨酸投加组），主要成分包括丙氨酸、谷氨酰胺、脯氨酸、丝氨
酸等。与不同构型的葡萄糖相比，氨基酸的浓度相对较低。因此，本书重点研究了 L-
半胱氨酸对多糖类物质的影响（对蛋白质的影响没有考虑）。

表 7-21　L-半胱氨酸对水解过程中 D-葡萄糖和 L-葡萄糖浓度的影响（4天）（单位：mg COD/L）

项目	D-葡萄糖浓度		L-葡萄糖浓度	
	空白	L-半胱氨酸	空白	L-半胱氨酸
初始	14±4	14±4	8±2	8±2
结束	943±24	996±32	311±26	335±23

　　进一步对两种构型的葡萄糖的降解特性进行研究。实验采用的 *L*-葡萄糖和 *D*-葡萄糖均购买自 Sigma-Aldrich 公司，接种污泥取自上海某污水厂的二沉池的剩余污泥。接种污泥首先在 4℃条件下放置 24 h，取浓缩后的未经驯化的剩余污泥作为接种污泥。接种污泥的特性如下：pH 为 6.9±0.2、总悬浮物质（TS）为（14.3±1.6）g/L、挥发性悬浮物（VSS）为（10.5±1.0）g/L。污泥在作为接种污泥使用前用蒸馏水清洗 3 遍以去除污泥中的溶解性有机物。首先研究了不同有机负荷条件下，*L*-葡萄糖和 *D*-葡萄糖的降解率与代谢产物。将含有 *L*-葡萄糖或 *D*-葡萄糖的合成废水与剩余污泥混合，使接种污泥浓度为 1000 mg VSS/L，有机负荷分别为 0.5 mg COD/g VSS、1.0 mg COD/g VSS、2.0 mg COD/g VSS、3.0 mg COD/g VSS。反应在 600 mL 玻璃瓶中进行，有效体积为 300 mL，混合物 pH 用 2 mol/L NaOH 和 2 mol/L HCl 调节至 7.0±0.1。再经氮气吹脱约 1 min，去除液体及上层气体中的氧气，并用橡胶塞密封，置于（37±1）℃的摇床中培养（转速为 160r/min）。每隔一段时间取出一定量的样品进行分析。

　　由图 7-37（a）可以看出，*D*-葡萄糖能够快速地被微生物利用，在厌氧条件下被转化为挥发性脂肪酸。然而，*L*-葡萄糖则基本没有被消耗。*D*-葡萄糖产生的短链脂肪酸总量远高于 *L*-葡萄糖。对于 *L*-葡萄糖和 *D*-葡萄糖的混合物来说，底物的理论消耗量采用如下公式计算：混合组的剩余葡萄糖浓度（理论）=0.5×（*L*-葡萄糖作为单独底物组浓度+*D*-葡萄糖作为单独底物组浓度）。由图 7-37 可知，混合组的剩余葡萄糖浓度的理论计算值和实际测定值基本相等，说明 *L*-葡萄糖对 *D*-葡萄糖的降解基本没有影响。在产酸组分上，*L*-葡萄糖以乙酸和丙酸为主，而 *D*-葡萄糖以乙酸和丁酸为主，说明两者的降解途径可能存在较大的区别。

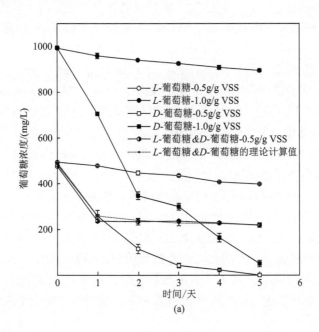

(a)

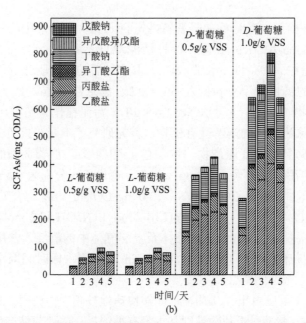

图 7-37　有机负荷对 *L*-葡萄糖和 *D*-葡萄糖降解（a）及产物短链脂肪酸组成（b）的影响

　　葡萄糖构型对微生物菌群结构的影响如图 7-38 所示。在科水平上，以 *L*-葡萄糖为底物时，Rhodocyclales 和 Clostridiales 是优势菌群；以 *D*-葡萄糖为底物时，Rhizobiales 和 Sphingobacteriales 的丰度较高。两种底物对于属水平上的微生物也有较大的区别。在属水平上，*Propionivibrio*（38.9%）、*Ancalomicrobium*（10.2%）和 *Leptolinea*（4.9%）在 *L*-葡萄糖的反应器中得到富集，而 *Ancalomicrobium*（23.9%）、*Sphingobacterium*（12.3%）和 *Legionella*（7.4%）在 *D*-葡萄糖的反应器中是优势属。显然，不同构型的葡萄糖对微生物菌群结构有明显影响。根据相关文献，能够降解 *L*-葡萄糖的菌种包括 *Pseudomonas caryophilli* 和 *Paracoccus* sp.，它们在本研究中占较小的比例。通过查阅相关菌属的特性可知，*Propionivibrio*、*Dechloromonas*、*Ancalomicrobium* 或者 *Leptolinea* 能够利用的碳源中均不包括 *L*-葡萄糖。例如，*Dechloromonas* 能够还原硝酸盐、硫酸盐等，可利用乙醇、丙酸和 *D*-葡萄糖等碳源作为电子供体；*Propionivibrio* 能够降解特定类型的多糖及芳香烃等产生丙酸和乙酸。以上结果表明，葡萄糖构型能够改变微生物的菌群结构以及相关菌属的丰度。其中 *Propionivibrio*、*Ancalomicrobium* 和 *Leptolinea* 属的微生物能够利用 *L*-葡萄糖。另外，还有一部分微生物的菌属无法确定，表示为 undefined，它们也有可能与 *L*-葡萄糖的降解有关。

　　L-半胱氨酸对 *L*-葡萄糖产酸过程的影响结果表明，不添加 *L*-半胱氨酸时的 *L*-葡萄糖降解率为 19.2%；添加 *L*-半胱氨酸时，*L*-葡萄糖的降解率达到 96.3%。由表 7-22 可知，以 *L*-葡萄糖为底物时，乙酸和丙酸是酸化阶段的主要产物，它们占短链脂肪酸的比例分别是 51.9% 和 48.1%。当 *L*-半胱氨酸存在时，乙酸和丙酸的比例分别为 60.1% 和 39.9%。总之，*L*-半胱氨酸不仅提高了 *L*-葡萄糖的产酸量，还提高了乙酸的比例（乙酸/丙酸由 1.08 提高至 1.51）。

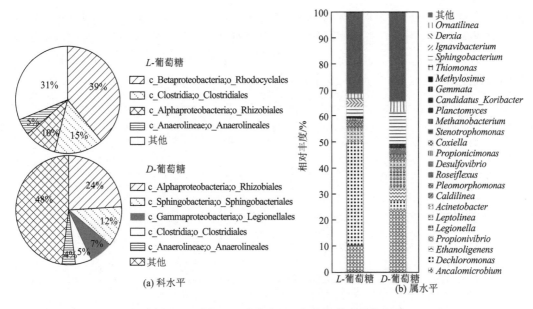

图 7-38　不同构型的葡萄糖对厌氧发酵微生物的影响

表 7-22　L-半胱氨酸对 L-葡萄糖的降解及短链脂肪酸产量的影响　（单位：mg COD/L）

处理	L-葡萄糖浓度		产物短链脂肪酸 SCFAs 组成			
	初始	结束	乙酸	丙酸	丁酸	SCFAs 产量
空白	323±9	261±11	26.6±3.5	24.7±3.5	0	51.3±6.3
L-半胱氨酸	323±9	12±2	168.6±13.4	112.0±10.3	0	280.6±20.9

注：酸化阶段的时间为 4 天。除乙酸、丙酸和丁酸外，其他短链脂肪酸组未被检出。
初始 L-葡萄糖浓度是根据水解产物中 L-葡萄糖的浓度确定的。
丁酸浓度为异丁酸和正丁酸的浓度总和。

　　到目前为止，未见 L-葡萄糖厌氧降解产生乙酸和丙酸的代谢途径报道。文献报道了一种特定菌种 Paracoccus sp.将 L-葡萄糖降解至丙酮酸的途径：L-葡萄糖首先在 L-葡萄糖脱氢酶（LGDH）作用下转化为 1,5-L-葡萄糖内酯（L-glucono-1,5-lactone），然后转化为 L-葡萄糖酸（L-gluconate）、L-5-葡萄糖酮（L-5-ketogluconate）、D-艾杜糖酸（D-idonate）、D-2-keto-3-deoxygalactonate（KDGal）、D-2-keto-3-deoxy-6-phosphogalactonate（KDPGal）以及三磷酸甘油醛（GAP），最终转化为丙酮酸。本研究经过分析液相以及胞内的丙酮酸浓度，发现在 L-半胱氨酸存在条件下，丙酮酸作为中间产物有所积累，并且第一步的关键酶 L-葡萄糖脱氢酶的活性在 L-半胱氨酸存在条件下得到提高[图 7-39（a）]，说明文献报道的 L-葡萄糖降解至丙酮酸的过程也存在于本研究的发酵系统中。在酸化阶段，空白组的 LGDH、AK、CoAT、POR、FDH 和 FTHFS 的活性分别为（0.0035±0.0011）U/mg 蛋白质、（1.36±0.15）U/mg 蛋白质、（1.06±0.15）U/mg 蛋白质、（1.01±0.10）U/mg 蛋白质、（0.008±0.001）U/mg 蛋白质和（4.5±0.3）U/mg 蛋白质。在酸化过程中，乙酸和丙酸在酸化产物中占了较大的比例。AK 和 CoAT 两种酶

活性在 L-半胱氨酸作用下均得到提高[图 7-39（a）]。在 L-葡萄糖的降解过程中，氢气和二氧化碳也被检出，对应的催化酶 POR 的活性得到增强。产生的氢气和二氧化碳可以进一步在两种关键酶 FDH 和 FTHFS 的作用下转化为乙酸，两种酶的活性相对于空白组分别提高了 70 个百分点和 20 个百分点。

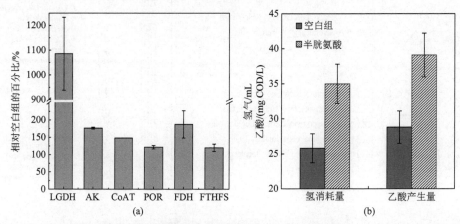

图 7-39　L-半胱氨酸对 L-葡萄糖降解过程关键酶活性（a）和同型产乙酸过程（b）的影响

根据上述研究结果，提出了由 L-葡萄糖至乙酸及丙酸的代谢途径（图 7-40）。L-葡萄糖脱氢酶催化的步骤是 L-葡萄糖降解至丙酮酸的限速步骤，其活性的提高有利于葡萄糖降解为丙酮酸，最终产生更多乙酸和丙酸。如图 7-39 所示，在 L-半胱氨酸存在时 L-葡萄糖脱氢酶的活性是空白组的 10.9 倍，这可能是 L-半胱氨酸促进 L-葡萄糖厌氧产酸的主要机制。除此之外，酶与底物的结合被认为是高效生化反应的重要条件。文献研究表明，半胱氨酸有促进酶与底物结合的作用，因此 L-半胱氨酸加入到产酸系统中能够促进酶促反应的过程，即促进 L-葡萄糖的酸化过程。尽管 L-半胱氨酸也可发挥耗氧剂的作用，降低系统的氧化还原电位，但是本研究所有反应器均经过氮气吹脱 5 min，并且吹脱时间对厌氧发酵产酸的影响不显著（$P>0.05$），实验结果见表 7-23，这排除了 L-半胱氨酸发挥耗氧剂的作用。另外，当系统中氮源不足时，L-半胱氨酸可以作为有机氮源被微生物利用。在厌氧条件下，微生物生长所需的碳氮比（TN/BOD）通常为 5/200~5/100，即 1/40~1/20。本研究使用配水的 TN/BOD 为 1/6.48~1/2.61，远大于 1/40~1/20，因此 L-半胱氨酸在本研究中不是作为氮源起作用。

乙酸和丙酸的产生与产乙酸菌的关键酶 AK 和产丙酸菌的 CoAT 密切相关。与空白组相比，图 7-39（a）中 AK 和 CoAT 的活性显著提高，这与表 7-22 中短链脂肪酸的产量提高一致。显然，L-半胱氨酸促进 AK 和 CoAT 的活性提高是乙酸和丙酸含量提高的重要原因。值得注意的是，与空白组相比，L-半胱氨酸使 AK 的活性提高约 76%，而 CoAT 的活性是空白组的 1.48 倍，使得乙酸的提高比例高于丙酸，因此乙酸/丙酸的比例由 1.08 提高至 1.51。

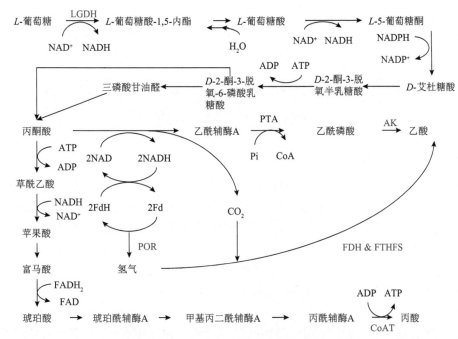

图 7-40 L-半胱氨酸存在条件下 L-葡萄糖的厌氧产乙酸和丙酸的可能代谢途径

表 7-23 氮气吹脱时间对葡萄糖产酸的影响

项目	底物	氮气吹脱时间			
		1 min	5 min	10 min	15 min
SCFAs/(mg COD/L)	L-葡萄糖	55.2±7.6	55.9±5.2	57.2±5.8	57.4±6.3
	D-葡萄糖	806.3±46.2	796.0±43.6	804.4±40.8	801.5±44.1

　　同时，如图 7-39（a）所示，L-半胱氨酸存在使得与产氢有关的 POR 活性是空白组的 1.22 倍，表明 L-半胱氨酸可以促进氢气的产生。酸化过程产生的氢气和二氧化碳能够被同型产乙酸菌进一步转化为乙酸（图 7-40）。以 H_2/CO_2 为底物进行的实验显示，在 pH 为 6、温度为 35℃条件下反应 4 天，半胱氨酸使得氢气消耗量提高了 35.7%，同型产乙酸菌产生的乙酸量提高了 34.8%，与 H_2/CO_2 转化为乙酸这一过程相关的两种酶（FDH 和 FTHFS）的活性也得到了提高。因此，L-半胱氨酸对氢气产生以及 H_2/CO_2 转化为乙酸过程的强化作用也是乙酸含量上升的一个重要原因。

　　由此可见，富含多糖的厨余垃圾在水解过程中产生两种构型的单糖，即 L 构型的单糖和 D 构型的单糖；L 构型的单糖难以被厌氧微生物降解和利用；通过添加 L-半胱氨酸，可显著加速 L-葡萄糖分解产生乙酸和氢气，提高同型产乙酸相关酶的活性，这为产甲烷微生物提供了丰富底物，从而使甲烷产量得到提高。

第 8 章　新污染物对城镇有机废物高值生物转化的影响与机理

近年来，不断有关于新污染物，如多环芳烃（polycyclic aromatic hydrocarbons，PAHs）、工程纳米颗粒（engineering nanoparticles，ENPs）、抗生素抗性基因（antibiotic resistance genes，ARGs）等在城镇有机废物中检出的报道。例如，污泥中 PAHs 的含量最高可达 169.9 mg/kg 干污泥；随着纳米科技的发展，纳米颗粒（nanoparticles，NPs）在生产和使用过程中不可避免地释放至环境中。本章介绍代表性 PAHs 和 ENPs 对城镇有机废物高值生物转化及 ARGs 演变的影响与机制。

8.1　PAHs 对城镇有机废物厌氧发酵产酸的影响及其作用机理

前面的研究结果发现，以污泥为代表的城镇有机废物在 pH 为 10 条件下，污泥厌氧转化生成 SCFAs 的效率最佳。因此，本节将主要研究以菲和苯并[a]蒽为典型代表的PAHs 在碱性（pH=10）的条件下对污泥厌氧发酵产酸的影响，并探究其作用机理。

PAHs 对污泥厌氧发酵产酸影响的短期实验。向 5 个 5 L 反应器中分别加入 4 L 浓缩污泥（TSS=13.3 g/L），然后分别向反应器中加入 0 mg/kg、50 mg/kg、100 mg/kg、200 mg/kg 和 500 mg/kg 浓度的菲、苯并[a]蒽或其混合物（1:1），将反应器进行氮吹密封，保持厌氧环境，通过机械搅拌混合，搅拌速度控制为 100 r/min，pH 控制在10.0±0.2，发酵时间为 8 d。

PAHs 对污泥厌氧发酵产酸影响的长期实验。向 5 个 5 L 反应器中分别加入 4 L 浓缩污泥（TSS=13.3 g/L），然后分别向反应器中加入 0 mg/kg、50 mg/kg、100 mg/kg、200 mg/kg 和 500 mg/kg 的菲、苯并[a]蒽或其混合物（1:1），将反应器进行氮吹密封，保持厌氧环境，通过机械搅拌混合，搅拌速度控制为 100 r/min，pH 为 10.0±0.2，SRT 为 8 d。反应器运行 80 d 后趋于稳定，取样分析。从运行 5 个月的空白和 PAHs 长期反应器中取样，分析 PAHs 对污泥微生物种群结构的影响，其中发酵混合液在10000 r/min 条件下离心 5 min，然后使用 CW2091 的 DNA 试剂盒抽提基因组 DNA，0.8%琼脂糖凝胶电泳检测抽提的基因组 DNA 合格后，利用 Illumina MiSeq 高通量测序。

PAHs 影响污泥厌氧发酵过程的实验。PAHs 对污泥厌氧发酵溶解阶段的影响主要通过测定发酵上清液中溶解性蛋白质和碳水化合物得到。PAHs 对污泥厌氧发酵水解阶段的影响实验在模拟废水中进行，以 BSA 和葡聚糖分别模拟溶解到发酵液中的蛋白质和多糖。实验采用 2 个 2 L 反应器，加入 3.0 g BSA、0.5 g 葡聚糖（模拟实际污泥中蛋白质和碳水化合物的质量比）、900 mL 纯水，并从长期反应器中取 100 mL 污泥作为接种微生物，菲或苯并[a]蒽的浓度为 100 mg/kg TSS（1.3 mg/L），其他实验条件同上，反应 2 d 后测定反应器内 BSA 和葡聚糖的浓度。

PAHs 对污泥厌氧发酵酸化阶段的影响实验。采用 2 个 2 L 反应器，加入 3.0 g 谷氨酸、0.5 g 葡萄糖及 900 mL 纯水，并从长期反应器中接种 100 mL 污泥作为微生物，菲或苯并[a]蒽的浓度为 100 mg/kg TSS（1.3mg/L），其他实验条件同上。

PAHs 对同型产乙酸菌的影响实验采用 4 只 600 mL 血清瓶（1#～4#），分为 2 组，其中 1#、3#反应器分别加入 250 mL 长期空白反应器和菲或苯并[a]蒽（100 mg/kg）反应器的接种污泥，并充入混合气（组成为 70%N_2、20%H_2 和 10%CO_2）；2#、4#反应器分别加入 250 mL 长期空白反应器和菲或苯并[a]蒽（100 mg/kg）反应器的接种污泥，并充入氮气作为空白对照。其他实验条件同上。通过测定反应器中氢气消耗量和乙酸生成量，可获得菲对污泥厌氧发酵同型产乙酸过程的影响。

PAHs 对污泥厌氧发酵系统中乙酸菌影响实验。乙酸是污泥厌氧发酵产生的短链脂肪酸中含量最多的组分，因此选取嗜蛋白产乙酸菌 *Proteiniphilum acetatigenes* 作为代表微生物，研究 PAHs 对产乙酸微生物的影响。250 mL 血清瓶中加入灭菌后的产酸培养基 100 mL 和 2 mL 已培养的 *P. acetatigenes* 菌液，实验组菲或苯并[a]蒽（用甲醇溶解）的添加浓度为 1.3 mg/L，空白组不加 PAHs 而补充同体积的甲醇，最后将血清瓶置于 37℃恒温摇床中培养。实验采用连续流运行方式，每天排放一定量的发酵液，同时添加相同体积的培养基及相应浓度的 PAHs。反应结束后，将细菌液在 4℃、3000 r/min 离心 2 min，获得乙酸菌，测定乙酸激酶和磷酸转乙酰酶活性、ATP 量等。

8.1.1　PAHs 对污泥厌氧发酵产酸效果的影响

首先考察菲对污泥厌氧发酵产酸的短期影响，结果如图 8-1 所示。在整个反应过程中，在某个特定时间，各个反应器的 SCFAs 的积累量没有显著差异，说明在短期实验中，PAHs 对污泥厌氧发酵产酸没有明显影响。PAHs 对生物的毒性主要表现在致畸、致癌、致突变等，但多为慢性作用。因此，进一步研究菲对污泥长期厌氧发酵产酸的影响。

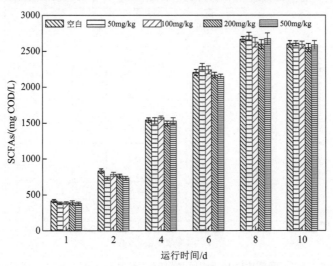

图 8-1　不同菲浓度对污泥厌氧发酵产酸的短期影响

由图 8-2 可以看出，各个反应器在运行 80 d 后，SCFAs 积累量趋于稳定，但不同反应器中的 SCFAs 有显著差别。在菲浓度为 0 mg/kg、50 mg/kg、100 mg/kg、200 mg/kg 和 500 mg/kg 时，SCFAs 浓度分别为 2226 mg COD/L、2635 mg COD/L、3103 mg COD/L、2842 mg COD/L 和 2684 mg COD/L。显然，在低浓度菲时，SCFAs 积累量随菲浓度增加而提高；当菲浓度为 100 mg/kg 时，SCFAs 浓度达到最大，是空白反应器的 1.4 倍；当菲增加到 200 mg/kg 时，SCFAs 浓度开始下降，并随菲浓度增加进一步下降。

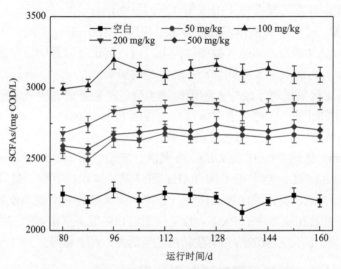

图 8-2　不同菲浓度对污泥厌氧发酵产酸的长期影响

通过对 SCFAs 的组成分析发现，菲对污泥厌氧发酵产酸的影响主要是乙酸（图 8-3）。菲浓度为 0 mg/kg、50 mg/kg、100 mg/kg、200 mg/kg 和 500 mg/kg 时，污泥发酵产生的乙酸浓度分别为 966.2 mg COD/L、1258.2 mg COD/L、1691.7 mg COD/L、1435.5 mg COD/L

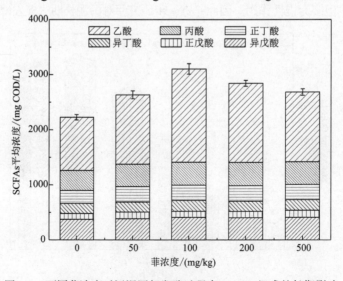

图 8-3　不同菲浓度对污泥厌氧发酵过程中 SCFAs 组成的长期影响

和 1266.7 mg COD/L；相比空白组，菲的加入可以使乙酸和 SCFAs 的浓度分别提高
292 mg COD/L 和 409 mg COD/L、725.5 mg COD/L 和 877 mg COD/L、469.3 mg COD/L
和 616 mg COD/L、300.5 mg COD/L 和 458 mg COD/L。

尽管 pH 为 10 时菲在污泥厌氧发酵产酸过程中会发生一定的降解，但通过理论计算发现，对于 100 mg/kg 菲，即使其全部生物转化为乙酸，乙酸的产生量只有 1.6 mg COD/L（表 8-1），仅占乙酸增加量（725.5 mg COD/L）的 0.2%。因此，在本研究中，菲的生物降解对乙酸产量的贡献可以忽略不计。由此可见，100 mg/kg 菲的存在显著促进 SCFAs 特别是乙酸的积累，以下对其作用机理进行深入研究。

表 8-1　污泥厌氧发酵过程中菲的生物降解对乙酸积累的贡献量

有机物	分子量	降解率/%	COD 转化系数	菲的理论转化量/(mg COD/L)
菲	178	47.5±5.0	—	1.6±0.2
乙酸	60	—	1.07	—

注：转化方程：$C_{14}H_{10} \longrightarrow 7\,C_2H_4O_2$。

乙酸= 100 mg/kg × 13.3 g/L × 60 g/mol × 7 × 1.07 × 47.5% ÷ 178 g/mol=1.6 mg COD/L。

与菲的影响结果类似，苯并[a]蒽对污泥碱性厌氧发酵产酸短期影响也不显著。但在长期运行反应器中，苯并[a]蒽的存在也促进了 SCFAs 产生，结果如图 8-4 所示。与菲存在的发酵系统不同，苯并[a]蒽对 SCFAs 积累的促进作用相对较小。苯并[a]蒽浓度为 100 mg/kg，SCFAs 浓度的提高幅度为 25.5%（同等浓度下，菲促进了 40%），这可能与苯并[a]蒽的毒性相比菲更强有关。随着苯并[a]蒽浓度的增加，苯并[a]蒽对 SCFAs 的促进作用显著减弱，在 200 mg/kg 和 500 mg/kg 浓度条件下，SCFAs 浓度仅比空白组高出13.5%和6.6%。同等条件下，菲的存在使 SCFAs 浓度分别提高了27.6%和20.5%。

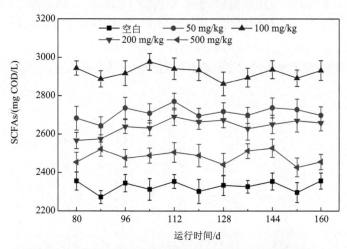

图 8-4　苯并[a]蒽对污泥碱性厌氧发酵产酸的长期影响

进一步研究发现，SCFAs 浓度的增加主要来源于乙酸浓度的增加，在 50 mg/kg、100 mg/kg、200 mg/kg 和 500 mg/kg 的反应器中，乙酸浓度由空白的 1105 mg COD/L 分别增加至 1455 mg COD/L、1630 mg COD/L、1370 mg COD/L 和 1235mg COD/L，乙酸浓度增加量分别占总酸浓度增加量的91%、89%、85%和85%。

混合 PAHs 对污泥碱性发酵产酸长期影响的结果如图 8-5 所示。在空白反应器中，SCFAs 浓度为 2216 mg COD/L；混合 PAHs 存在的反应器中，SCFAs 浓度为 2815 mg COD/L，SCFAs 提高了 27%；SCFAs 浓度的提高主要来源于乙酸，其浓度由空白反应器中的 963 mg COD/L 增加到混合 PAHs 反应器中的 1532 mg COD/L。这些研究表明，本研究的两种 PAHs 不管是单独存在还是同时存在，低剂量的浓度都对污泥厌氧发酵产 SCFAs（主要是乙酸）有促进作用。

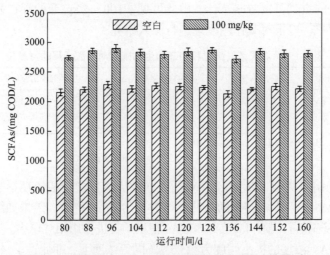

图 8-5　混合 PAHs 对污泥碱性厌氧发酵产酸的长期影响

8.1.2　PAHs 促进污泥厌氧发酵产酸的机制

以菲为例，以下从污泥厌氧发酵的 4 个阶段（溶解、水解、酸化和甲烷化）研究 PAHs 促进污泥厌氧发酵产酸的机制。首先通过测定发酵液中主要有机物（蛋白质和碳水化合物）的浓度，来考察菲对溶解阶段的影响，结果如图 8-6 所示。各反应器之间溶解性蛋白质或碳水化合物浓度无显著性差别，表明菲对污泥厌氧发酵的溶解阶段没有显著影响。

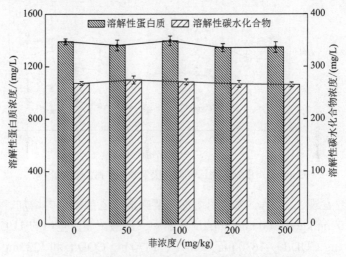

图 8-6　菲对污泥厌氧发酵的溶解性产物浓度的影响

溶解性产物在水解酶的作用下转化为小分子物质（如单糖和氨基酸）。分别以 BSA 和葡聚糖的人工合成废水来探究 PAHs 对污泥厌氧发酵水解过程的影响，结果如图 8-7 所示。在空白和菲反应器中，蛋白质和碳水化合物的降解效率分别为 76.3% 和 75.8%、92.8% 和 93.4%，两个反应器的差别不大，因此菲反应器中 SCFAs 积累量的提高不是由于菲对水解过程的促进作用。

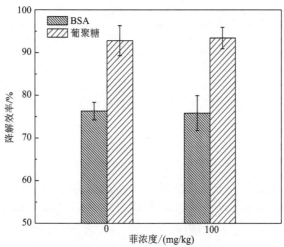

图 8-7　菲对溶解性产物在水解阶段的降解效率的影响

在厌氧发酵的酸化阶段，乙酸的形成主要有两个途径：一是丙酮酸代谢途径，即将氨基酸和单糖转化为丙酮酸，然后进一步转化为乙酰辅酶 A，在磷酸转乙酰酶的作用下生成乙酰磷酸，最后在乙酸激酶作用下转化为乙酸，这是乙酸最主要的生成途径；二是同型产乙酸途径，即将氢气和二氧化碳合成乙酸。以葡萄糖和氨基酸模拟废水的研究结果如图 8-8 所示，人工合成气体（70% N_2、20% H_2 和 10% CO_2）产乙酸的结果如表 8-2 所示。可见，菲促进污泥厌氧发酵产酸不是通过影响同型产乙酸过程，而是通过影响有机物的丙酮酸代谢途径实现的。

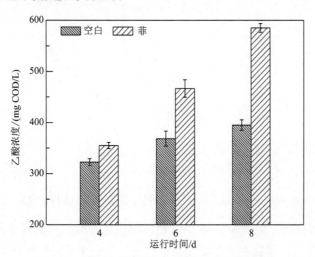

图 8-8　菲对污泥厌氧发酵过程酸化过程的影响

表 8-2　菲对同型产乙酸过程的乙酸产生量和氢气消耗量的影响

处理		乙酸产生量/(mg COD/L)	氢气消耗量/%
空白	充入 H_2/CO_2	1163±36	1.6±0.2
	不充入 H_2/CO_2	1105±40	—
菲反应器	充入 H_2/CO_2	1851±38	1.4±0.3
	不充入 H_2/CO_2	1804±30	—

注：反应时间为 2 d。
反应前，空白反应器和菲反应器的初始乙酸含量分别为 981 mg COD/L 和 1595 mg COD/L。
污泥中菲的添加浓度为 100 mg/kg。

利用 Illumina MiSeq 高通量测序对污泥厌氧发酵系统（空白和含 100 mg/kg 菲的反应器）的微生物种群结构进行分析。实验过程中分别测定了 207214 条（空白）和 240946（菲反应器）条测序片断（表 8-3），其中高质量（high quality，HQ）的碱基比例分别达到 98.94% 和 99.00%，数据结果可靠，能满足对系统中微生物信息的分析。同时通过 Shannon 指数和 Chao1 指数来反映系统中微生物群落的丰度和多样性。从图 8-9 可见，相比空白反应器，菲加入使微生物群落受到了一定影响，其 Shannon 指数和 Chao1 指数都有一定程度的上升，说明菲使得微生物群落丰度和多样性发生了明显的变化。

表 8-3　优化数据量及质量统计

样品	总测序片断	总碱基数	HQ 碱基比例/%	模糊碱基/%
空白	207214	46446089	98.94	0.00
菲反应器	240946	54525880	99.00	0.00

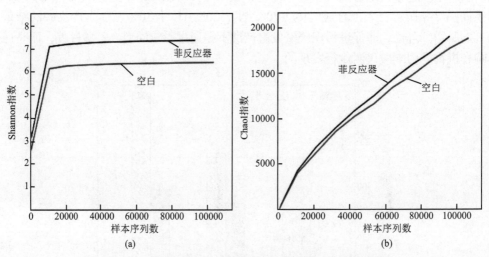

图 8-9　不同发酵系统中微生物种群结构的 α 多样性分析

通过 Venn 图分析（图 8-10）可以发现，反应器中微生物菌种可分为 6800 左右个 OUT。但是，在空白反应器和加菲反应器中仅有 2819 个 OUT 是两者共有，而其他大部分 OUT（约 4000 个）是非共有，这说明在污泥厌氧发酵长期运行的反应器中，菲的加入能够显著影响厌氧微生物的种群结构，进而影响相应微生物的功能及其产物。因此，接下来将对厌氧发酵系统中的微生物物种分类信息进行详细分析。

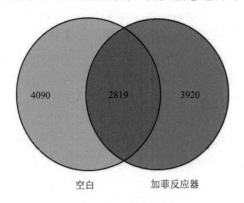

图 8-10　发酵系统中微生物种群的 Venn 图分析

如图 8-11 所示，在污泥厌氧发酵产酸系统中，微生物种群结构主要分为厚壁菌门（Firmicutes）、变形杆菌门（Proteobacteria）、绿弯菌门（Chloroflexi）、拟杆菌门（Bacteroidetes）、放线菌门（Actinobacteria）、浮霉菌门（Planctomycetes）和酸杆菌门（Acidobacteria）等几大类，占系统微生物总量的 97%（空白）和 96.2%（菲反应器）。上述几类微生物是厌氧发酵系统中的常见微生物，与有机底物的分解（包括蛋白质和碳水化合物）和 SCFAs 的生成密切相关。例如，变形杆菌门可分为 α、β、γ、δ 和 ε 5 个纲，在污泥系统中它能够有效地分解蛋白质等有机底物并生成以乙酸为主的酸化产物。在含有菲的污泥厌氧发酵系统中，变形杆菌门的微生物丰度相比空白明显升高（由空白反应器的 9.3%增加到 13.0%），说明在含菲的反应器中有更多的产乙酸微生物参与到蛋白质的代谢和乙酸的合成过程中，使得乙酸的积累量显著提高。另外，拟杆菌门和酸杆菌门都被报道能分泌有机物分解酶，它们的丰度在含菲的反应器中也得到明显的增加。这些微生物丰度的增加，有利于 SCFAs 特别是乙酸在菲反应器中的积累。

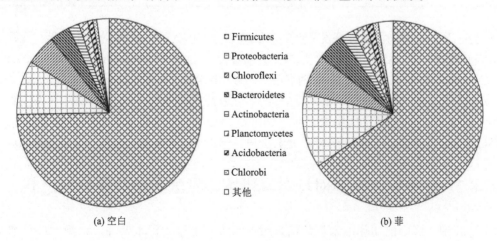

图 8-11　不同反应器中微生物在门水平的分布

从微生物属的层次上来分析，可以更好地揭示污泥厌氧发酵系统中微生物的作用与功能的不同，得到更多关于发酵系统中生产和消耗乙酸的微生物信息，从而解释在含菲的反应器中乙酸浓度增加的原因，其分析结果见表 8-4。在含菲的反应器中，*Lactobacillus*、*Ruminococcus*、*Anaerovorax*、*Bacteroides*、*Paludibacter*、*Parabacteroides*、*Caldilinea* 和 *Collinsella* 与 SCFAs（特别是乙酸）生成相关的典型微生物丰度明显高于空白反应器。例如，*Proteiniclasticum* 是一种能够有效分解蛋白质类物质，为产酸微生物提供更多可利用底物的微生物。污泥中主要底物是蛋白质，原污泥中蛋白质类物质占TCOD 的 57%，因此 *Proteiniclasticum* 在两个反应器中丰度均相对比较大。但是，相比空白组，其丰度在加菲反应器中有明显增加（2.57%、3.09%），丰度的提高有利于污泥发酵体系中蛋白质类物质的利用和分解。*Proteiniborus* 也是一种能利用蛋白质类物质生产 SCFAs 的微生物，在加菲反应器中的丰度约为空白组的 2 倍。其他主要微生物，如能够将厌氧发酵中间产物乳酸转化成乙酸的 *Lactobacillus* 以及能利用葡萄糖等物质生产乙酸等的 *Caldilinea*，其丰度都在含菲反应器中大幅度增加。

表 8-4　菲对反应器中主要产乙酸微生物丰度的影响

属	隶属的门	丰度/%	
		空白	加菲反应器
Lactobacillus	Firmicutes	1.44	2.74
Proteiniclasticum	Firmicutes	2.57	3.09
Ruminococcus	Firmicutes	0.011	0.20
Anaerovorax	Firmicutes	0.42	0.87
Proteiniborus	Firmicutes	0.009	0.015
Bacteroides	Bacteroidetes	0.008	0.02
Paludibacter	Bacteroidetes	0.03	0.06
Parabacteroides	Bacteroidetes	0.008	0.04
Caldilinea	Chloroflexi	1.95	2.88
Collinsella	Actinobacteria	0.005	0.13

由于菲主要影响污泥厌氧发酵产酸的乙酸组分，因此进一步研究了其对产乙酸微生物影响的机制。实验选用的纯种产乙酸菌为嗜蛋白产乙酸菌 *Proteiniphilum acetatigenes*，通过测定菲对参与乙酸合成的两种酶 PTA 和 AK 的活性影响后发现，菲使得 *Proteiniphilum acetatigenes* 中 PTA 和 AK 的活性分别提高80%和47.1%；对加菲反应器中PTA 和 AK 的活性测定的结果表明，两种酶的活性比空白反应器分别提高了 32%和25%。因此，菲增强了产乙酸菌活性是其促进乙酸产生量大幅增加的另一个重要原因。

8.2　功能纳米颗粒对城镇有机废物发酵产酸的影响与机制

排放到环境中的功能纳米颗粒通过城市污水管道进入污水处理厂，绝大部分纳米颗粒通过吸附、聚集和沉降等方式被活性污泥截留，随着排泥进入后续的污泥处理系统，可能对污泥的资源化利用（如碱性厌氧发酵产酸）产生潜在的影响。由于纳米颗粒通过污水首先进入污水处理系统，再随着排泥进入后续的污泥资源化利用系统，因此本研究使用在污水处理过程中受工程纳米颗粒暴露过的污泥进行污泥厌氧发酵产酸，并以两种常用的金属功能纳米颗粒[银纳米颗粒（AgNPs）及铜纳米颗粒（CuNPs）]为对象，研究它们对污泥碱性发酵产酸的影响及其可能的作用机理。

8.2.1　功能纳米颗粒对污泥理化性质的影响

对活性污泥理化性质影响的长期暴露实验。SBR 采用厌氧-好氧增强生物除磷工艺运行，碳源为乙酸；每天运行 3 个周期，每个周期 8 h，其中 2 h 厌氧、3 h 好氧、1 h 沉降、10 min 排水、最后是 110 min 的闲置期。向 SBR 中分别加入超声分散好的金属纳米颗粒储备液（储备液浓度为 200 mg/L），使工作体积为 4 L 的 SBR 中纳米颗粒浓度分别为 5 mg/L 和 50 mg/L，未加纳米颗粒的反应器作为空白组。由于纳米颗粒在每个周期的出水中有相应的流失，且每天的排泥也会损失一定量纳米颗粒，因此根据纳米颗粒在每个周期中的流失量和排泥的损失量，每天向反应器中补加纳米颗粒，保证其在反应器中的浓度基本恒定。纳米颗粒长期暴露约 60 d 后，运行达到稳定，取反应器中的活性污泥进行物理化学性质分析。

由表 8-5 可见，5 mg/L 和 50 mg/L 的 AgNPs 与 CuNPs 长期暴露对 EPS 各组分含量没有明显影响（$P > 0.05$）。微生物 EPS 有保护细胞的作用，在重金属或者其他有毒物质的胁迫下，可以促进 EPS（含有与重金属离子结合的负电荷基团如羧基和羟基）的产生以稳定重金属离子或阻止其进入胞内，从而减轻纳米颗粒的毒性。作者在前期研究发现，50 mg/L CuNPs 短期暴露对活性污泥产生了明显的毒性，微生物发生应激反应，分泌出较多的 EPS 以抵抗 CuNPs 产生的毒性。但是，长期驯化后，微生物对 CuNPs 的毒性产生了耐受性，活性污泥适应了较高浓度 CuNPs 的毒性，因此 EPS 的分泌恢复到正常水平。

表 8-5　AgNPs 或 CuNPs 长期暴露对活性污泥 EPS 各组分含量的影响

EPS 组分	空白	AgNPs		CuNPs	
		5 mg/L	50 mg/L	5 mg/L	50 mg/L
蛋白质/(mg COD/g VSS)	180 ± 8.8	187.3 ± 8.2	183.5 ± 7.6	185.4 ± 8.3	184.0 ± 7.6
多糖/(mg COD/g VSS)	34 ± 1.9	30.8 ± 1.4	32.3 ± 1.7	33.4 ± 1.5	36.0 ± 1.6
腐殖酸/(mg/g VSS)	9.3 ± 0.8	8.9 ± 0.6	8.6 ± 0.5	9.1 ± 0.6	9.6 ± 0.7

注：实验数据是三次实验的平均值，结果表示方式为平均值±标准偏差。

由图 8-12 可见，5 mg/L 和 50 mg/L 的 AgNPs 对活性污泥的表面电荷及相对疏水性没有明显影响。对于 5 mg/L CuNPs 的长期暴露，活性污泥的表面电荷及相对疏水性与空白污泥相比无显著差异，而 50 mg/L CuNPs 长期暴露引起了表面负电荷及相对疏水性的降低。

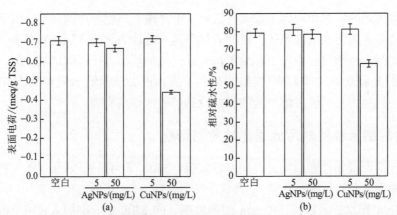

图 8-12　AgNPs 和 CuNPs 长期暴露对活性污泥的表面电荷（a）及相对疏水性（b）的影响

图 8-13 表明，不同浓度的 AgNPs 长期暴露对活性污泥絮凝性能没有显著影响；5 mg/L CuNPs 对絮凝性能有一定的促进作用；50 mg/L CuNPs 导致活性污泥絮凝性能下降，可能与活性污泥的表面负电荷和相对疏水性的降低以及纳米颗粒导致活性污泥微生物细胞膜完整性受损有关。环境扫描电子显微镜（ESEM）分析结果显示（图 8-14），污泥在 50 mg/L CuNPs 长期暴露后，细胞膜完整性良好。因此可以推测，50 mg/L CuNPs 长期暴露导致污泥絮凝性能下降与污泥微生物表面完整性无关，表面电荷及相对疏水性的降低可能是絮凝性能下降的主要原因。

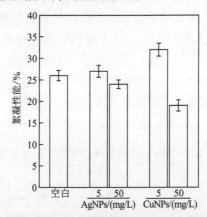

图 8-13　AgNPs 和 CuNPs 长期暴露对活性污泥絮凝性能的影响

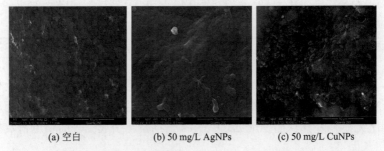

(a) 空白　　　　　(b) 50 mg/L AgNPs　　　　　(c) 50 mg/L CuNPs

图 8-14　AgNPs 和 CuNPs 长期暴露对活性污泥表面完整性的 ESEM 照片

对于污泥沉降性及脱水性能的影响结果如图 8-15 所示。活性污泥在不同浓度的

AgNPs 及 CuNPs 长期暴露下，沉降性能均没有发生明显变化；50 mg/L CuNPs 使脱水性能变差，其他情况对脱水性能均无显著影响。

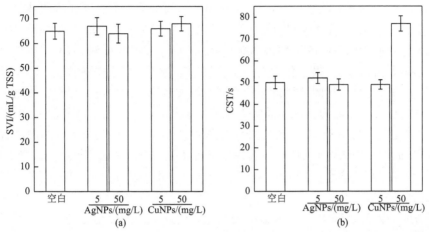

图 8-15　AgNPs 及 CuNPs 长期暴露对活性污泥沉降性能（a）及脱水性能（b）的影响

如图 8-16 所示，5 mg/L 的 AgNPs 或 CuNPs 长期暴露，对污泥最大体积密度分布没有明显影响（都为 185 μm 左右）；但 50 mg/L AgNPs 暴露使得最大体积密度在 399 μm 处、50 mg/L CuNPs 暴露的最大体积密度在 111 μm 处。图 8-16（b）显示，空白组污泥的 $D50$ 值为 194 μm；5 mg/L AgNPs 和 5 mg/L CuNPs 长期暴露下，污泥的 $D50$ 值与空白组没有明显差别，分别为 202 μm 和 189 μm；50 mg/L AgNPs 长期暴露的污泥 $D50$ 值明显比空白组大，为 393 μm；50 mg/L CuNPs 长期暴露的污泥 $D50$ 值明显小于空白组污泥（为 106 μm）。因此，低浓度的 AgNPs 及 CuNPs 长期暴露对污泥的粒径没有明显的影响；较高浓度的 AgNPs 长期暴露，污泥粒径明显增大；较高浓度的 CuNPs 长期暴露下，污泥粒径显著减小。以下对较高浓度的 AgNPs 及 CuNPs 长期暴露引起活性污泥粒径变化的原因做进一步研究。

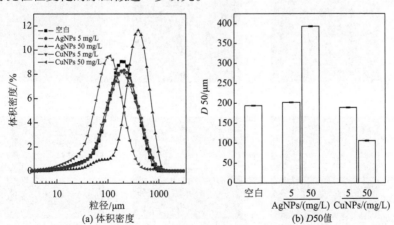

图 8-16　AgNPs 和 CuNPs 长期暴露对污泥粒径的影响

AgNPs 及 CuNPs 在本研究的污水增强生物除磷反应器中共同经历了厌氧阶段和好氧阶段，且纳米颗粒或者其溶出的金属离子主要与 EPS 发生作用，因此分别研究了

AgNPs 或 CuNPs 与 EPS 在厌氧及好氧条件下的结合及金属离子的溶出等，由于只有高浓度的 AgNPs 和 CuNPs 对粒径产生了影响，因此只对 50 mg/L 的浓度值展开研究。实验步骤如图 8-17 所示：将空白活性污泥的 EPS 进行加热提取，EPS 提取液等体积加入 6 只血清瓶中，将血清瓶分成相同的 2 组，其中一组的 2 只血清瓶加入同体积的 AgNPs 及 CuNPs 储备液（储备液浓度均为 200 mg/L），使其浓度均为 50 mg/L，第 3 个血清瓶加入与储备液等体积的蒸馏水作为空白组，然后进行 N_2 吹脱去除氧气，盖上瓶塞保持厌氧状态；另一组进行相同的储备液及蒸馏水添加步骤，然后进行曝气，使瓶中的氧气浓度维持在 6 mg/L（即为污水增强生物除磷反应器的好氧阶段溶解氧值）。由于反应器内 pH 的变化范围为 6.8~8.2，在此 pH 范围内，AgNPs 及 CuNPs 的溶出没有显著差异，故所有血清瓶中的溶液 pH 均调至中性进行实验。将两组血清瓶磁力搅拌 5h，搅拌结束后，取样并高速离心（12000 r/min、30 min），用 0.22 μm 的膜过滤，对滤液进行三维荧光光谱分析。在图 8-18 中，EPS 的峰 A 为色氨酸类蛋白质物质，峰 B 主要为腐殖酸类物质，峰 A 及峰 B 的位移没有发生明显的移动，由荧光强度的变化可知，纳米颗粒的加入主要引起了峰 A 荧光强度的改变，峰 B 荧光强度的变化不明显。其中，AgNPs 的加入不管是在厌氧条件还是好氧条件下，峰 A 的荧光强度均没有发生明显的变化，但 CuNPs 的加入使峰 A 的荧光强度明显减弱，且在厌氧条件下减弱更多。

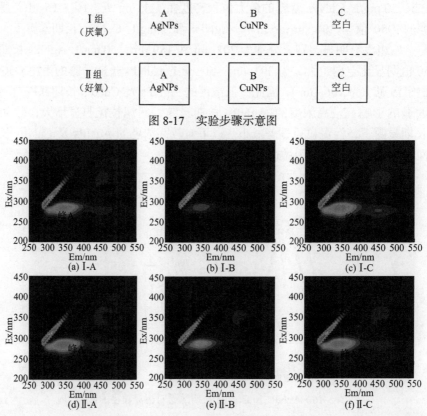

图 8-17　实验步骤示意图

图 8-18　EPS 提取液添加 AgNPs 或 CuNPs 后在厌氧及好氧条件下的三维荧光光谱图

Ⅰ-A：厌氧（AgNPs）；Ⅰ-B：厌氧（CuNPs）；Ⅰ-C：厌氧（空白）；Ⅱ-A：好氧（AgNPs）；Ⅱ-B：好氧（CuNPs）；Ⅱ-C：好氧（空白）

荧光强度的具体变化如表 8-6 所示。50 mg/L CuNPs 使厌氧条件下的峰 A 荧光强度下降至 50%，好氧条件下的峰 A 荧光强度下降至 75%，即在相同的纳米颗粒浓度下，好氧条件和厌氧条件引起了不同程度的荧光猝灭。荧光猝灭是金属与有机物的结合位点发生结合引起的，在该实验的反应体系中，纳米颗粒以金属离子和单质的形式存在，由于离子和单质与 EPS 的结合强度不同。因此，CuNPs 在好氧条件及厌氧条件下溶出的金属离子浓度可能不同，是荧光猝灭程度出现差异的原因。实验进一步对 EPS 上清液中溶出的金属离子含量进行测定。由表 8-6 可见，在厌氧条件和好氧条件下，AgNPs 溶出的 Ag^+ 含量没有差别，均为 0.7 mg/L；不管是在厌氧条件还是好氧条件下，CuNPs 的溶出均明显高于 AgNPs，且厌氧条件明显高于好氧条件，可能原因是 CuNPs 在好氧条件下易形成一层氧化膜，阻止 CuNPs 在溶液中的暴露和溶解，导致好氧时的溶出量减少。

表 8-6　AgNPs 及 CuNPs 加入 EPS 提取液中对 EPS 荧光强度的影响
及纳米颗粒在提取液中的离子溶出

项目	厌氧			好氧		
	空白	AgNPs	CuNPs	空白	AgNPs	CuNPs
峰 A 荧光强度/%	100	94±2.1	50±1.2	100	103±2.4	75±1.6
溶出的金属离子/(mg/L)	0	0.7±0.1	18.3±0.8	0	0.7±0.2	11.6±0.7

因此，在 EBPR 系统中，AgNPs 的溶出在厌氧及好氧条件下均很低，AgNPs 大多以纳米微粒形式存在，在污水生物处理系统中，纳米微粒易发生一定程度的团聚，且溶出的少量 Ag^+ 很容易与污水成分中的阴离子发生络合形成沉淀，在长期运行过程中，该种纳米颗粒的团聚及络合形成的沉淀物可以形成一种凝结核，导致污泥微生物在周围的聚集，最终引起污泥粒径的增大。对于 CuNPs，溶出的金属离子越多，荧光猝灭程度越大，即 Cu^{2+} 可以引起比 CuNPs 更大程度的荧光猝灭；它在整个污水生物处理过程中溶出的离子较多，溶出的 Cu^{2+} 能与微生物表面发生较紧密的结合，且其与阴离子形成沉淀的概率比 Ag^+ 小，系统中的 CuNPs 不易形成凝结核；Cu^{2+} 吸附在活性污泥表面，致使污泥絮凝性能在整个暴露过程中一直较差，活性污泥微生物以一种更加分散的形式存在于系统中，最终使污泥粒径变小。

8.2.2　功能纳米颗粒对污泥厌氧发酵产酸效果的影响

发酵产酸污泥的来源。污泥在 5 mg/L 和 50 mg/L AgNPs 或 CuNPs 长期暴露并且除磷效果达到稳定后，将系统中的排泥保存，这种被 AgNPs 或 CuNPs 在污水处理过程暴露过的剩余污泥作为本研究污泥厌氧发酵产酸的污泥来源。另外，空白 SBR 中的排泥作为对比实验的污泥来源，即如文献报道的方法，直接在空白污泥中添加相应浓度的 AgNPs 或 CuNPs。实验前，将排泥于 4℃浓缩沉降，经适当的稀释，使厌氧发酵初始的 TSS 均约为 12 g/L。厌氧发酵前污泥的基本性质如表 8-7 所示。其中蛋白质和多糖是污泥中最主要的两种有机物。经 5 mg/L 和 50 mg/L AgNPs 与 CuNPs 长期暴露的污泥，其主要性质与空白污泥无明显差别。

表 8-7　用于碱性厌氧发酵的剩余污泥基本性质

项目	空白	AgNPs		CuNPs	
		5 mg/L	50 mg/L	5 mg/L	50 mg/L
pH	6.88±0.05	6.84±0.05	6.80±0.03	6.82±0.04	6.86±0.04
TSS/(mg/L)	12436±278	12506±278	12050±248	12234±241	12334±256
VSS/(mg/L)	9327±209	9372±212	10122±214	9200±195	9250±192
TCOD/(mg/L)	12778±252	12608±232	13850±264	12631±220	12631±230
蛋白质/(mg/g VSS)	679±41	658±45	730±41	664±36	647±36
多糖/(mg/g VSS)	138.6±6.1	124.6±5.6	130.6±6.1	122.2±4.6	119.2±4.6
油脂/(mg/g VSS)	9.9±0.11	9.3±0.11	10.9±0.11	9.5±0.2	10.8±0.1

注：结果为三次平行实验的平均值±标准偏差。

AgNPs 及 CuNPs 对污泥厌氧发酵产酸影响的实验。以 I-5、I-50 代表 5 mg/L 和 50 mg/L 的 AgNPs 或 CuNPs 从污水进水进入污水生物处理系统，然后通过排泥进入污泥厌氧发酵系统。由于 AgNPs 及 CuNPs 在污水生物处理系统中的去除率约为 93%，因此 5 mg/L 和 50 mg/L 的 AgNPs 或 CuNPs 在剩余污泥中的量分别约为 1.45 mg/g TSS 和 14.53 mg/g TSS。以 D-5、D-50 代表文献所用方法，即在空白污泥中直接加入 1.45 mg/g TSS 和 14.53 mg/g TSS 的 AgNPs 或 CuNPs。分别取 250 mL AgNPs I-5、AgNPs I-50、CuNPs I-5、CuNPs I-50、AgNPs D-5、AgNPs D-50、CuNPs D-5、CuNPs D-50 和空白污泥置于 9 只血清瓶中，用 4 mol/L NaOH 调节 pH 为 10，采用 N_2 分别吹脱 10 min 后用橡胶塞密封血清瓶，在恒温摇床[（21±1）℃]中厌氧发酵。

由图 8-19 可知，与空白污泥相比，不同浓度的 AgNPs 进入污水处理系统或者直接进入发酵系统对污泥碱性厌氧发酵产酸量没有明显的影响。对于 CuNPs，低浓度的 CuNPs 不管以何种方式进入发酵系统，对污泥产酸量无显著影响；但对于高浓度的 CuNPs，不同的暴露方式对产酸量有明显影响。当 CuNPs 进入污水处理系统（I-50），对后续的污泥发酵产酸量无影响（225.1 mg COD/g VSS），而同浓度的 CuNPs 直接添加至污泥发酵系统（D-50），对污泥产量有严重的抑制，产酸量下降至 120.5 mg COD/g VSS，且产酸量在第 4 天达到最大值。尽管 I-50 和 D-50 对产酸的影响不一样，但产生的短链脂肪酸中，均以乙酸和丙酸为主，其中，乙酸含量为 48.8%～50.0%，丙酸含量为 20.8%～22.5%（图 8-20），与空白组污泥的短链脂肪酸组成无明显差异（$P>0.05$）。

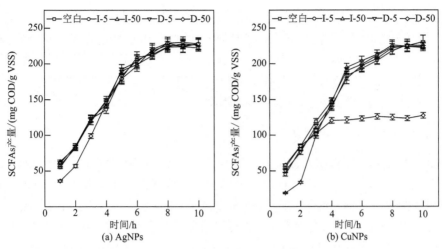

图 8-19　两种功能纳米颗粒进入污水处理系统或者直接进入污泥厌氧发酵系统对污泥发酵产酸的影响

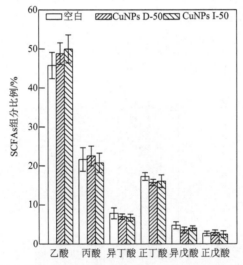

图 8-20　CuNPs 进入污水处理系统或者直接进入污泥厌氧发酵系统在最佳产酸条件下
对短链脂肪酸组成的影响

8.2.3　功能纳米颗粒影响污泥厌氧发酵产酸的机制

　　纳米银及纳米铜对污泥资源化产酸各阶段的影响实验。由于在前 2 天的发酵时间内，污泥溶解出的有机物发生水解的量很少，剩余污泥厌氧发酵 2 天后，测定各血清瓶中溶解性蛋白质和多糖的浓度，以此表示纳米颗粒对污泥溶出阶段的影响。纳米颗粒对溶解产物水解阶段的影响通过合成废水进行，即用 BSA 和葡聚糖分别模拟溶出的蛋白质与多糖物质。在 9 只血清瓶中分别加入 800 mL 1.25 mg/mL BSA 水溶液，另外 9 只血清瓶中加入 800 mL 1.25 mg/mL 葡聚糖水溶液，然后在每组 9 只血清瓶中分别加入污泥 AgNPs I-5、AgNPs I-50、CuNPs I-5、CuNPs I-50、AgNPs D-5、AgNPs D-50、CuNPs D-5、CuNPs D-50 和空白污泥，使最终污泥浓度为 1200 mg/L，最后补加蒸馏水至反应

体积均为 1000 mL，采用 N₂ 吹脱 10 min 后迅速用橡胶塞密封。将血清瓶置于恒温摇床
[150 r/min、（21±1）℃]振荡培养，在发酵第 4 天测定 BSA 和葡聚糖的降解率。AgNPs
及 CuNPs 对水解产物酸化阶段的影响，将 BSA 和葡聚糖替换为左旋谷氨酸和葡萄糖，
分别模拟蛋白质水解产物氨基酸和葡聚糖水解产物单糖，实验步骤与水解阶段类似，在
发酵第 4 天测定各血清瓶中生成的 SCFAs 浓度。

　　1. 对溶解阶段的影响及其机理

　　如图 8-21 所示，空白组污泥发酵 2 天溶解出的蛋白质和多糖分别为 140 mg COD/g
VSS 和 21 mg COD/g VSS；当 CuNPs 直接进入污泥发酵系统（D-50），发酵 2 天溶出的
蛋白质和多糖分别为 145 mg COD/g VSS 和 22 mg COD/g VSS，与空白组污泥无明显差
异；当 CuNPs 先进入污水处理系统，再通过排泥进入污泥发酵系统（I-50），污泥溶出
的蛋白质和多糖分别达到 184 mg COD/g VSS 和 28 mg COD/g VSS。因此，相较于
CuNPs 直接进入污泥厌氧发酵系统，进入污水处理系统的 CuNPs 对溶出有明显的促进
作用。以下进一步研究 CuNPs 的两种不同暴露方式引起污泥有机物溶解不同的原因。

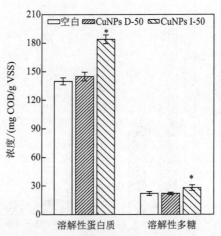

图 8-21　进入污水处理系统或者直接进入污泥厌氧发酵系统的 CuNPs 对溶解性蛋白质和多糖的影响
*与空白组污泥相比有显著性差异（$P<0.05$）

　　已有研究表明，污泥厌氧发酵过程的溶解效率与污泥粒径成反比。上述研究已经
表明，长期暴露于 50 mg/L CuNPs 的活性污泥，其粒径与空白组污泥相比显著减小，因
此进入污水处理过程的 CuNPs 导致污泥粒径的减小可能是该污泥在发酵过程中溶解效
率较高的原因之一。

　　溶解性蛋白质和多糖主要来自微生物胞内有机物及 EPS 的溶解，进一步研究了溶
解性产物来源及分别来自胞内及胞外的量；来自胞外溶解性蛋白质和多糖的量可以通过
计算发酵 2 天时污泥 EPS 含量的减少得到，来自胞内的溶解性蛋白质和多糖的量可以
通过总的溶解性蛋白质和多糖的量减去来自胞外的量得到。如表 8-8 所示，在碱性厌氧
发酵前，以不同方式暴露于 CuNPs 的剩余污泥与空白组污泥的 EPS 总量无明显差异，
且蛋白质和多糖的含量亦无明显差别；发酵 2 天后，3 种污泥的 EPS 量仍然没有显著差

异，即在发酵前两天，3 种污泥的 EPS 减少量相同，通过胞外溶出的溶解性蛋白质和多糖含量一样。因此，CuNPs 进入污水处理系统（I-50）或直接进入污泥厌氧发酵系统（D-50）对污泥 EPS 的溶解没有显著性影响。然而，上述研究已表明，D-50 和 I-50 对污泥的总溶解性蛋白质和多糖有不同的影响，总溶解量分别为 167 mg COD/g VSS 和 212 mg COD/g VSS，可见 CuNPs 进入污水处理系统（I-50）或直接进入污泥厌氧发酵系统（D-50）对污泥发酵过程胞内蛋白质和多糖的溶出量有不同的影响，胞内溶出量分别为 64 mg COD/g VSS 和 21 mg COD/g VSS。尽管 3 种污泥胞外溶解的蛋白质和多糖含量几乎相同，但在污水处理过程受 CuNPs 暴露过的污泥，厌氧发酵时胞外蛋白质或多糖溶解量占总蛋白质或多糖溶解量的比例却比空白组污泥及在发酵系统中直接暴露于 CuNPs 的污泥低（表 8-9），CuNPs 进入污水生物处理系统（I-50）使胞内溶出的蛋白质和多糖占总溶出量的比例更大。以下对导致胞内溶解比例更高的原因进一步研究。

表 8-8　CuNPs 进入污水处理系统（I-50）或污泥厌氧发酵系统（D-50）对溶解过程污泥 EPS 含量的影响　　　　（单位：mg COD/g VSS）

项目		空白	I-50	D-50
发酵前	蛋白质	180±8.8	184±7.6	185±9.3
	多糖	34±1.9	36±1.6	33±2.1
	EPS	214±10.7	220±8.2	218±11.4
发酵 2 天后	蛋白质	57±3.2	59±2.7	58±3.5
	多糖	15±0.8	16±0.4	14±0.6
	EPS	72±4.0	75±3.1	72±4.1

表 8-9　CuNPs 进入污水处理系统（I-50）或直接进入污泥发酵系统（D-50）对胞内外蛋白质和多糖溶解的影响

项目		空白	I-50	D-50
溶解性蛋白质 /(mg COD/g VSS)	总蛋白质量	140±6.2	181±6.5	145±7.1
	来自胞外 (%总蛋白)	123±5.7 (87.9)	125±4.8 (69.1)	127±5.1 (87.6)
	来自胞内 (%总蛋白)	17±0.8 (12.1)	56±3.2 (30.9)	18±0.9 (12.4)
溶解性多糖 /(mg COD/g VSS)	总多糖量	21±1.1	28±1.5	22±1.4
	来自胞外 (%总多糖)	19±0.9 (90.5)	20±0.8 (71.4)	19±1.2 (86.4)
	来自胞内 (%总多糖)	2±0.08 (9.5)	8±0.65 (28.6)	3±0.09 (13.6)

微生物胞内物质的释放与细胞的破损有关系。本研究胞内蛋白质和多糖的释放率的表示方法为：从胞内溶解出的蛋白质或多糖含量占污泥胞内总蛋白质或多糖含量的比例。由表 8-10 可见，对于空白组污泥、污泥 I-50 和污泥 D-50，胞内蛋白质含量分别为 838.5 mg COD/g VSS、786.5 mg COD/g VSS 和 815.5 mg COD/g VSS，胞内多糖含量分别为 114.3 mg COD/g VSS、80.6 mg COD/g VSS 和 109.5 mg COD/g VSS。

表 8-10　实验所用污泥胞内外蛋白质和多糖的含量分布　（单位：mg COD/g VSS）

项目	空白	I-50	D-50
污泥总蛋白质	1018.5±60	1000.5±57	970.5±53
胞外蛋白质	180±8.8	184±7.6	185±9.3
胞内蛋白质	838.5±40	786.5±40	815.5±43
污泥总多糖	148.3±6.2	142.5±7.4	127.5±7.7
胞外多糖	34±1.9	36±1.6	33±2.1
胞内多糖	114.3±4.3	80.6±5.8	109.5±5.6

表 8-11 表明，胞内溶解出的蛋白质含量分别为 17 mg COD/g VSS、56 mg COD/g VSS 和 18 mg COD/g VSS，胞内溶解出的多糖含量分别为 2 mg COD/g VSS、8 mg COD/g VSS 和 3 mg COD/g VSS，胞内蛋白质的释放率分别为 2.03%、7.12%和 2.21%，胞内多糖的释放率分别为 1.75%、9.93%和 2.74%。

表 8-11　进入污水处理系统（I-50）或污泥发酵系统（D-50）的 CuNPs 对前 2 天
胞内蛋白质和多糖释放影响

项目	空白	I-50	D-50
胞内蛋白质/(mg COD/g VSS)	838.5±40	786.5±40	815.5±43
胞内蛋白质释放/(mg COD/g VSS)	17±0.8	56±3.2	18±0.9
胞内蛋白质释放率/%	2.03	7.12	2.21
胞内多糖/(mg COD/g VSS)	114.3±4.3	80.6±5.8	109.5±5.6
胞内多糖释放/(mg COD/g VSS)	2±0.08	8±0.65	3±0.09
胞内多糖释放率/%	1.75	9.93	2.74

CuNPs 直接进入污水处理系统导致更多胞内物质释放，意味着厌氧发酵过程中微生物细胞更容易发生破坏，更多胞内蛋白质和多糖释放到胞外，导致最终总的溶解性产物量增加。CuNPs 进入污水处理系统（I-50）或污泥发酵系统（D-50）对发酵前 2 天胞内蛋白质和多糖释放的影响过程可总结为图 8-22。

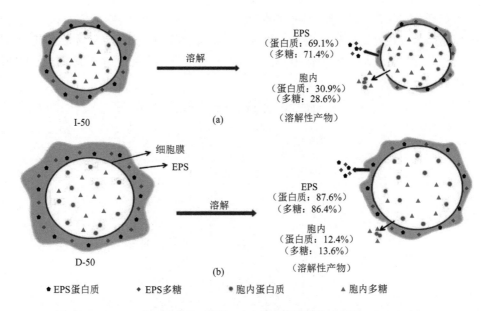

图 8-22　CuNPs 进入污水处理系统 I-50（a）或污泥发酵系统 D-50（b）
对发酵前 2 天胞内蛋白质和多糖释放影响的示意图

2. 对水解和酸化阶段的影响及其机理

通过 BSA 和葡聚糖分别模拟蛋白质和多糖，将 AgNPs 或 CuNPs 进入污水处理系统或直接进入发酵系统的污泥作为接种微生物，考察其对水解的影响（时间为 4 天）。图 8-23 的结果表明，空白污泥对 BSA 的降解率为 20.5%；污水处理过程暴露于 CuNPs 的污泥，对 BSA 的降解率为 22%，与空白污泥无显著影响；发酵过程直接加入 CuNPs 的污泥，BSA 的降解率下降为 11.8%。对于葡聚糖，也有类似的结果。因此，CuNPs 进入污水处理系统对污泥厌氧发酵过程的水解阶段没有显著的影响，而 CuNPs 直接进入污泥厌氧发酵系统对水解阶段产生严重抑制作用。

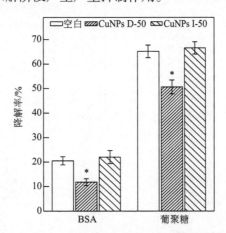

图 8-23　两种不同污泥（CuNPs D-50 和 CuNPs I-50）对溶解性蛋白质和多糖降解的影响
＊ 与空白有显著性差异

水解产物氨基酸和单糖，经过酸化微生物作用转化为短链脂肪酸。以左旋谷氨酸和葡萄糖作为模式氨基酸和单糖。由图 8-24 可知，不管 CuNPs 以何种方式进入污泥发酵系统，对酸化过程均有抑制作用，且 CuNPs 直接进入污泥发酵系统对酸化的抑制程度更严重。

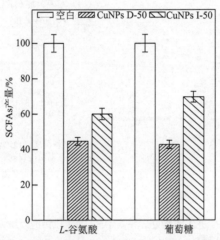

图 8-24　两种不同污泥（CuNPs D-50 和 CuNPs I-50）对水解产物发酵产酸的影响

由图 8-25 可知，CuNPs 通过污水处理系统进入发酵系统后对蛋白酶和 α-葡萄糖苷酶的活性均无显著的影响；CuNPs 直接进入污泥发酵系统时，蛋白酶和 α-葡萄糖苷酶的活性受到显著抑制，分别下降至空白污泥的 50% 和 64%，与在此条件下水解速率受到抑制的现象一致。在酸化过程中，CuNPs 进入污水处理系统（I-50）或污泥发酵系统（D-50）对产乙酸、丙酸和丁酸相关的 6 种酶的活性均有抑制作用，并且 CuNPs 直接进入污泥发酵系统对酸化的抑制程度较进入污水处理系统对酸化的抑制程度更严重。另外，从酶活性的下降程度可以看出，酸化阶段比水解阶段更易受 CuNPs 的毒性影响。

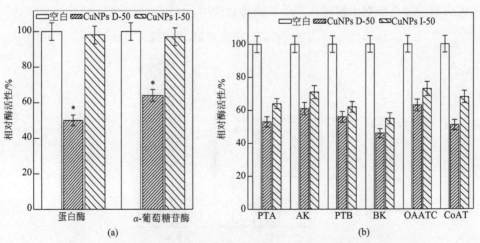

图 8-25　两种不同污泥（CuNPs D-50 和 CuNPs I-50）对水解阶段（a）
及酸化阶段（b）关键酶活性的影响

* 与空白有显著性差异

由此可见，CuNPs 进入污水处理系统后再进入污泥厌氧发酵产酸系统，会引起胞内更多物质的释放，使污泥的溶解量增多，但对水解过程没有明显的影响，对酸化过程却有抑制作用，最终导致其产酸量与空白污泥相比无明显差异；CuNPs 直接进入污泥发酵系统，对溶解阶段无显著影响，但对水解和酸化阶段均有抑制作用，导致最终的产酸量下降。

8.3　功能纳米颗粒对城镇有机废物厌氧消化的影响与机制

众多 NPs 中，金属氧化物纳米颗粒（如 TiO_2 NPs、Al_2O_3 NPs、SiO_2 NPs、CuO NPs、ZnO NPs 等）是目前使用广泛的另一类纳米产品。近年来的研究表明，不同种类和浓度的 NPs 对不同微生物的毒性不同。本节以 4 种代表性金属氧化物工程纳米颗粒（TiO_2 NPs、Al_2O_3 NPs、SiO_2 NPs、ZnO NPs）为对象，研究其对污泥厌氧消化产甲烷的长期影响，并探究其作用机理。

8.3.1　功能纳米颗粒对污泥产甲烷的长期影响

由于纳米颗粒在水溶液体系中易发生聚集现象，本研究通过添加十二烷基磺酸钠（SDBS）促进其分散（在污泥发酵体系中的添加量为 4 mg/g TSS）。4 种功能纳米颗粒对污泥产甲烷的长期影响实验在 8 只完全相同的 500 mL 血清瓶中进行。2400 mL 污泥，平均 8 等份加入血清瓶中，分成以下 5 组进行实验。第 1 组反应器为两个空白，其中 1-1#空白反应器仅加剩余污泥，1-2#空白反应器加剩余污泥和 4 mg/g TSS SDBS，以此考察 SDBS 的加入是否对剩余污泥连续消化产生影响；2#反应器添加 TiO_2 NPs、3#反应器添加 Al_2O_3 NPs、4#反应器添加 SiO_2 NPs，添加剂量均为 150 mg/g TSS；第 5 组反应器为添加 ZnO NPs，5-1#、5-2#、5-3#分别代表 ZnO NPs 的低、中、高浓度（6 mg/g TSS、30 mg/g TSS、150 mg/g TSS）。所有反应器均用氮气排出反应器中氧气后，迅速用橡胶塞密封，置于恒温摇床[150 r/min、（35±1）℃]振荡培养。实验以半连续形式进行，每天从各个反应器中取出 15 mL 泥水混合物，然后补充 15 mL 新鲜污泥，以及相应量的 SDBS 和纳米颗粒，保持反应器的 pH 为 7.0 及 SRT 约为 20 天。连续运行稳定后，从各反应器取样进行酶活性分析，用荧光原位杂交（FISH）研究微生物群落结构。

实验结果表明，在污泥连续发酵系统中添加 4 mg/g TSS SDBS 对甲烷产量没有显著影响，所以用 1-2#反应器代表本实验的空白组反应器。由图 8-26 可知，当各个反应系统达到稳定后，TiO_2 NPs、Al_2O_3 NPs 和 SiO_2 NPs 的长期存在对污泥连续发酵甲烷的产量没有显著影响（$P>0.05$）。

ZnO NPs 的长期存在对污泥连续发酵产甲烷的影响如图 8-27 所示。低浓度（6 mg/g TSS）ZnO NPs 的暴露和空白组的甲烷产量的差异不显著（$P>0.05$）；中、高浓度（30 mg/g TSS、150mg/g TSS）组在整个发酵周期内的甲烷产量几乎都低于空白组甲烷产量。实验结束时，30 mg/g TSS ZnO NPs 反应器甲烷产量为 11.08 mL/g VSS，为空白组甲烷产量（13.56 mL/g VSS）的 81.7%，抑制率为 18.3%；150 mg/g TSS 的 ZnO NPs 反应器，甲烷产量为 3.38 mL/g VSS，甲烷抑制率为 75.1%。

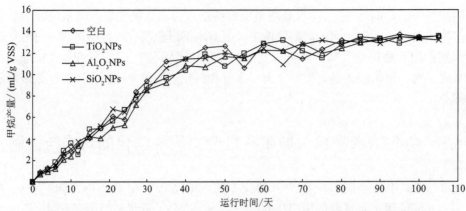

图 8-26　TiO$_2$ NPs、Al$_2$O$_3$ NPs 和 SiO$_2$ NPs 暴露对污泥连续发酵产甲烷的影响

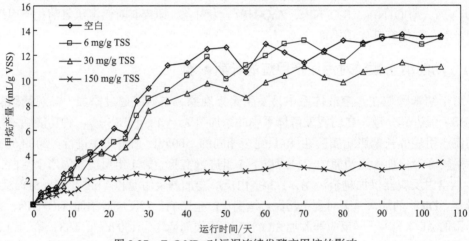

图 8-27　ZnO NPs 对污泥连续发酵产甲烷的影响

8.3.2　功能纳米颗粒影响污泥产甲烷的机制

　　为了考察纳米颗粒对污泥连续消化过程中的溶解、水解、酸化和甲烷化阶段的影响，进行了如下批式实验。实验在 7 个完全相同的血清瓶（每个有效容积为 300 mL）反应器中进行，其中 1 个反应器为空白组，接种微生物为上述 1-2#反应器中的污泥；另外 6 个反应器分成 4 组，其中 2#、3#、4#反应器代表 TiO$_2$ NPs、Al$_2$O$_3$ NPs、SiO$_2$ NPs 最大浓度 150 mg/g TSS，而 5-1#、5-2#、5-3#反应器分别代表 ZnO NPs 浓度为 6 mg/g TSS、30 mg/g TSS、150 mg/g TSS，接种微生物分别来自上述连续运行的长期反应器 2#、3#、4#、5-1#、5-2#、5-3#。纳米颗粒对污泥溶解阶段的影响实验如下：30 mL 接种污泥和 270 mL 新鲜污泥混合，然后分别加入 7 个血清瓶中，用氮气排出氧气后，迅速用橡胶塞密封，置于恒温摇床振荡培养，发酵 2 天测定反应器中溶解性蛋白质和糖的浓度。

　　纳米颗粒对污泥连续厌氧消化的水解、酸化和甲烷化阶段影响的批式实验在合成废水中进行。配水组成为：1000 mg/L KH$_2$PO$_4$、400 mg/L CaCl$_2$、600 mg/L MgCl$_2$·6H$_2$O、100 mg/L FeCl$_3$、0.5 mg/L ZnSO$_4$·7H$_2$O、0.5 mg/L CuSO$_4$·5H$_2$O、0.5 mg/L CoCl$_2$·6H$_2$O、0.5 mg/L MnCl$_2$·4H$_2$O、1 mg/L NiCl$_2$·6H$_2$O 和 34.8 mg/L SDBS（0.1 mmol/L）。纳米

颗粒对污泥水解影响实验如下进行。1890 mL 配水中加入 8.4 g BSA（模拟蛋白质）和 2.1 g 葡聚糖（模拟碳水化合物），等分加入 7 个血清瓶中，然后接种 30 mL 煮沸过的长期反应器中的发酵污泥（将剩余污泥加热到 102℃并保持 30 min 以抑制甲烷菌活性，冷却后接种）。将反应器的 pH 调为 7.0±0.2，用氮气排出反应器中气相和污泥中氧气后，迅速用橡胶塞密封，置于恒温摇床振荡培养，发酵第 4 天测定蛋白质和碳水化合物的量。

纳米颗粒对污泥酸化影响的实验在含 8.4 g 左旋谷氨酸（模拟蛋白质的水解产物谷氨酸）和 2.1 g 葡萄糖（模拟多糖的水解产物单糖）的配水中进行，其他实验方法同上。在发酵第 4 天，测定各反应器发酵液中 SCFAs 浓度。纳米颗粒对污泥甲烷化这一阶段的影响实验方法如上，但配水包含的有机物为 5.04 g 乙酸钠（模拟酸化产物），且接种的长期反应器中的污泥不须煮沸。

为了研究 ZnO NPs 溶出 Zn^{2+} 对其毒性的贡献率，将上述实验的纳米材料改为 $ZnCl_2$，使得 Zn^{2+} 浓度分别为 4.4 mg/L、11.6 mg/L 和 17.6 mg/L，其他同上。

1. 纳米颗粒释放离子的影响

TiO_2 NPs、Al_2O_3 NPs 和 SiO_2 NPs 在实验条件下几乎不溶出离子，本研究只考虑 ZnO NPs 溶出的 Zn^{2+} 长期存在对 ZnO NPs 抑制污泥连续发酵产甲烷的贡献率。6 mg/g TSS、30 mg/g TSS 和 150 mg/g TSS 的 ZnO NPs 溶出的 Zn^{2+} 分别为 4.4 mg/L、11.6 mg/L 和 17.6 mg/L。它们对污泥连续发酵甲烷产量的影响结果见图 8-28。由图 8-28 可知，低浓度（6 mg/g TSS）ZnO NPs 及其溶出的 Zn^{2+}（4.4 mg/L）对污泥连续产甲烷影响均不显著。ZnO NPs 浓度为 30 mg/g TSS 时，甲烷产量为空白组的 81.7%，抑制率为 18.3%；而溶出的 Zn^{2+}（11.6 mg/L）对甲烷产量的抑制率为 9.4%；进一步提高 ZnO NPs 至 150 mg/g TSS 时，其溶出的 Zn^{2+} 相应增多（为 17.6 mg/L），这些溶出的 Zn^{2+} 导致甲烷产量降低了 63.8%（ZnO NPs 对甲烷产量的抑制率为 75.1%）。说明 ZnO NPs 溶出的 Zn^{2+} 是其抑制甲烷产生的主要因素。

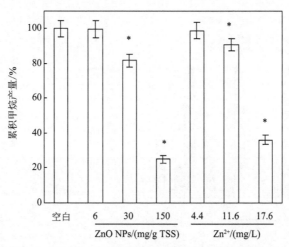

图 8-28 ZnO NPs 及溶出的 Zn^{2+}对污泥连续产甲烷的影响

* 显著性差异

2. 纳米颗粒对污泥产甲烷过程的影响

由于研究的 4 种氧化物纳米颗粒中只有 ZnO NPs 对产甲烷有明显的抑制作用，因此下面只考察 ZnO NPs 对污泥的溶解、水解、酸化和甲烷化的影响，其中对溶解的影响见图 8-29（a）。可见，ZnO NPs 对污泥中颗粒性蛋白质和多糖转化为溶解性蛋白质和多糖的影响不显著。图 8-29（b）显示的是 ZnO NPs 的长期存在对剩余污泥水解阶段的影响。多糖的水解未受 ZnO NPs 的影响，而高浓度 ZnO NPs（150 mg/g TSS）抑制了蛋白质降解。

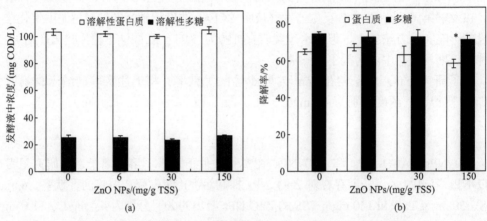

图 8-29　不同浓度 ZnO NPs 对溶解（a）和水解（b）阶段的影响
* 显著性差异

ZnO NPs 的长期存在对酸化阶段的影响如图 8-30（a）所示，表明实验浓度（6 mg/g TSS、30 mg/g TSS、150 mg/g TSS）的 ZnO NPs 长期存在对酸化阶段未产生显著影响。由图 8-30（b）可见，6 mg/g TSS ZnO NPs 的暴露对以乙酸钠为底物的甲烷产量影响不显著（$P>0.05$）；而中、高（30 mg/g TSS 和 150 mg/g TSS）剂量的 ZnO NPs 抑制乙酸转化为甲烷的过程，甲烷产量远低于空白组，ZnO NPs 的长期暴露对产甲烷阶段影响最严重。

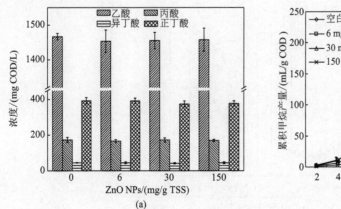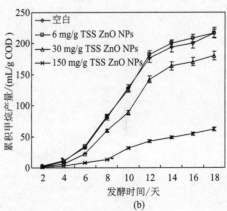

图 8-30　不同浓度 ZnO NPs 对酸化（a）和产甲烷（b）阶段的影响

ZnO NPs 的长期存在对污泥厌氧消化关键酶活性的影响结果见表 8-12。高浓度 ZnO NPs（150 mg/g TSS）抑制了蛋白酶活性，这也是水解过程中蛋白质降解率下降的主要原因；淀粉酶未受 ZnO NPs 的影响，这与污泥水解阶段 ZnO NPs 不影响多糖降解的结果一致；乙酸激酶的活性未受 ZnO NPs 的影响，这与 ZnO NPs 对酸化过程影响结果一致；辅酶 F_{420} 是乙酸转化为甲烷的最关键酶，当 ZnO NPs 的浓度为 30 mg/g TSS 和 150 mg/g TSS 时，污泥辅酶 F_{420} 的活性分别为 0.144 mmol/g 和 0.106 mmol/g，低于空白组的 0.160 mmol/g，说明污泥辅酶 F_{420} 的活性受到严重抑制，这是 ZnO NPs 抑制乙酸转化甲烷过程的主要原因。

表 8-12　ZnO NPs 长期存在对污泥产甲烷过程关键酶活性的影响

处理		蛋白酶/(U/mg VSS)	淀粉酶/(U/mg VSS)	乙酸激酶/(U/mg VSS)	辅酶 F_{420}/(mmol/g)
空白		0.154±0.003	10.05±0.39	7.23±0.28	0.160±0.003
ZnO NPs	6 mg/g TSS	0.155±0.002	9.69±0.25	7.21±0.20	0.159±0.003
	30 mg/g TSS	0.150±0.003	9.99±0.18	7.32±0.14	0.144±0.002
	150 mg/g TSS	0.126±0.003	9.69±0.18	7.32±0.14	0.106±0.002

在污泥厌氧消化系统中，存在着多种微生物，可分为非产甲烷菌和产甲烷菌。非产甲烷菌属于细菌类，而大多数产甲烷菌则属于古菌类微生物。通过荧光原位杂交技术对空白组和长期暴露于不同浓度 ZnO NPs 的 4 套反应器中两大主要微生物群落进行分析，发现空白反应器是一个细菌和古菌微生物共存的系统，其中古菌和细菌的比例分别为 39.5% 和 52.6%，古菌与细菌之比为 0.75∶1。ZnO NPs 加入到系统，随着其剂量的增加，古菌所占比例逐渐减小。当 ZnO NPs 剂量为 6 mg/g TSS 时，古菌比例为 38.6%，细菌比例 51.3%，古菌与细菌之比为 0.75∶1，与空白组相差不大；当 ZnO NPs 为 30 mg/g TSS 时，古菌比例为 27.1%，细菌比例 60.8%，古菌与细菌之比为 0.45∶1；当 ZnO NPs 进一步提高至 150 mg/g TSS 时，古菌比例为 3.5%，细菌比例 87.4%，二者之比为 0.04∶1，古菌类微生物数量急剧减少，说明高浓度的 ZnO NPs 对古菌类微生物的生长产生极大的抑制作用，这是高剂量 ZnO NPs 严重抑制污泥产甲烷的最根本原因。

8.4　功能纳米颗粒对城镇有机废物厌氧消化过程 ARGs 演变影响及机理

污水生物处理过程产生的污泥由于具有良好的吸附性能，被认为是环境污染物的一个重要汇聚点，其中就包括 NPs 和 ARGs 这两类新污染物。鉴于 ARGs 可由污泥中特定微生物——抗生素抗性细菌（ARB）携带并表达，NPs 的共存很可能影响 ARB 的活性，进而影响 ARGs 的丰度。同时，一些金属或金属氧化物 NPs 溶出的金属离子，又可能对污泥微生物造成选择压力，促进 ARGs 的增殖。本研究选取两种代表性金属氧化物 NPs（CuO NPs 和 ZnO NPs），通过宏基因组测序及 qPCR 等先进技术，探究

NPs 对污泥厌氧消化过程中 ARGs 归趋的影响，并从群落结构演变、水平转移潜力及共选择压力等角度揭示其作用机制。

8.4.1　功能纳米颗粒对厌氧消化过程中目标 ARGs 演变的影响

CuO NPs 和 ZnO NPs 短期暴露对厌氧消化过程目标 ARGs 演变的影响实验。采用血清瓶模拟厌氧反应器，血清瓶容积为 600 mL（工作体积为 300 mL）。短期暴露实验包括 7 组反应器（每组设置 3 个平行实验），其中 3 组投加 CuO NPs，3 组投加 ZnO NPs，NPs 的加入量分别为 5 mg/g TSS、25 mg/g TSS 和 50 mg/g TSS，剩余 1 组作为空白组（不投加纳米材料）。待反应器加入污泥及纳米颗粒后，采用高纯氮气吹扫 5 min，以排出血清瓶里残余的氧气，保证厌氧环境，并用橡胶塞及封口膜进行密封。血清瓶置于恒温空气浴摇床[150 r/min、（35±1）℃]振荡培养 20 天，将泥水混合物离心，得到污泥样品，用于后续实验。鉴于磺胺类抗性基因（SRGs）和四环素类抗性基因（TRGs）是污泥样品中最常见、丰度最高的几类 ARGs，本实验选取 *sulI*、*sulII*、*tetC* 和 *tetQ* 这四种 ARGs 作为研究对象。

CuO NPs 和 ZnO NPs 长期暴露对厌氧消化微生物抗性基因组的影响实验。采用半连续式培养方式，在 3 组反应器中进行（每组包含 3 个平行实验）。其中第一组加入 CuO NPs，第二组加入 ZnO NPs（加入量都为 50 mg/g TSS），第三组为空白组。反应器用高纯氮气吹扫并密封后，在恒温空气浴摇床[150 r/min、（35±1）℃]振荡培养。从第二天开始，每天排掉 15 mL 泥水混合物，补充同等体积的新鲜污泥及 NPs，各个反应器的 SRT 为 20 天。运行稳定后，将每组平行样品取样并混合均匀用于宏基因组测序。

如图 8-31 所示，空白组反应器中，SRGs 的浓度明显高于 TRGs，其中 *sulI*、*sulII*、*tetC* 和 *tetQ* 的相对丰度分别为 1.17×10^{-1}、1.61×10^{-2}、7.10×10^{-3} 和 1.91×10^{-4}。低剂量（5 mg/g TSS）CuO NPs 和 ZnO NPs 的存在并没有显著改变 ARGs 的浓度；随着 NPs 浓度的增加，目标 ARGs 的相对丰度也相应增加。当 CuO NPs 浓度为 50 mg/g TSS 时，*sulI*、*sulII*、*tetC* 和 *tetQ* 的相对丰度分别增加到 1.73×10^{-1}、2.46×10^{-2}、8.8×10^{-3} 和 4.5×10^{-4}，分别是空白组的 1.48 倍、1.53 倍、1.24 倍和 2.36 倍；ZnO NPs 为 50 mg/g TSS 时，*sulI*、*sulII*、*tetC* 和 *tetQ* 的相对丰度分别增加到 1.68×10^{-1}、2.62×10^{-2}、8.9×10^{-3} 和 3.8×10^{-4}，分别是空白组的 1.44 倍、1.63 倍、1.25 倍和 1.99 倍。由此可见，高浓度 NPs 促进污泥 ARGs 的增殖。

进一步采用宏基因组测序技术，研究纳米材料对污泥抗性基因组分布的影响。在表 8-13 中，3 个样品经 Hiseq 测序共产生约 150×10^{6} 原始序列，经过剔除筛选后，空白、CuO NPs 和 ZnO NPs 暴露样品的过滤后序列分别达到约 50×10^{6}、47×10^{6} 和 47×10^{6}。由于第二代测序平台获得的序列偏短，通常将短序列组装成长片段的重叠群，以便于获得 ARGs 的系统发育和遗传位置的相关信息，促进 ARGs 与 MGEs 上携带的 ARGs 共发生特征的剖析。空白、CuO NPs 和 ZnO NPs 3 个样品最终重叠群分别为 148407、107832 和 117116。经 ORF 预测并去冗余后，获得基因数量分别为 261017、190666 和 216187。

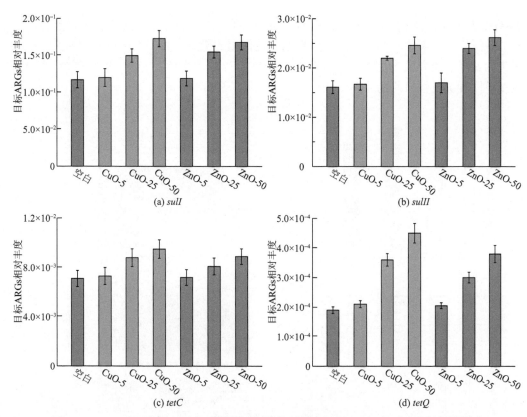

图 8-31　CuO NPs 和 ZnO NPs 对污泥厌氧消化过程中目标 ARGs 相对丰度的短期影响

表 8-13　宏基因组数据一览

样品	原始测序读段数/碱基数	过滤后的测序读段数/碱基数	重叠群	基因数
空白	51397668	50406786	148407	261017
CuO NPs	47616088	46656309	107832	190666
ZnO NPs	48080986	47088563	117116	216187

　　将预测的基因与 CRAD 数据库进行比对后发现，纳米颗粒的暴露显著增加了抗性基因组的总丰度。如图 8-32（a）所示，当没有 NPs 时，污泥抗性基因组的相对丰度为 31.1 ppm；当反应器中加入 50 mg/g TSS 的 CuO NPs 和 ZnO NPs 时，污泥抗性基因组的相对丰度则分别为 44.7 ppm 和 39.8 ppm，表明两种纳米颗粒促进了污泥抗性基因组的增殖，并且 CuO NPs 的作用更强，这也许是污泥抗性基因组在 CuO NPs 暴露条件下增加更为显著的一个重要原因。

　　在鉴定出的污泥抗性基因组中，空白样品共检出 74 种 ARGs；CuO NPs 和 ZnO NPs 暴露的样品检出的 ARGs 种类无明显差别，分别为 72 种和 74 种。这些 ARGs 隶属于 14 种抗生素抗性基因，其中绝大多数属于磺胺类、氨基糖苷类、四环素类及多重抗生素类 ARGs[图 8-32（b）]。经 CuO NPs 暴露，氨基糖苷类 ARGs 的相对丰度由空白的 5.5 ppm 显著增加到 10.1 ppm；在 ZnO NPs 暴露下，其相对丰度则增加到 8.3 ppm，这相应提高了氨基糖苷类 ARGs 在污泥总抗性基因组中的占比。对于其他种类的

ARGs，虽然相对丰度在 NPs 暴露时有所增加，但在总抗性基因组中的比例没有显著变化。除了抗生素类型，ARGs 还可以根据抗性作用的机制分为三大类：外排泵类、抗生素失活或降解类以及抗生素目标修饰类。如图 8-32（c）所示，NPs 的暴露并没有显著改变不同种类抗性机制的比例。

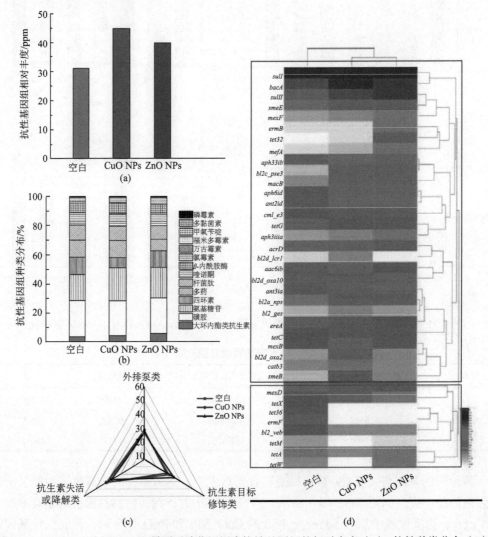

图 8-32　CuO NPs 和 ZnO NPs 暴露对消化污泥中抗性基因组的相对丰度（a）、抗性种类分布（b）、
抗性机制种类（c）及具体 ARGs 丰度（d）的影响

图 8-32（d）展示了相对丰度最高的 30 余种 ARGs 经 CuO NPs 或者 ZnO NPs 暴露的变化规律。由聚类结果可知，两种 NPs 对 ARGs 的影响具有很高的相似性。在空白组中，SRGs 中的 *sulI* 和 *sulII* 是相对丰度最高的两种 ARGs。由于华东地区磺胺类抗生素使用量在全国七大统计区域中排行第一，而本研究所用污泥取自上海市某生活污水处理厂，SRGs 在污泥抗性组中相对丰度最高也就不难解释。经 CuO NPs 和 ZnO NPs 暴露，*sulI* 和 *sulII* 的相对丰度分别增加到空白组的 110%~156% 和 115%~130%，与

qPCR 的结果一致。相似地，绝大部分 ARGs（聚类 I），如 *bacA*、*mexF*、*ermB*、*tetC* 等，经 NPs 暴露，其相对丰度都有所增加。但是，*mexD*、*tet36*、*bl2veb*、*tetX* 和 *ermF* 等少数 ARGs（聚类Ⅱ）的相对丰度却有所降低。总体来说，CuO NPs 和 ZnO NPs 的暴露会导致大多数 ARGs 的增殖，但对 ARGs 的种类没有受到显著影响。

8.4.2 功能纳米颗粒影响厌氧消化过程目标 ARGs 演变的机制

1. 对污泥基因组功能的影响

为了探究 CuO NPs 和 ZnO NPs 对污泥抗性基因组影响的潜在机制，将测序所得基因集序列与 eggNOG、KEGG 等数据库进行比对。eggNOG 数据库是国际上普遍认可的同源聚类基因群的专业注释数据库，包括来自原始 COG/KOG 的功能分类以及基于分类学的功能注释。如图 8-33 和图 8-34 所示，费希尔精确检验（Fisher's exact test）结果表明，CuO NPs 和 ZnO NPs 暴露激活了污泥菌群之间信号转导的功能。

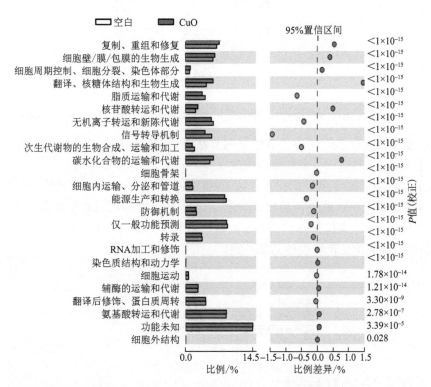

图 8-33　CuO NPs 暴露对污泥基因组功能的影响（与 eggNOG 数据库比对，$P < 0.05$）

信号转导是指细胞应答外源信息的过程，包括识别与细胞相接触的细胞，或者识别周围环境中存在的各种化学和物理信号，并将其转变为细胞内各种分子活性的变化，从而改变细胞某些代谢的过程。由于 NPs 独特的尺寸效应，即使在厌氧条件下，也能够诱导 ROS 的产生，破坏细胞胞内的氧化还原平衡。同时，本研究所用 CuO NPs 和 ZnO NPs 都具有一定的金属离子溶出能力。因此推测，NPs 的暴露导致了 ROS 的产生和金属离子的溶出，从而促进了污泥微生物之间信号转导功能。

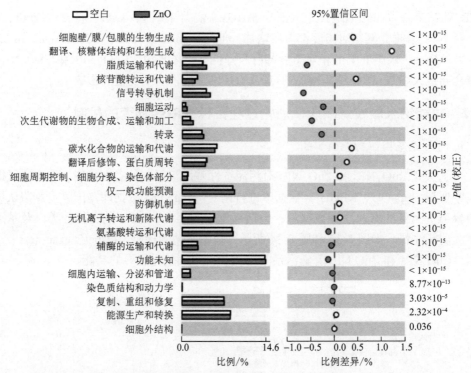

图 8-34 ZnO NPs 对污泥基因组功能的影响（与 eggNOG 数据库比对，$P < 0.05$）

在信号转导的众多机制中，双组分调节系统是应用最为广泛的一种，协助细菌应对外界刺激并做出迅速而合理的生理应激反应。如图 8-35 和图 8-36 所示，与 KEGG 数据库比对后发现，双组分调节系统是受 CuO NPs 和 ZnO NPs 影响最为明显的几种 KEGG 代谢通路之一。此外，氧化磷酸化、ABC 转运器等代谢通路也被显著促进。而如甲烷代谢等代谢通路在 NPs 的暴露下则被显著抑制，这与 CuO NPs 或 ZnO NPs 可以显著抑制污泥厌氧消化产甲烷的结果一致。

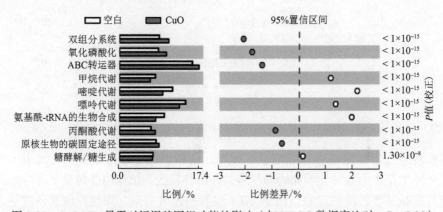

图 8-35 CuO NPs 暴露对污泥基因组功能的影响（与 KEGG 数据库比对，$P < 0.05$）

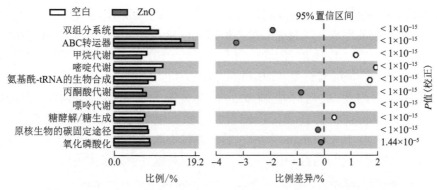

图 8-36　ZnO NPs 暴露对污泥基因组功能的影响（与 KEGG 数据库比对，$P < 0.05$）

典型的双组分调节系统由感受蛋白和调节蛋白组成。感受蛋白是一类横跨细胞内膜的组氨酸激酶，负责感知外界刺激，如营养、细胞氧化还原状态、渗透压的变化、群体感应信号、抗生素、温度、化学吸引剂、pH 等。调节蛋白位于细胞周质内，用于响应外界环境变化，调节相关基因的转录表达。如图 8-37 所示，CuO NPs 和 ZnO NPs 暴露条件下，组氨酸激酶的相对丰度由 0.8%（空白）分别增加到 1.1%和 1.2%，进一步证实了 NPs 对双组分调节系统的促进作用。

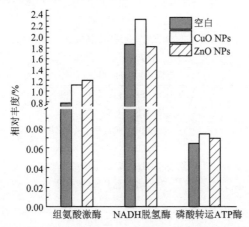

图 8-37　CuO NPs 和 ZnO NPs 暴露对关键酶活性的影响

为了深入理解 NPs 对双组分调节系统、氧化磷酸化及 ABC 转运器等 KEGG 代谢通路的激活作用，本研究重点关注了细化的 KEGG 功能模块。表 8-14 列举了受 NPs 暴露影响，相对丰度显著增加的 KEGG 功能模块、蛋白组成及其功能。其中，涉及双组分调节系统的功能模块共有 10 个，涉及氧化磷酸化及 ABC 转运器的功能模块分别有 7 个及 14 个。对于双组分调节系统，被 CuO NPs 和 ZnO NPs 激活的 KEGG 模块按照具体功能可以分为三大类：①负责细菌之间交流的模块，包括 M00453 和 M00517。其中，M00453 由 QseC-QseB 构成，负责调控菌群之间的群落感应；M00517 由 RpfC-RpfG 构成，主要通过改变胞内信号分子（环二鸟苷酸，C-di-GMP）的浓度来调控细胞之间的通信。②负责菌毛、鞭毛合成的模块，包括 M00511、M00478、M00507、M00501 和 M00515。其中，M00511 由 PleC-PleD 构成，负责调控细菌鞭毛的功能及控制细菌密度；M00478 由 DegS-DegU 构成，是一种多功能的调节系统，包括负责调控细菌鞭毛及生物膜的形成，以及应对盐胁迫效应；M00507 由 ChpA-ChpB 构成，负责化学感知菌毛的合成，与细菌的蹭动能力有关；M00501 由 PilS-PilR 构成，负责调控Ⅳ型菌毛蛋白的表达；M00515 由 FlrB-FlrC 构成，负责调控鞭毛的组装，影响细菌的运动能力。③负责耐受/应对环境刺激，如重金属等，包括 M00499、M00445 和 M00452。其中，M00499 由 HydH-HydG 构成，负责应对高浓度的 Zn^{2+} 和 Pb^{2+}，提供金属抗性；M00445 由 EnvZ-OmpR 构成，负责调控细胞膜孔蛋白的表达，以应对细胞渗透压的变化；M00452 由 CusS-CusR 构成，负责应对胞外铜离子浓度的变化。如表 8-14 所示，这些 KEGG 功能模块的相对丰度在 NPs 的暴露下都有所增加。

表 8-14　三个主要 KEGG 代谢通路中被富集的 KEGG 模块的定义

KEGG 途径	KEGG 模块	定义	蛋白
双组分调节系统	M00507	化学感受菌毛系统蛋白 ChpA	ChpA-ChpB/PilGH
	M00501	NtrC 家族，传感器组氨酸激酶 PilS，Ⅳ型菌毛合成	PilS-PilR
	M00499	NtrC 家族，传感器组氨酸激酶 HydH，金属耐受性	HydH-HydG
	M00445	OmpR 家族，渗透压传感器组氨酸激酶，渗透压应激反应	EnvZ-OmpR
	M00511	细胞周期传感器激酶和反应调节因子，细胞命运控制	PleC-PleD
	M00452	OmpR 家族，重金属传感器组氨酸激酶，铜耐受性	CusS-CusR
	M00478	NarL 家族，传感器组氨酸激酶，多细胞行为控制	DegS-DegU
	M00453	OmpR 家族，传感器组氨酸激酶，群体感应	QseC-QseB
	M00515	响应调节器，极性鞭毛合成	FlrB-FlrC
	M00517	传感器组氨酸激酶，细胞间信号传导	RpfC-RpfG
氧化磷酸化	M00144	NADH 脱氢酶Ⅰ亚基 F	—
	M00155	细胞色素 c 氧化酶，原核生物	—
	M00149	琥珀酸脱氢酶，原核生物	—
	M00156	细胞色素 c 氧化酶，cbb3 型	—
	M00151	细胞色素 bc1 复合呼吸单位	—
	M00152	细胞色素 bc1 复合物	—
	M00154	细胞色素 c 氧化酶	—
ABC 转运器	M00222	磷酸盐运输系统	—
	M00223	磷酸盐转运系统	—
	M00185	硫酸盐运输系统	—
	M00189	钼酸盐运输系统	—
	M00210	磷脂运输系统	—
	M00256	谷氨酸/天冬氨酸转运系统	—
	M00258	荚膜多糖转运系统	—
	M00259	钠转运系统	—
	M00300	细胞分裂运输系统	—
	M00320	假定的 ABC 运输系统	—
	M00349	血红素运输系统	—
	M00602	腐胺转运系统	—
	M00605	脂多糖输出系统	—
	M00606	二肽转运系统	—

　　除了必需的感受蛋白和调节蛋白，双组分调节系统的正常运作还需要 ATP 的参与。当存在外界刺激时，感受蛋白的可传递区域会在保守组氨酸残基上发生自身磷酸化作用，然后，这个磷酸化基团被转移到调节蛋白的含保守天冬氨酸的受体区域，并催化完成调节蛋白的磷酸化，进而改变调节蛋白与特定 DNA 片段的亲和力，调控相关基因的表达，而磷酸化过程所需的磷酰基由 ATP 提供。从上述结果可知，CuO NPs 和 ZnO NPs 的暴露促进了氧化磷酸化与 ABC 转运器两个代谢通路。具体来说，氧化磷酸化代谢通路中，负责 NADH 即醌氧化还原酶（M00144）、琥珀酸脱氢酶（M00149）、细胞色素群体 bc$_1$ 复合体（M00151 和 M00152）以及细胞色素 C 氧化还原酶（M00154、M00155 和 M00156）的功能模块都被激活了（表 8-14 和图 8-38），为 ATP 的合成提供了更多的质子驱动力（PMF）。此外，ABC 转运器代谢通路中，负责磷酸转运的功能模块（M00222）也得到了富集，为 ATP 的合成提供了更多可用的游离磷酸基团（Pi）。如图 8-37 所示，CuO NPs 和 ZnO NPs 的暴露增加了 NADH 脱氢酶和负责转运磷酸的 ATP 酶的相对丰度。可见，NPs 触发了污泥微生物的双组分调节系统。

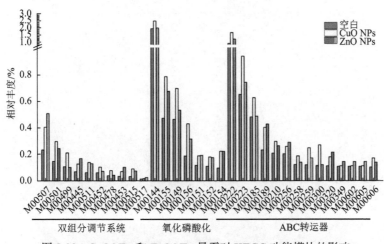

图 8-38　CuO NPs 和 ZnO NPs 暴露对 KEGG 功能模块的影响

2. 对污泥群落结构的影响

　　上述研究表明，CuO NPs 和 ZnO NPs 的暴露激活了负责细胞之间交流的功能模块，尤其是群体感应模块（M00453），其相对丰度由 0.017%（空白）分别增加到 0.035%（CuO NPs）和 0.051%（ZnO NPs）。通常，群体感应的顺利进行依赖于信号分子的产生、分泌和响应。其中，酰基高丝氨酸内酯（acyl-homoserine lactones，AHLs）是微生物最为常用且被广泛研究的一类信号分子，它的存在可改变污泥的群落结构组成及其降解污染物的能力。

　　如图 8-39 所示，污泥微生物主要隶属变形杆菌门（Proteobacteria）、拟杆菌门（Bacteroidetes）、绿弯菌门（Chloroflexi）、厚壁菌门（Firmicutes）、疣微菌门（Verrucomicrobia）、放线菌门（Actinobacteria）、螺旋体属（Spirochaeta）、广古菌门（Euryarchaeota）、酸杆菌门（Acidobacteria）和热袍菌门（Thermotogae）。其中，空白组厌氧消化装置中，主要微生物（相对丰度>5%）为变形杆菌门、拟杆菌门、绿弯菌门和厚壁菌门，其相对丰度分别为 33.2%、17.6%、14.0%和 7.7%；CuO NPs 暴露条件下，主要微生物为变形杆菌门、绿弯菌门和酸杆菌门，其相对丰度分别为 50.3%、13.1%和 7.6%；ZnO NPs 暴露时的优势微生物为变形杆菌门、绿弯菌门、热袍菌门和放线菌门，其相对丰度分别为 52.7%、13.2%、7.4%和 6.0%。很显然，CuO NPs 和 ZnO NPs 的暴露显著降低了拟杆菌门相对丰度，但是有助于变形杆菌门成为反应器中的优势微生物——能够分泌产生 AHLs 的微生物。

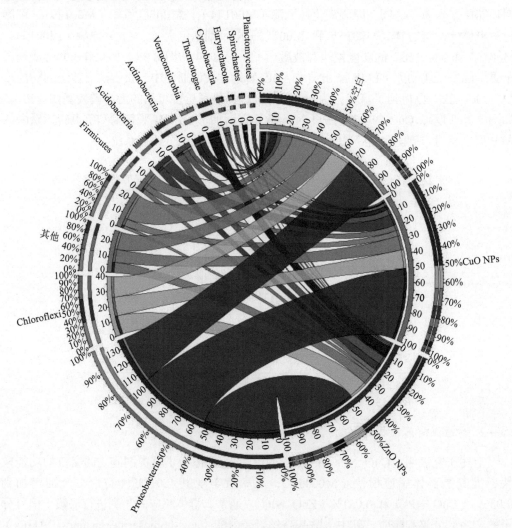

图 8-39　CuO NPs、ZnO NPs 暴露对污泥群落结构在门水平的影响

图 8-40 给出了属水平上反应器中微生物群落组成变化结果。在鉴定出的占比较高的 49 种菌属中，受 NPs 暴露影响，小部分菌属（聚类 a）的相对丰度减少，而绝大多数菌属（聚类 b）的相对丰度则有所增加。聚类 b 中的微生物，如 *Acidovorax*、*Burkholderia*、*Pseudomonas* 和 *Rhodobacter*，都可以产生并分泌 AHLs 或者类似于 AHLs 的信号分子。这四种属在空白反应器中的总相对丰度为 5.0%，而在 CuO NPs 和 ZnO NPs 暴露下，其相对丰度则分别增长到 8.1%和 10.0%。对于聚类 b 中其他种类的菌属，尽管

目前没有明确证据表明它们是 AHLs 类信号分子的直接产生者，但是它们相对丰度的增加还是可能与被激活的群体感应有关。例如，菌属 *Variovorax* 在 3 组反应器中的相对丰度分别为 0.8%（空白）、1.3%（CuO NPs）和 1.6%（ZnO NPs）。*Variovorax* 可利用 AHLs 类信号分子进行生长代谢。因此推测，增加的 AHLs 可以为聚类 b 中的某些微生物提供生长必需的能量和氮源。对于聚类 a，其中超过一半的微生物，包括 *Anaerolinea*、*Anaerophaga*、*Alistipes*、*Bacteroides*、*Caldilinea*、*Draconibacterium*、*Ignavibacterium* 和 *Prolixibacter*，都属于 Bacteroidetes 和 Chloroflexi。它们的相对丰度一般认为与 AHLs 的浓度呈负相关。可见，CuO NPs 和 ZnO NPs 的暴露诱发了群体感应，促进了 AHLs 产生菌的富集，最终调控了整个污泥微生物的群落结构。

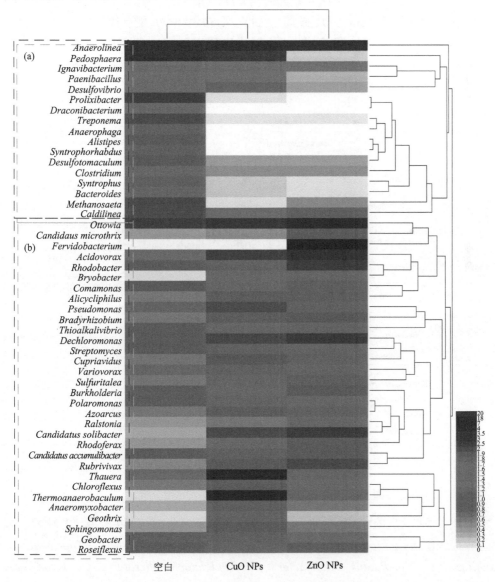

图 8-40　CuO NPs、ZnO NPs 暴露下污泥群落结构在属水平上的聚类比较

3. 污泥群落结构与抗性基因之间的共存分析

为了进一步研究 NPs 暴露所引起的污泥群落结构演变与 ARGs 变化之间的关系，基于菌属丰度与 ARGs 丰度之间的 Spearman 相关分析，建立了微生物群落结构与 ARGs 之间的网络结构图，用以表征潜在的 ARGs 宿主。如图 8-41 所示，根据具体的丰度变化，污泥微生物被分为两大类：丰度降低的菌属和丰度增加的菌属。其中，丰度增加的菌属又包含 AHLs 产生菌和 CARD 库中已知的 ARGs 宿主。相应地，虽然 ARGs 与各菌属之间有着密切的相关性，但整个网络也可以分为两大类：ARGs-丰度降低菌属以及 ARGs-丰度增加菌属。由网络分析的结果可知，菌属拟杆菌属（*Bacteroides*）与 *tetX*、*tet36*、*ermF* 及 *bl2-veb* 之间有显著的相关性，可能是这些 ARGs 的潜在宿主。根据 CARD 库的已有记载，*Bacteroides* 属是 *tetX*、*tet36* 和 *ermF* 的载体；*tetX* 和 *ermF* 的增殖与 *Bacteroides* 属的富集有关。因此，CuO NPs、ZnO NPs 的暴露导致如 *Bacteroides*、*Clostridium*、*Anaerolinea* 等菌属丰度的降低，可能是前面观察到的 ARGs 丰度降低的一个重要原因。

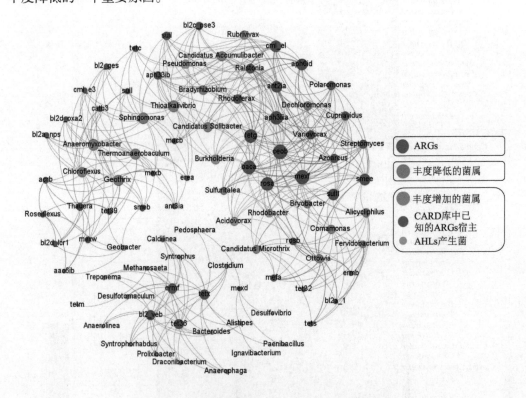

图 8-41　污泥群落结构与 ARGs 之间的网络分析

类似地，根据 CARD 库的记载，在经 NPs 暴露所富集的菌属中，有 12 种微生物（超过 1/3），包括 *Acidovorax*、*Sphingomonas*、*Polaromonas*、*Ottowia*、*Cupriavidus*、*Chloroflexus* 、 *Candidatus Solibacter* 、 *Candidatus Microthrix* 、 *Candidatus Accumulibacter*、*Bryobacter*、*Alicycliphilus* 和 *Pseudomonas*，已经被证实是某些特定 ARGs 的宿主。例如，菌属 *Pseudomonas*，它既是信号分子 AHLs 的产生菌，又是公认

的 ARGs 宿主，可以携带 68 种 ARGs，包括前面研究鉴定出的污泥中丰度最高的 3 种 ARGs——*sulI*、*bacA* 和 *sulI*。对于本研究中发现的能够分泌产生 AHLs 或者类似于 AHLs 类信号分子的其他种类微生物，如图 8-41 所示，它们也是潜在的 ARGs 宿主。而对于污泥厌氧消化过程中的一些功能微生物，如 *Streptomyces*——一种参与污泥水解过程，能够水解污泥蛋白质和多糖的菌属，被认为是 38 种 ARGs 的载体。这些微生物的富集不仅导致 ARGs 的增殖，而且促进多重耐药性的传播，对公共卫生构成潜在风险。此外，如 *Azoarcus*、*Dechloromonas*、*Geobacter*、*Pseudomonas* 及 *Rubrivivax* 等菌属，由于它们可以携带整合子，因此这些菌属的富集可能会促进 ARGs 在污泥细菌之间的水平转移。由此可见，污泥群落结构的变化是 ARGs 分布特征变化的一个重要原因。

4. 对 MGEs 丰度和水平转移的影响

污泥被广泛视为 ARGs 水平转移的理想场所。为了表征 CuO NPs 和 ZnO NPs 的暴露对 ARGs 水平转移潜力的影响，本研究分析了典型可移动基因元件（MGEs），即质粒、整合子及 ISs，在 NPs 处理后相对丰度的变化。如图 8-42（a）所示，质粒是污泥 MGEs 中丰度最高的一种。在空白组中，鉴定出的质粒相对丰度达到 672 ppm；在 CuO NPs 和 ZnO NPs 的反应器中，质粒相对丰度分别达到 902 ppm 和 1166 ppm。由图 8-42（b）可知，各组反应器中质粒种类分别为 444 种（空白）、504 种（CuO NPs）和 537 种（ZnO NPs）。由此可见，NPs 的暴露不仅显著增加了质粒的相对丰度，而且也增加了质粒种类的多样性。进一步分析可知，3 组反应器中，核心质粒种类高达 344 种，其中相对丰度最高的五种分别为 pBII_1、pA81、pNCcld、byi_2p 和 pSg1-NDM（表 8-15）。ZnO NPs 的暴露，对质粒 pBII_1 和 pA81 的影响最为明显，它们的相对丰度由空白组中的 130.5 ppm 和 67.1 ppm 分别增加到 292.6 ppm 和 157.8 ppm，增长幅度高达 124% 和 135%；而 CuO NPs 的反应器中，质粒 pSg1-NDM 是受影响最为明显的一种，其相对丰度由空白的 12.9 ppm 增加到 22.3 ppm。

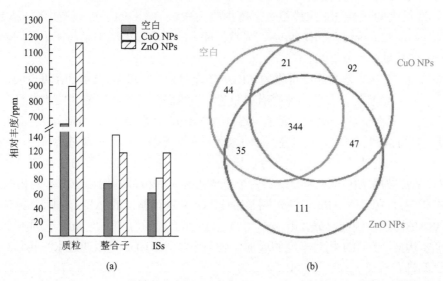

图 8-42　CuO NPs 和 ZnO NPs 的暴露对消化污泥中典型 MGEs 相对丰度（a）和质粒多样性（b）的影响

表 8-15　**CuO NPs 和 ZnO NPs 对占比前五的 MGEs 相对丰度的影响** 　（单位：ppm）

MGEs 种类	名称	相对丰度		
		空白	CuO NPs	ZnO NPs
质粒	pBII_1	130.5	145.6	292.6
	pA81	67.1	79.1	157.8
	pNCcld	25.7	30.9	38.9
	byi_2p	20.3	25.2	40.3
	pSg1-NDM	12.9	22.3	21.4
整合子	*intI1*	65.8	128.4	107.6
	intI	1.4	2.6	1.8
	intI2	0.4	0.6	0.5
	intI3	0.1	0.4	0.2
	groEL	0.1	0.04	0.1
ISs	ISPps1	16.8	25.5	42.6
	ISBth5	11.3	6.2	12.5
	ISAav3	8.5	10.6	13.7
	ISSm2	3.7	7.5	13.8
	ISVsa3	2.1	3.8	2.6

　　类似地，NPs 的存在也导致了整合子相对丰度的增加[图 8-42（a）]。在空白反应器中，整合子的相对丰度为 75 ppm；经 CuO NPs 和 ZnO NPs 的暴露，其相对丰度分别为 144 ppm 和 119 ppm。如表 8-15 所示，*intI1* 是污泥样品中相对丰度最高（超过 90%）的一类整合子；NPs 的存在，使其相对丰度由 65.8 ppm（空白）分别增加到 128.4 ppm（CuO NPs）和 107.6 ppm（ZnO NPs）。而对于 ISs，其在三组反应器中的相对丰度分别为 62 ppm（空白）、83（CuO NPs）和 118 ppm （ZnO NPs）。其中，ISPps1 是相对丰度最大的一类 ISs，其相对丰度由空白中的 16.8 ppm 分别增加到 25.5 ppm（CuO NPs）和 42.6 ppm（ZnO NPs）。显然，NPs 的暴露显著增加了污泥中可用于传递 ARGs 的载体数量。

　　质粒 pA81 被认为是污泥中常见的 ARGs 传递单元。质粒 pSg1-NDM 可以同时携带数十种不同种类的抗性，包括氨基糖苷类抗性、*β*-内酰胺类抗性、喹诺酮类抗性、磺胺类抗性和四环素类抗性。此外，质粒 pSg1-NDM 携带的 ARGs，如 *sulI*、*aacA4* 和 *dfrA1* 等，都可以和 *intI1* 整合，进一步证实了 *intI1* 可以与质粒一起进行传递。相关研究结果表明，不论是污泥样品还是污水样品，*intI1* 都是丰度最高的一类整合子。因此，*intI1* 常常被用来作为人为污染的一个重要指标，并可以利用自身携带的相关 GCs 整合并携带超过 100 种 ARGs。那些不能通过 GCs 进行整合的 ARGs，则需要与 *intI1* 连接的 ISs 的协助。例如，*dfrA* 和 *qnr* 可以在 ISCR1 族的协助下与 *intI1* 形成聚合体，进行传递。因此，MGEs 相对丰度的增加，表明更多的 ARGs 可以通过水平转移在污泥微生物之间进行传递。

5. 对质粒接合转移系统的影响

在 MGEs 介导的水平转移过程中，尤其是质粒介导的接合转移过程，菌毛都起着至关重要的作用，包括感知细胞、形成传递通道等。上述结果表明，在 CuO NPs 和 ZnO NPs 的暴露条件下，负责菌毛组装表达的功能模块都被激活，尤其是 M00507（菌毛感知系统）和 M00501（Ⅳ型菌毛合成系统）。进一步分析表明，NPs 存在时，包括 ChpA 和 Pil（L、G、H、S 和 R）在内的 KOs 蛋白的相对丰度都显著增加（表 8-16），说明Ⅳ型菌毛的转录和合成都被促进。此外，鞭毛合成系统（M00515）的激活提高了细菌的运动能力，增加了 ARGs 宿主与潜在受体接触、交流的可能性。

除了细菌之间必要的接触，水平转移另外一个关键步骤是 DNA 的跨膜运输。以最典型的接合转移过程为例，质粒从供体到受体的传递过程需要 T4SS 系统的参与。图 8-43（a）简单描绘了 T4SS 的组成单元，主要包括 12 种蛋白。根据具体功能，这些蛋白可以划分为三类：①用于形成菌毛的胞外蛋白，尤其是 VirB2；②用于组装接合通道的蛋白；③ATP 水解酶。由图 8-43（b）可见，CuO NPs 和 ZnO NPs 使得构成 T4SS 的 12 种蛋白相对丰度都有所增加，表明 T4SS 系统被 NPs 激活。此外，DNA 的传递过程需要 ATP 和 PMF，NPs 的存在促进了氧化磷酸化和磷酸转运过程（图 8-38），保证了 DNA 传递所需的能量供应。因此，CuO NPs 或 ZnO NPs 存在条件下，相对丰度增加的 MGEs 以及合成表达受到促进的菌毛系统都有利于 ARGs 在污泥微生物之间的水平传递。

表 8-16　关键蛋白的功能及相对丰度　　　　（单位：ppm）

KEGG 模块	KEGG 直系同源	蛋白	定义	相对丰度		
				空白	CuO NPs	ZnO NPs
M00507	K06596	ChpA	化学感受菌毛系统	106.6	148.7	235.7
	K02487	PilL	Ⅳ型菌毛传感器组氨酸激酶和反应调节因子	3.5	5.0	5.1
	K02657	PilG	开关运动双组分系统响应调节器	9.8	15.3	20.3
	K02658	PilH	颤搐运动双组分系统反应调节器	10.7	24.8	19.3
M00501	K02668	PilS	NtrC 家族，传感器组氨酸激酶	33.8	68.8	65.7
	K02667	PilR	NtrC 家族，响应调节器	49.0	74.2	69.0
M00452	K07644	CusS	OmpR 家族，传感器组氨酸激酶	15.2	19.0	17.2
	K07665	CusR	OmpR 家族，响应调节器	19.4	31.1	22.6
M00499	K07709	HydH	NtrC 家族，传感器组氨酸激酶	24.2	27.7	24.5
	K07713	HydG	NtrC 家族，响应调节器	35.9	39.4	77.0
—	K07787	CusA	Cu(Ⅰ)/Ag(Ⅰ)射流系统	126.5	252.7	139.9
	K07798	CusB	Cu(Ⅰ)/Ag(Ⅰ)射流系统	62.9	121.7	91.8
	K01533	CopB	Cu^{2+}输出 ATP 酶	458.3	731.6	696.7
	K01534	ZntA	Cd^{2+}/Zn^{2+}输出 ATP 酶	201.3	339.2	327.1

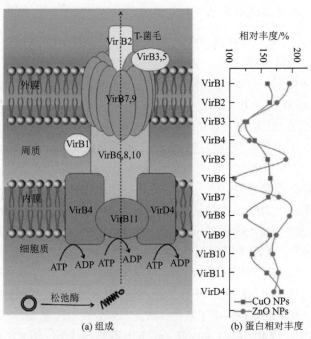

图 8-43　CuO NPs、ZnO NPs 暴露对 T4SSs 的影响

6. 对金属抗性共选择的影响

除了负责菌毛组装的功能模块，双组分调节系统中负责铜离子（M00452）和锌离子（M00499）抗性的功能模块也被 CuO NPs 和 ZnO NPs 激活。具体来说，如表 8-16 所示，在 CuO NPs 暴露条件下，CusS-CusR 蛋白对总相对丰度由空白的 34.6（15.2+19.4）ppm 增加到 50.1（19.0+31.1）ppm；在 ZnO NPs 暴露条件下，HydH-HydG 蛋白对总相对丰度由空白的 60.1 ppm 增加到 101.5 ppm。由文献可知，CusS-CusR 蛋白对主要负责在厌氧条件下调节 cusCFBA 的转录表达将 Cu$^+$ 转运到胞外，这与 CusA 和 CusB 等关键蛋白的丰度变化规律一致（表 8-16）。HydH-HydG 蛋白对可以通过调节 ZraP 基因的表达来实现对高浓度 Zn^{2+} 的抗性。众所周知，NPs 溶出的离子能够透过细胞膜进入细胞质中，导致胞内相应离子浓度的增加。不同于 TiO$_2$ NPs 等 NPs，CuO NPs 和 ZnO NPs 具有一定的金属溶出能力，这是 CusS-CusR 蛋白对和 HydH-HydG 蛋白对被激活的重要原因。此外，CopB 和 ZntA 等负责输出 Cu^{2+} 和 Zn^{2+} 的 ATP 水解酶，其相对丰度在 CuO NPs 和 ZnO NPs 影响下也有 52%~69%的增加（表 8-16）。由此可见，CuO NPs 和 ZnO NPs 的暴露诱发了污泥细菌对铜和锌的抗性。

为了进一步探究 NPs 对金属抗性的影响，本研究将测序所得序列与 MRGD 数据库进行比对，结果如图 8-44 所示。在空白反应装置中，MRG-Cu 类抗性基因总相对丰度为 16.6 ppm，经 CuO NPs 暴露，其总相对丰度增加至 22.1 ppm[图 8-44（a）]。MRG-Cu 类抗性基因主要包括 copA、copC、copR、copS 和 cutO 等[图 8-44（b）]。不管是 CuO NPs 暴露还是 ZnO NPs 暴露，都诱发了铜离子抗性基因丰度的增加。经 ZnO NPs 暴露，MRG-Zn 类抗性基因由空白的 1.1 ppm 显著增加到 25.5 ppm。更为有趣的是，除了重点关注的铜离子和锌离子抗性，CuO NPs 和 ZnO NPs 的存在还诱发了其他种类重金属的抗性，如 MRG-Hg 和 MGR-As 类抗性基因[图 8-44（a）]。另外，参考 MRDB 数据库，图 8-40 中被 NPs 富集的微生物中，有很多菌属是多重金属抗性的宿主（表 8-17）。例如，菌属 Acidovorax 不仅是 MRG-Cu 和 MRG-Zn 类抗性基因的载体，也是 MRG-Hg 和 MRG-As 的宿主。以上结果表明，CuO NPs 或 ZnO NPs 的暴露促进了 MRGs 的增殖，ARGs 通过共选择的方式进行传递的可能性也相应增加，这可能是污泥 ARGs 增殖的一个重要机制。

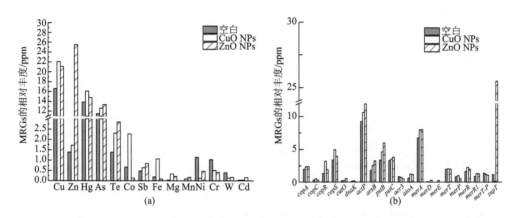

图 8-44　CuO NPs 和 ZnO NPs 的暴露对不同种类金属抗性（a）及具体 MRGs（b）的影响

表 8-17　CuO NPs 和 ZnO NPs 的暴露所富集的菌属作为 MRGs 的宿主

属	MRGs
Acidovorax	MRG-As
	MRG-Cu
	MRG-Hg
	MRG-Zn
Alicycliphilus	MRG-As
	MRG-Cu
	MRG-Hg
	MRG-Zn
Azoarcus	MRG-Cu
Burkholderia	MRG-As
	MRG-Cu
Comamonas	MRG-Cu
Cupriavidus	MRG-Hg
Dechloromonas	MRG-Cu
	MRG-Hg
	MRG-Te
Polaromonas	MRG-Cu

续表

属	MRGs
Pseudomonas	MRG-As
	MRG-Cu
	MRG-Hg
	MRG-Sb
Rhodobacter	MRG-Mn
Thauera	MRG-Mg
	MRG-As
	MRG-Cu
	MRG-Hg
	MRG-Te

参 考 文 献

Chen H, Chen Y G, Zheng X, et al. 2014. How does the entering of copper nanoparticles into biological wastewater treatment system affect sludge treatment for VFA production. Water Research, 63: 125-134.

Chen Y G, Jiang Su, Yuan H Y, et al. 2007. Hydrolysis and acidification of waste activated sludge at different pHs. Water Research, 41: 683-689.

Chen Y G, Li X, Zheng X, et al. 2013. Enhancement of propionic acid fraction in volatile fatty acids produced from sludge fermentation by the use of food waste and *Propionibacterium acidipropionici*. Water Research, 47: 615-622.

Feng L Y, Chen Y G, Zheng X. 2009. Enhancement of waste activated sludge protein conversion and volatile fatty acids accumulation during waste activated sludge anaerobic fermentation by carbohydrate substrate addition: The effect of pH. Environmental Science & Technology, 43: 4373-4380.

Jiang S, Chen Y G, Zhou Q, et al. 2007. Biological short-chain fatty acids (SCFAs) production from waste activated sludge affected by surfactant. Water Research, 41: 3112-3120.

Jiang Y M, Chen Y G, Zheng X. 2009. Efficient polyhydroxyalkanoates production from a waste-activated sludge alkaline fermentation liquid by activated sludge submitted to the aerobic feeding and discharge process. Environmental Science & Technology, 43: 7734-7741.

Li X, Chen H, Hu L F, et al. 2011. Pilot-scale waste activated sludge alkaline fermentation, fermentation liquid separation and application of fermentation liquid to improve biological nutrient removal. Environmental Science & Technology, 45: 1834-1839.

Li X, Chen Y G, Zhao S, et al. 2015. Efficient production of optically pure l-lactic acid from food waste at ambient temperature by regulating key enzyme activity. Water Research, 70: 148-157.

Liu C, Huang H N, Duan X, et al. 2021. Integrated metagenomic and metaproteomic analyses unravel ammonia toxicity to active methanogens and syntrophs, enzyme synthesis, and key enzymes in anaerobic digestion. Environmental Science & Technology, 55: 14817-14827.

Liu C, Zhang X M, Chen C, et al. 2023. Physiological responses of methanosarcina barkeri under ammonia stress at the molecular level: The unignorable lipid reprogramming. Environmental Science & Technology, 57: 3917-3929.

Liu H, Chen Y G. 2018. Enhanced methane production from food waste using cysteine to increase biotransformation of *L*-monosaccharide, volatile fatty acids, and biohydrogen. Environmental Science & Technology, 52: 3777-3785.

Liu K, Chen Y G, Xiao N D, et al. 2015. Effect of humic acids with different characteristics on fermentative short-chain fatty acids production from waste activated sludge. Environmental Science & Technology, 49: 4929-4936.

Luo J Y, Chen Y G, Feng L Y. 2016. Polycyclic aromatic hydrocarbon affects acetic acid production during anaerobic fermentation of waste activated sludge by altering activity and viability of acetogen. Environmental Science & Technology, 50: 6921-6929.

Luo J Y, Feng L Y, Chen Y G, et al. 2015. Alkyl polyglucose enhancing propionic acid enriched short-chain fatty acids production during anaerobic treatment of waste activated sludge and mechanisms. Water

Research, 73: 332-341.

Mu H, Zheng X, Chen Y G, et al. 2012. Response of anaerobic granular sludge to a shock load of zinc oxide nanoparticles during biological wastewater treatment. Environmental Science & Technology, 46: 5997-6003.

Su Y L, Chen Y G, Zheng X, et al. 2016. Using sludge fermentation liquid to reduce the inhibitory effect of copper oxide nanoparticles on municipal wastewater biological nutrient removal. Water Research, 99: 216-224.

Tong J, Chen Y G. 2009. Recovery of nitrogen and phosphorus from alkaline fermentation liquid of waste activated sludge and application of the fermentation liquid to promote biological municipal wastewater treatment. Water Research, 43: 2969-2976.

Wang M, Zhang X M, Huang H N, et al.2022. Amino acid configuration affects volatile fatty acid production during proteinaceous waste valorization: Chemotaxis, quorum sensing, and metabolism. Environmental Science & Technology, 56: 8702-8711.

Xiao N D, Chen Y G, Ren H Q. 2013. Altering protein conformation to improve fermentative hydrogen production from protein wastewater. Water Research, 47: 5700-5707.

Xue G, Lai S Z, Li X, et al. 2018. Efficient bioconversion of organic wastes to high optical activity of *L*-lactic acid stimulated by cathode in mixed microbial consortium. Water Research, 131: 1-10.

Yuan H Y, Chen Y G, Zhang H X, et al. 2006. Improved bioproduction of short-chain fatty acids (SCFAs) from excess sludge under alkaline conditions. Environmental Science & Technology, 40: 2025-2029.

Zhang C, Chen Y G. 2009. Simultaneous nitrogen and phosphorus recovery from sludge-fermentation liquid mixture and application of the fermentation liquid to enhance municipal wastewater biological nutrient removal. Environmental Science & Technology, 43: 6164-6170.

Zhang D, Chen Y G, Zhao Y X, et al. 2010. New sludge pretreatment method to improve methane production in waste activated sludge digestion. Environmental Science & Technology, 44: 4802-4808.

Zhang D, Chen Y G, Zhao Y X, et al. 2011. A new process for efficiently producing methane from waste activated sludge: Alkaline pretreatment of sludge followed by treatment of fermentation liquid in an EGSB reactor. Environmental Science & Technology, 45: 803-808.

Zhang P, Chen Y G, Zhou Q. 2009. Waste activated sludge hydrolysis and short-chain fatty acids accumulation under mesophilic and thermophilic conditions: Effect of pH. Water Research, 43: 3735-3742.

Zhang P, Chen Y G, Zhou Q, et al. 2010. Understanding short-chain fatty acids accumulation enhanced in waste activated sludge alkaline fermentation: Kinetics and microbiology. Environmental Science & Technology, 44: 9343-9348.

Zhao Y X, Chen Y G. 2011. Nano-TiO$_2$ enhanced photo-fermentative hydrogen produced from the dark fermentation liquid of waste activated sludge. Environmental Science & Technology, 45: 8589-8595.

Zhao Y X, Chen Y G, Zhang D, et al. 2010. Waste activated sludge fermentation for hydrogen production enhanced by anaerobic process improvement and acetobacteria inhibition: The role of fermentation pH. Environmental Science & Technology, 44: 3317-3323.

Zhu X Y, Chen Y G. 2011. Reduction of N$_2$O and NO generation in anaerobic-aerobic (low dissolved oxygen) biological wastewater treatment process by using sludge alkaline fermentation liquid. Environmental Science & Technology, 45: 2137-2143.